Michael Schott

Böses Erwachen – Künstliches Bewusstsein
Raub der Zukunft

Michael Schott

**Böses Erwachen – Künstliches Bewusstsein**

Raub der Zukunft

Alle Rechte vorbehalten. Kein Teil dieses Buches darf ohne vorherige schriftliche Genehmigung durch den Autor reproduziert werden, egal in welcher Form, ob durch elektronische oder mechanische Mittel, einschließlich der Speicherung durch Informations- und Bereitstellungs-Systeme, außer durch einen Buchrezensenten, der kurze Passagen in einer Buchbesprechung zitieren darf.

Autor und Verlag waren um größtmögliche Sorgfalt bemüht, übernehmen aber keine Verantwortung für Fehler, Ungenauigkeiten, Auslassungen oder Widersprüche.

1. Auflage
03/2019

© J-K-Fischer Versandbuchhandlung Verlag und
Verlagsauslieferungsgesellschaft mbH
Im Mannsgraben 33
63571 Gelnhausen Hailer
Tel.: 0 60 51 / 47 47 40
Fax: 0 60 51 / 47 47 41

Besuchen Sie uns im Internet unter
www.j-k-fischer-verlag.de

Die Einschweißfolie besteht aus PE-Folie und ist biologisch abbaubar.
Dieses Buch wurde auf chlor- und säurefreiem Papier gedruckt.

Layout, Satz/Umbruch, Bildbearbeitung:
Heimdall Verlagsservice, Rheine, www.lettero.de
Druck & Bindung: Finidr s.r.o.
ISBN 978-3-941956-75-9

Jegliche Ansichten oder Meinungen, die in unseren Büchern stehen, sind die der Autoren und entsprechen nicht notwendigerweise den Ansichten des J-K-Fischer-Verlages, dessen Muttergesellschaften, jeglicher angeschlossenen Gesellschaft oder deren Angestellten und freien Mitarbeitern.

# Inhalt

VORWORT ........................................................................................... 9
REISEROUTE .................................................................................... 11
    Motive ............................................................................................ 11
    Ungereimtheiten ............................................................................ 14
    Impressionen einer Belagerung ..................................................... 16
Der rote Faden ................................................................................... 21
    Nur ................................................................................................. 21
    Zwei Welten? ................................................................................. 22
    Der Weg nach draußen ................................................................. 23
Sprache ............................................................................................... 26
    Was sich Gehör verschafft ............................................................. 26
    Zwei Seiten einer Münze ............................................................... 28
    Eine Frage der Reichweite ............................................................. 32
    Wann sprechen wir von Sprache? ................................................. 33
    Prinzipielles zum Thema Schlüssel ............................................... 34
    Wenn es so begonnen hat ............................................................. 35
    Auch Transportmittel verlangen ihr Recht .................................. 36
    Unter dem Gesetz ......................................................................... 37
    Eine Sprache in zwei Dimensionen ............................................. 42
    Sprachen der anderen Art ............................................................. 43
Landvermessung: Jenseits der Abbilder ........................................... 45
    Sprache als Werkzeug .................................................................... 45
    Definition und erster Testlauf ...................................................... 45
Selbstbezüglichkeit ............................................................................ 52
    Sprache als Spiegel ........................................................................ 52
    Anziehendes und andere Attraktionen ........................................ 59
    Bildlich gesprochen ...................................................................... 61
    Eine Lanze für die Selbstbezüglichkeit ........................................ 62

| | |
|---|---|
| Des Pudels Kern | 66 |
|   Mehr als das, wonach es aussieht – Die Form zum Sprechen bringen | 66 |
|   Resümee | 70 |
| Jenseits des Tellerrandes | 71 |
|   Die Sprache der Dinge | 71 |
|   Leichte und schwere Schlüssel | 72 |
|   Bewusstseinsveränderung und Sprache | 74 |
| Ganz einfach: Mathematik | 76 |
|   Von Halteseilen und Fesseln | 76 |
|   Was zum Bauen genügt | 77 |
|   Nur: „ganz einfach" | 80 |
| Namenstag | 86 |
|   Niemand | 86 |
|   Besuch in der Namensschmiede | 88 |
| Logik | 90 |
|   Wissen, was man tut | 90 |
|   Im Gleichschritt – Primat der Form | 91 |
|   Einer für alle: Sheffers Operator | 95 |
|   Umdeuten: Jenseits von wahr und falsch | 97 |
|   Jagdsaison | 99 |
|   Ein Text aus Draht | 103 |
| Aufstand der Werkzeuge: I Robot | 106 |
|   Märchenhaft | 106 |
|   Die Sache mit dem Bewusstsein | 108 |
|   Mehr als die Summe der Teile | 109 |
|   Juristische und andere seltsame Personen | 113 |
|   Wo die Wirkung nicht zur Ursache passt | 115 |
| Turing | 117 |
|   Die universelle Rechenmaschine | 117 |
|   Erkenntnis aus einer fiktiven Maschine | 118 |
|   Wie der Schein das Sein wegerklären soll | 119 |
|   Künstliche „Intelligenz": Augen zu und durch? | 120 |

| | |
|---|---|
| Zweifel | 123 |
|   Der Preis der Vereinfachung | 123 |
|   Nur scheinbar unangreifbar | 124 |
| Bewusstsein | 130 |
|   Markierungspunkte | 130 |
|   Landkarte des Nichtwissens | 139 |
|   Allein auf weiter Flur? | 140 |
|   Ein Albtraum mit Ansage | 142 |
|   Alles im Griff? | 146 |
|   Geschlossene Gesellschaft | 150 |
|   Tabu | 151 |
| Abgründe | 154 |
|   Unendlichkeit | 154 |
| Portionsweise: Quanten | 160 |
|   Unmögliches wird salonfähig | 160 |
|   Zufall | 164 |
| Bruchstellen | 168 |
|   Ein Anspruch, der nie eingelöst werden kann | 168 |
|   Noch mehr Schlupflöcher | 169 |
|   Vom Teil zum Ganzen? | 171 |
|   Nichts + Nichts =? | 174 |
|   Getrennt marschieren, vereint schlagen | 176 |
|   Gesichter des Zufalls | 178 |
|   Der Flügelschlag des Schmetterlings | 181 |
|   Voreilige Verallgemeinerungen | 182 |
|   Die Kunst der Täuschung | 185 |
|   Zu einfach: Von Schnellschüssen | 186 |
|   Traum – Text – Theater | 189 |
|   Schaumstoff? | 193 |
|   Traumzeit | 194 |
|   Wie die Welt „in den Kopf kommt" | 198 |
| Kopfstand | 202 |
|   Nur zu unserem Besten | 202 |

    Von Teil und Gegenteil und von anderen seltsamen Pärchen ...................... 205
    Die Welt lesen .............................................................................................. 209
    Ordnung wozu? ........................................................................................... 211

Anleihen bei der Vergangenheit .......................................................................... 212
    Die Kunst des Gedächtnisses ..................................................................... 212
    Urbilder: Elemente der Wahrnehmung ...................................................... 214
    Raum: Ein Archetyp, der heute die Bühne beherrscht ............................... 217
    Eine Grammatik der besonderen Art .......................................................... 221
    Fundsachen ................................................................................................. 222
    Grundkategorien oder mehr? ...................................................................... 224
    Eine ganz spezielle Quelle .......................................................................... 226
    Die Höchste unter ihnen ............................................................................. 227
    Starr ruht der See? ...................................................................................... 228
    Modisches ................................................................................................... 230
    Hinter den Kulissen ................................................................................... 231

Mehr kann auch mehr sein ................................................................................. 234
    Glatt vergessen ........................................................................................... 234
    Zusammengereimt ...................................................................................... 235
    Ursprache und Traumzeit ........................................................................... 236
    Ein ganz spezieller Text: Materie ............................................................... 238

Zone der Entscheidung ....................................................................................... 241
    Ausblicke .................................................................................................... 241
    Wer sind wir? ............................................................................................. 245
    Die Sache mit der „Allmacht" .................................................................... 247

Literaturverzeichnis ............................................................................................ 251

# VORWORT

Dem, was uns heute bedroht, sind wir unter anderen Namen zwar schon früher begegnet, aber im Gewand neuer technischer Möglichkeiten hat es eine nie zuvor gekannte Wirkungsmacht erreicht. Dabei kommen die Gefahren aus so unterschiedlichen Richtungen, dass es schwerfällt, ihren gemeinsamen Ursprung zu erkennen. Verwunderlich ist die Unfähigkeit, derartige Zusammenhänge auszumachen und ihnen nachzugehen, in unserer modernen Welt allerdings nicht. Einerseits werden Grenzen überall dort niedergerissen, wo sie unser Dasein und Sosein definieren (z.B. Genderwahn und Globalisierung im schlechtesten Sinne), auf der anderen Seite sind die methodischen Zäune zwischen den einzelnen Wissensgebieten so hoch, dass ein fruchtbarer Austausch kaum möglich ist, zumal die Grenzziehungen ihren Ursprung in den Köpfen der Beteiligten haben. An dieses Protokoll sieht sich der Autor nicht gebunden und will Mut machen, den eigenen Verstand zu gebrauchen, geistige Trampelpfade gelegentlich zu verlassen und neue Sichtweisen zu wagen. Exkursionen dieser Art führen in vermintes Gelände und werden von vielfältigen Misserfolgen begleitet sein, aber andererseits könnte der Weg der Herde an der Schlachtbank enden. Es wäre nicht das erste Mal.

Künstliche Intelligenz (KI) und noch mehr alle Formen künstlichen Bewusstseins (KB) sind nur die exponiertesten der zuvor angesprochenen Gefahren. Ihnen können wir nur mit einem ganzheitlichen Denken begegnen, das insbesondere vor unkonventionellen Ansätzen nicht zurückschreckt. Die Zeit wird knapp, und wir sollten uns von den bald zu erwartenden Rufen, dass es nun ohnehin zu spät sei, nicht verunsichern lassen. Jedes System hat unzählige Schwachstellen und Lücken, durch die man im Notfall schlüpfen kann. Man erkennt sie aber nur, wenn man kurz innehält und die eigene Position bestimmt. Dazu möchte dieses Buch beitragen, indem es den Leser ermutigt, durch die Mauer der scheinbaren Selbstverständlichkeiten hindurchzugehen und nicht nur Fragen zu beantworten, die ihm von Anderen vorgelegt werden, sondern insbesondere solche Fragen zu wagen, die aus ihm selbst kommen. Nur so gelangt man an das nötige Rüstzeug, um auf die scheinbar unveränderlichen Gesetze des Systems Einfluss zu nehmen. Die überall im Buch verstreuten Anregungen – vielleicht auch Zumutungen - sind in diesem Sinne als Katalysatoren gedacht.

Mit einer klarer Gliederung, wie sie für wissenschaftliche Abhandlungen in der Regel unabdingbar ist, kann und will dieses Buch nicht dienen. Ansonsten wäre es ebenso reizlos wie eine am Reisbrett geplante Stadt ohne eigene Geschichte, von der man im Grunde bereits alles gesehen hat, wenn man von ihr auch nur einen Häuserblock oder Straßenzug kennt. Derartige Konstrukte sind durch ein Minimum an Informationen gekennzeichnet, während meine Absicht darin besteht, dem Leser möglichst viele Anregungen zu bieten, die Lust darauf machen, scheinbar Bekanntes zu hinterfragen und eigenen Ideen zu folgen.

Der rote Faden, der den Leser aber durch die gesamte Lektüre begleitet, ist das Phänomen der Sprache an sich und mit ihm der Sprachcharakter unserer Welt, da nur auf dieser Ebene ist ein volles Verständnis der mit Künstlicher Intelligenz verbundenen Probleme überhaupt erst möglich ist. Die Speicherinhalte lernfähiger, offener Systeme sind dynamische Texte, die teils auf sich selbst bezogen sind, teils auf die Umwelt (auf der Basis gemachter Erfahrungen) verweisen. Als Träger von Bedeutung werden die inneren Zustände derartiger Maschinen so interpretierbar. Interpretationen wiederum sind ein Wesensmerkmal von Sprache und Bewusstseinsprozessen gleichermaßen.

Die Beschäftigung mit der Sprache in ihren unzähligen Erscheinungsformen wäre unvollständig ohne einen Blick in das Reich der Form und ihrer Gesetze, ein Thema, das farbig und lebendig ist, wenn man ihm unbefangen begegnet.

Zum Schluss ein Lese-Tipp: Was den Leseaufwand nicht zu lohnen scheint (z.B. mathematische Passagen), kann ohne Schaden für das Gesamtverständnis übergangen werden. Vielleicht fesselt Sie später die eine oder andere Überlegung doch so sehr, dass Ihr Interesse für bislang ausgesparte Abschnitte geweckt wird. Oder schlagen Sie das Buch an einer beliebigen Stelle auf und beginnen Sie dort.

*Gib die Suche nie auf,*
*dann wirst Du schließlich*
*zu Deinem Ursprung zurückfinden*
*und ihn zum ersten Mal erblicken.*

Frei nach T.S. Eliot (188 –1965)

# REISEROUTE

## Motive

Bevor wir aufbrechen, lassen Sie mich kurz den Ausgangspunkt der Reise beschreiben:

Alles nur Einbildung! Geister und Dämonen, wie sie im Denken längst vergangener Zeiten eine Welt voller magischer Kräfte und Dinge bevölkerten, treiben inzwischen nur noch in Film und Literatur ihr Unwesen. Unter Berufung auf den Verstand hat unsere moderne, naturwissenschaftlich geprägte Denkweise allen irrationalen Ängsten den Garaus gemacht – so scheint es zumindest. Zergliederung in einfache Bausteine, Rückführung auf Einfacheres / Sicheres oder bereits Bekanntes und der anschließende Versuch, das Funktionieren der Dinge aus den so isolierten wenigen Elementen zu erklären, charakterisieren die äußerst erfolgreiche, auch als Reduktionismus bezeichnete naturwissenschaftliche Vorgehensweise, die dem Menschen zunehmende Macht über die Welt gegeben hat, von der er aber zugleich auch selbst beherrscht wird. Zudem kann sich die Annahme, etwas zu beherrschen, sei gleichbedeutend mit dem Verstehen der Sache, als gefährlicher Irrtum erweisen.

Und noch ein Preis ist zu entrichten. Die naturwissenschaftliche Methode verbannt zwar alles magisch Bedrohliche ins Reich der Illusionen, sie nimmt aber unserer Welt gleichzeitig viel von ihrem Zauber und ihrer Farbe. Das Schlüsselwort lautet „nur". Damit werden alte Vorstellungen beiläufig zur Täuschung, illusionären Hülle oder Maya erklärt, die es abzustreifen gilt, um zum wahren, materiellen Kern vorzustoßen.

Erfolge feiert das quantifizierende und messende Denken in fast allen Lebensbereichen – auch in den Humanwissenschaften. Was sich von der eigenen Methodik nicht vereinnahmen lässt, wird als belanglos eingestuft und ignoriert. Als Maß aller Dinge hat sich ein Denken etabliert, welches nur das als existent anerkennt, was ausschließlich raumzeitlicher Natur ist - und das ist nichts Lebendiges. Danach basieren Farben auf Wellenlängen, was ihre Außenquelle betrifft. In der Wahrnehmung sind sie spezielle elektrochemische Prozesse innerhalb der Hirnrinde. Und so geht es weiter: Schmerzen werden auf elektrische Signale entlang der Nervenbahnen und deren zerebrale Verarbeitung reduziert / zurückgeführt, Glück und Freude lassen sich durch die Ausschüttung körpereigener Stoffe erklären. Liebe ist nur das Ergebnis eines genetisch festgelegten Programms, das zur Arterhaltung abläuft, und unser Bewusstsein ist ein Epiphänomen der Gehirnvorgänge, gewissermaßen ein materiell erzeugtes Trugbild – so die extrem reduktionistische Position. Sie wird zwar nicht von allen Naturwissenschaftlern geteilt, aber sie scheint der Methode innezuwohnen, die zudem doppelgesichtig ist. Denn wie soll man die von vielen Experten durchaus mit Ernst geführte Debatte verstehen, ob Computer – ausreichende Komplexität vorausgesetzt – Bewusstsein besitzen können? Da dieses „Bewusstsein" wohl kaum als Trugbild gedacht ist, kann es nur bedeuten, dass die animistische Sichtweise (nach der auch gewöhnliche Dinge belebt sind) ernsthaft diskutiert werden kann, wenn dies vom modernen Standpunkt aus geschieht – aber auch nur dann.

Man wird sich fragen müssen, wieso Computer ausgerechnet das besitzen sollen, was zuvor von etlichen Vertretern der gleichen Zunft als Illusion abgetan wurde.

Es bei dieser Kritik zu belassen, wäre jedoch oberflächlich und unfair. Denn hat man erst einmal den Eintrittspreis, den Verlust des „Paradieses", bezahlt, so erhält man Einblick in eine neue Welt, die einen großen eigenen Reiz und eine kaum vorstellbare Tiefe und Vielfalt besitzt. Es ist gewissermaßen ein Wechsel vom Dschungel in eine glitzernde Schneelandschaft. Moderne Teleskope zeigen ein Sternenmeer, das an Schönheit kaum zu übertreffen ist, und die Wunder des Mikrokosmos sind kaum geringer.

Den Sieg der Neuzeit als die Befreiung von irrationalen Ängsten zu feiern, ist mehr als problematisch. Stellen wir uns einen Zeitreisenden vor, der in ferner Vergangenheit mit einem Film über unsere „schöne neue Welt" auftaucht, um dort für unseren Lebensstil zu werben. Neben Äußerungen ehrlicher Bewunderung über unseren Komfort, der den von Fürsten vergangener Epochen um Längen schlägt, würden unsere Altvorderen vermutlich entsetzt auf die Szene mit dem Atompilz deuten. Ein Verkaufsschlager sieht anders aus, denn wer will sich schon begründete Ängste gegen angeblich irrationale einhandeln.

Wie war das mit den Dämonen? Konnten sie wirklich als bloße Einbildung einer „finsteren" Vorzeit enttarnt werden, oder haben sie nur ihr Gesicht, ihre Gestalt geändert und sind im Anzug zurückgekehrt? Beim Gedanken an die modernen Massenvernichtungswaffen, gerät man darüber leicht ins Grübeln. „Der Erlkönig

## Reiseroute

mit Kron' und Schweif" jammert das fiebernde Kind in den Armen seines Vaters und erhält die beruhigende Erklärung „Mein Sohn es war nur ein Nebelstreif".

So viel, wie man uns gerne glauben machen möchte, hat sich im Laufe der Jahrhunderte nicht geändert. Damals wie heute – oder muss es heißen „heute wie damals"? – gehen die Erklärungen der Welt auf unheimlich kluge Menschen zurück. Wer die nicht versteht, hat es eben nicht drauf oder führt Böses im Schilde. Erdreistete sich doch glatt ein Studiogast des Fernsehens, im aufgeklärten Jahr 2016 zu behaupten, die Klimaerwärmung sei nicht menschengemacht. Ohne in dieser konkreten Sache als blinder Schiedsrichter auftreten zu wollen, kann ich den Fortgang der Sendung nur so schildern: Der zuständige Fernsehmoderator konnte sich ob solcher Unverschämtheit kaum noch einklinken. Ob sein Studiogast etwa glaube, klüger zu sein als alle Experten zusammen, wollte er empört und mit dröhnendem Unterton wissen. Ja wie kann man nur an der einhelligen Meinung der Experten zweifeln? Besserwisser dieses Kalibers existierten auch schon früher. Da gab es doch glatt Leute, die anzweifelten, dass die Erde eine Scheibe ist. Andere wiederum fanden es grausam, leibhaftige Hexen und Ketzer auf dem Scheiterhaufen zu verbrennen, obwohl weise Männer das für das einzig Richtige hielten …. Stets geht es um mächtige Interessengruppen, die das, was sie anzubieten haben mit einem Widerhaken bewehren. Eine materialistisch eingestellte Welt wird ihren Mitläufern natürlich erklären, dass nach dem körperlichen Tod alles zu Ende ist. Wo kämen wir denn hin, wenn es noch eine Hoffnung auf eine spätere Existenz gäbe? Die Menschen wären nicht mehr erpressbar. Ihre Abhängigkeit von materiellen Gütern im Hier und Jetzt wäre wesentlich geringer.

Ebenfalls einstimmig war der Chor der Wissenschaftler, die behaupteten, erworbene oder erlernte Eigenschaften und Fähigkeiten könnten nicht vererbt werden. Noch zu Zeiten meines Schulbesuchs war das im Westen ein absolutes Credo. Zwar gäbe es in der wohl etwas zurückgebliebenen Sowjetunion darüber andere Ansichten, aber die könne man ruhig ignorieren, war die korrekte Sprechweise. Dass es dabei vorrangig um gesellschaftspolitische Aspekte ging, wurde erst später klar, als es nach dem Zerfall der Sowjetunion im Westen zum Rückzug vom reinen Darwinismus kam.

Nähert man sich sozialen und normativen Themen, werden die Aussagen der Experten, Gelehrten und anderer Vordenker noch lauter und konformer. Allerdings sind wir aus Zeitgründen zumeist darauf angewiesen, fremde Meinungen weitgehend ungeprüft zu übernehmen. Dessen sollten wir uns bewusst sein und uns hüten, über Andersdenkende mit dem Verweis auf die „Experten" herzufallen.

Und letztlich macht es unser Menschsein überhaupt erst aus, dass wir unsere persönlichen Wege gehen, auch Wege die nicht von anderen vorgezeichnet sind. Unser freier Wille gehört zu unserer Würde / Ehre und beinhaltet selbstverständlich auch das Risiko des Scheiterns. Daran ist nichts Verwerfliches – ganz im Gegenteil. Erst durch Fehlschläge sind wir in der Lage, unsere Fehleinschätzungen und Schwächen zu erkennen und auszubügeln. Und schließlich lässt sich die Wahrheit auch nicht durch eine Mehrheitsentscheidung ermitteln, der eine Berieselung durch bezahlte Fehlinformanten vorausgegangen ist. Wie also der Wahrheit auf die Spur kommen? Die Antwort ist ebenso leicht wie schwer und alt: Man muss „nur" den Mut haben, den eigenen Kopf zu benutzen und riskieren, bei dieser Gelegenheit unter dem Gespött konformer Feiglinge auf die Nase zu fallen.

Szenenwechsel: Wie war das mit den Träumen? Ich meine nicht die Träume von versunkenen Welten, in denen die Dinge noch sprechen konnten, sondern die von einer zukünftigen Welt des Überflusses für alle und einer Welt, in der uns unbekannte Räume rufen, sie zu erkunden.

Doch Kernenergie ist „out" und Science-Fiction-Filme wie S. Kubricks „2001: Odyssee im Weltraum" aus dem Jahr 1968, die uns versprachen, bald durch den Weltraum navigieren zu können, haben sich als Täuschung erwiesen. Termine für die wirkliche Eroberung des Weltraums werden immer weiter in die Zukunft verschoben, was dank der Vergesslichkeit des Publikums auch kein Kunststück ist. So ist es nur korrekt, wenn inzwischen Science-Fiction-Romane in den Regalen der Buchläden gerade noch zwischen Fantasy-Abenteuern auftauchen.

„Die Zukunft stand weit offen" … jetzt nicht mehr. Aber vielleicht kann man die Pause zu einer kritischen Bestandsaufnahme nutzen, bevor wir zu neuen Horizonten aufbrechen. Stoff zum Aufarbeiten gibt es genug.

## Ungereimtheiten

Ist es nicht seltsam, dass ausgerechnet in unserer sich immer schneller globalisierenden Welt, in der physische Grenzziehungen aller Art beinahe einem Tabubruch gleichkommen, die geistigen Grundlagen – deutlich mehr als in früheren

## Reiseroute

Jahrhunderten – durch scharfe Linien voneinander getrennt sind? So ändern sich unversehens die Zeiten.

Trotz oder gerade wegen ihres schlechten Rufs halten Widersprüche aber die Welt in Bewegung. Fehler, Defekte, Abweichungen und Irrtümer haben sich oft als Kristallisationskerne für neue Ideen herausgestellt. Im Zusammenhang damit ist zu bedenken, dass vermutlich alles, was formal fassbar ist und auf festen Regeln beruht, bereits in absehbarer Zeit von künstlichen Intelligenzen (KIs) vereinnahmt sein dürfte. Wenn wir die Entwicklung sich selbst überlassen, werden elektronische Experten – wie alle weit fortgeschrittenen KIs – vermutlich einmal über **Bewusstsein** / ein Ich verfügen, ohne dass wir in der Lage wären, dies in seiner Tragweite und Bedeutung voll abzuschätzen. Nicht zuletzt für unser Bildungssystem ergeben sich daraus weitreichende Folgerungen: Die gewohnte **normierte** Weitergabe von Wissen dürfte sich als unzureichend erweisen, falls unsere elektronischen Geschöpfe in Zukunft nicht mehr so wohlwollend agieren wie ursprünglich geplant. Wir sollten daher eigenständiges Denken und die Lust junger Menschen, die Dinge kritisch zu hinterfragen, möglichst fördern. Die Masse des Lernstoffs sollte durch Qualität ersetzt werden, und tieferes Verstehen sowie kreative Herangehensweisen sollten an die Stelle von Können und Beherrschen treten. Letzteres können die modernen Blechkameraden schon heute in vieler Hinsicht besser.

Vor diesem Hintergrund versuche ich, Fixierungen des Denkens zu lockern und den Blick auf Fragen zu lenken, die offenbar nicht gestellt werden sollen. Dazu biete ich Denkweisen an, von denen einige sehr alt, teilweise in Vergessenheit oder in Verruf geraten sind und dann wieder andere, die zwar neueren Datums sind, die aber weniger bekannt sind, weil ihr Gebrauch sich üblicherweise auf wenige hochspezialisierte Fachleute beschränkt. Zu letzteren gehören mathematische Denkweisen, die (entgegen dem schlechten Ruf des Fachs) den Geist nicht in Ketten legen sondern ihn befreien sollen. Auch Lesern ohne entsprechende Vorkenntnisse will das Buch Zugang zum Kern dessen zu verschaffen, worum es in der „schwarzen Kunst" geht und ein Bild jenseits dessen vermitteln, was im regulären schulischen Alltag präsentiert wird.

Soweit es der Sache angemessen ist, werden sich die folgenden Ausführungen nicht der im Wissenschaftsbetrieb zumeist üblichen scharfen Abgrenzung der einzelnen Fachbereiche unterordnen. Auch die Realität hält sich an keine derartigen Grenzzäune. Die verhindern zwar den Streit zwischen den verschiedenen Fakultäten, haben aber zur Folge, dass Grenzgebiete gemieden werden, als seien sie vermint.

So sehr die Loslösung religiöser Themen von weltlichen Dingen zu begrüßen ist, war dafür doch ein hoher Preis zu entrichten, denn diese Trennung hat sich auch in den Köpfen der Menschen vollzogen. In gewisser Weise wurde mit dem Eintritt in die Neuzeit der sakrale Bereich des Mittelalters einem Outsourcing unterzogen. Über ihn zu sprechen schickt sich heutzutage nur unter ganz bestimmten Umständen und unter Beachtung hoher sprachlicher und gesellschaftlicher Hürden.

## Impressionen einer Belagerung

Wo stehen wir jetzt? Der Strom der Zeit hat uns zu einem Ort geführt, an dem unsere Art zu denken und damit die Werkzeuge, die wir entwickelt haben, um unser Dasein zu bewältigen, nicht mehr greifen. Angesichts neuartiger Bedrohungen bleibt vermutlich nicht viel Zeit, um in die Gänge zu kommen, wenn das, was sich hinter dem Bauzaun der Zukunft abzeichnet, vollends die Bühne betritt. Spätestens mit dem massiven Eingriff der Künstlichen Intelligenz (KI) in alle Bereiche des menschlichen Alltags und der sich infolgedessen aufdrängenden Frage, ob wir in den KIs bewussten, fühlenden Wesen begegnen, werden diejenigen, die diese Entwicklung gefördert oder ihr sprachlos zugesehen haben, brauchbare Antworten vermissen lassen. Denn wer sollte die geben: Der Informatiker, der Mathematiker, der Physiker, der Psychologe, der Soziologe, der Philosoph, der Theologe, …?

In einer solchen Situation kommt es darauf an, dass man nicht zu kurz springt. Da ist es hilfreich, daran zu denken, dass ein Unglück selten allein kommt, sondern oft nur der Vorbote größeren Unheils ist. Im vorliegenden Fall trifft dies offenbar zu. Denn wenn verschiedenartige negative Einflüsse allesamt auf einen Punkt gerichtet sind und sie sich in ihrem Zusammenspiel gegenseitig ergänzen / verstärken, dann hat man es entweder mit einem grundsätzlichen, systembedingten Problem zu tun oder aber das Geschehen ist die Folge eines planvollen Handelns. Im zweiten Fall ist es naheliegend vom Bild einer Belagerung oder von dem einer Verschwörung auszugehen. Wie auch immer – der größte Fehler in einer derartigen Situation bestünde darin, die Dinge ohne genaueres Hinsehen als ein zufälliges Zusammenspiel misslicher Umstände abtun zu wollen. Erst wenn die

## Reiseroute

Einzelheiten zu einem Gesamtbild zusammengefügt sind, besteht die Aussicht, von dort aus zu belastbaren Antworten zu kommen.

Es ist nicht leicht, zufällige, systembedingte und von außen angezettelte Entwicklungen auseinanderzuhalten. Kluge Gegner werden stets bestrebt sein, systembedingte Schwächen auszunutzen, um so ans Ziel zu gelangen. Nicht wenige Städte und Burgen sind nach langem Widerstand gegen ihre Belagerer aufgrund des mangelnden inneren Zusammenhalts der Verteidiger gefallen.

Wer oder was steht nun im Brennpunkt des tatsächlichen oder vermeintlichen Angriffs? Die These des Buchs besagt, dass es um unser Menschsein geht mit allem, was ihm Würde, Schönheit und Wert verleiht – Unzulänglichkeiten und Leiden eingeschlossen. Ob mit der Auslöschung des Menschen das endgültige Ziel erreicht wäre, darf bezweifelt werden. Er ist vermutlich nur ein Stellvertreter, wenn auch ein prominenter. Letztlich dürfte sich der Angriff gegen das Leben insgesamt und damit gegen das Kernanliegen der Schöpfung richten.

Neben Künstlicher Intelligenz und Künstlichem Bewusstsein lassen sich noch weitere Fronten ausmachen, die als Einfallstore für destruktive Kräfte fungieren können und daher unsere besondere Wachsamkeit verlangen: Da ist zunächst einmal der überdeutliche, penetrant propagierte Trend, alle **Grenzen niederzureißen**, die das schützen, was Eigenart und **Identität** von Individuen ausmacht. Ein wahlloses Zerstören von Gefäßen, Behältnissen und Verpackungen käme im Alltag zwar niemand in den Sinn, im zwischenmenschlichen Bereich wird das aber als der Weg zu einer bunten Vielfalt angepriesen: Warum nur zwei Geschlechter, wenn man derer gleich 20 oder mehr haben kann? Warum sollte man sein kulturelles Erbe bewahren, wenn die Weisen aus Weißnichtwo verlauten lassen, der Begriff einer spezifischen Kultur sei derart fraglich, dass sich die Beschäftigung mit ihm nicht lohne? Geradezu obsolet sind Landesgrenzen, wo doch jeder Mensch auf diesem Planeten Anspruch auf jedes Fleckchen auf ihm hat. An Ehe und Familie glauben nur die ewig Gestrigen. Ich heirate mein Auto - oder mein Handy. Daneben setzen sogenannte Realityshows alles daran, jene Grenzen einzureißen, deren Aufgabe darin besteht, die Privat- und Intimsphäre zu bewahren. So bleibt am Schluss zu vermerken, dass lebende Zellen, die ihrer schützenden Hüllen beraubt werden, zum Tod verurteilt sind.

Zu den wirkungsvollsten Möglichkeiten, die Identität und damit den Wesenskern einer Person oder einer Gruppe / eines Volkes auszulöschen, gehört freilich die **Demontage des Selbstbildes**. Eine Handhabe dazu bietet beispielsweise die Zerstörung geschichtlicher Bezüge und Orientierungspunkte. Nicht minder wirkungsvoll ist das, was die tägliche mediale Berieselung durch Vorbilder aller Art mit uns anstellt. Da wird uns beigebracht, wie wir uns zu bewegen und aufzutreten haben und was als unschick oder gar als verabscheuungswürdig anzusehen ist. Es geht um unsere „Gesinnung", also nicht um das Spielen einer Rolle, sondern um die Identifikation mit ihr.

**Freiheit** ist ein kostbares Gut und damit ein weiterer umkämpfter Faktor, dessen Quelle der Kopf und in gewisser Weise auch das Herz ist. Sie kann weder geschenkt, gekauft noch angeordnet werden: Man muss sie sich nehmen. Die Gedanken sind frei, aus ihnen geht alle Kreativität hervor – jedenfalls so lange man sie nicht selbst an die Leine legt oder legen lässt. Gerade heutzutage verlangt es Mut, den eigenen **Verstand** zu gebrauchen. Immerhin verfügen die einzelnen Fachdisziplinen über Wissen in einem nie dagewesenen Umfang. Da ist es sicherer, man richtet sich nach dem, was die jeweiligen Experten erklären und stellt folgerichtig das Denken – abgesehen von der Funktion des Nachvollziehens - gleich ganz ein, sofern man nicht beabsichtigt, sich selbst auf den Weg zur Spitze einer der vielen Wissenszweige zu machen. Ob man dann am Ende eines solchen Weges zum Meister geworden ist oder nur zu einem Werkzeug, ob man die Stofffülle verinnerlicht hat oder durch sie vereinnahmt wurde, steht wieder auf einem ganz anderen Blatt. Und dann bleiben die vielen anderen Fachbereiche …. Der Mut zu einem unabhängigen Urteil wird in den meisten Fällen in einer Niederlage enden. Andererseits hat das, was von der „Kanzel" verkündet wird, oft wenig mit der Liebe zur Wahrheit zu tun, sondern ist ganz einfach interessengesteuert. Nicht nur der Ruf „der Kaiser ist ja nackt" ist riskant; noch mehr Mut verlangt es fast, die eigene Wahrnehmung auch dann ernst zu nehmen und zu prüfen, wenn sie von der offiziellen Norm abweicht. Garantien gibt es nicht. Gehen die Meinungen der Fachleute auseinander, mag es naheliegend erscheinen, sich einfach der Mehrheit der Orientierungslosen anzuschließen. Ein gutes Ende ist aber damit nicht gewährleistet.

Die **Kunst der Täuschung** hat eine lange Geschichte. Die „Kunst" besteht vor allem darin, den Kontrahenten dahin zu bringen, dass er sich selbst täuscht. Es gibt Täuschungsmanöver, die so raffiniert bzw. infam angelegt sind, dass sich die „Reingefallenen" ob ihrer Niederlage nicht wirklich zu schämen brauchen, doch in den meis-

## Reiseroute

ten Fällen dürfte das Opfer selbst eine erhebliche Mitschuld tragen. Trägheit und Feigheit sind die Mütter des Wegsehens. Ihnen wird der Weg bereitet, indem uns ständig signalisiert wird, dass wir ohnehin zu unbedeutend sind, um etwas bewegen zu können. Mit der Übernahme dieser Einstellung ist es dann ratsam, die Augen zu schließen, um hereinbrechendes Unheil nicht bei vollem Bewusstsein miterleben zu müssen. „Sanft entschlafen" wird man einmal über all jene sagen können, die gegen das Vorrücken künstlicher Intelligenz in alle Lebensbereiche nicht einmal minimalen / passiven Widerstand geleistet haben. Wer sich gerne selbst betrügt, kann auch auf den heranbrausenden Zug aufspringen und seine Angst dadurch bändigen, dass er sich einredet, der Steuermann zu sein. Diese Hilfskonstruktion der Psyche, die sich einer Übermacht ausgesetzt sieht, ist nicht einmal so abwegig, wie sie auf den ersten Blick erscheinen mag, und im Fall von Geiselnahmen unter dem Begriff „Stockholmsyndrom" bekannt.

Globalisierung, wie sie heute gnadenlos durchgepeitscht wird, ist Standardisierung bzw. Vereinheitlichung, und die macht auch vor dem schulischen Alltag nicht halt. Alles, was formal beschreibbar ist, wird aber in Zukunft viel effizienter von Maschinen erledigt werden können – auch ein formalisierter Bildungsbetrieb. Während allenthalben die bunte Vielfalt besungen wird, dürfen wir uns – ein Festhalten am **Herkömmlichen vorausgesetzt – auf einen Einheitsbrei der Inhalte** freuen, der die Menschen, die ihn genossen haben, hilflos zurücklässt. Wie meinte doch ein flammender Verfechter der Künstlichen Intelligenz sinngemäß mit Blick auf die Zukunft: „Dann können wir uns endlich alle den lieben langen Tag an den Strand legen und die Sonne genießen". Na dann viel Spaß!

Die entscheidende Schwachstelle des Verteidigungsrings liegt bei uns selbst und betrifft **unsere Art zu denken, die Welt wahrzunehmen und in ihr zu agieren**. Genau genommen sind wir Kinder einer Epoche, die vor weit über 2000 Jahren mit Männern wie Pythagoras, Euklid und anderen Philosophen und Wissenschaftlern begonnen hat und erst in der Neuzeit zur vollen Reife gelangt ist. Ihr genialer Ansatz bestand darin, nur von einem kleinen Bündel von Begriffen auszugehen, die so weit wie möglich von allem sinnlichen Beiwerk befreit waren. Mit diesem abstrakten Arsenal war es möglich, präzise Schritt für Schritt zu komplexeren Strukturen und Erkenntnissen vorstoßen. Ein ähnliches Motiv ist in der Atomtheorie zu erkennen: Ausgangspunkt war für Demokrit ein überschaubares Bündel elementarer Bausteine, die sich wiederum nach klaren, einfachen Regeln zusammenfügen ließen, um so die Vielfalt der materiellen Welt entstehen zu lassen. Der Erfolg dieser Methode war so gewaltig, dass dabei die Frage nach ihrem Wesen und ihrer Zuständigkeit weitgehend verdrängt wurde. Genau das scheinen wir in der gegenwärtigen Situation nachholen zu müssen, wollen wir nicht auf der Strecke bleiben. Zu den offenen Fragen gehört neben der nach der Angemessenheit des materialistischen Ansatzes nicht zuletzt die Problematik fehlender Ganzheitlichkeit, fehlender Sinnhaftigkeit und der Versuchung, Lebendiges aus Totem erklären zu wollen. Und Überlegungen zur Natur des Bewusstseins oder nach der des Denkens lassen sich mit den Baukästen materialistischen Zuschnitts nicht einmal angemessen formulieren.

Die im Abschnitt „Belagerung" angesprochenen Themen verlaufen querfeldein durch höchst unterschiedliche, meist sorgfältig voneinander getrennte wissenschaftliche Disziplinen. In dieser Situation kommt es darauf an, ein geistiges Band zu finden, das wie ein **roter Faden** zur Orientierung taugt und als Ausgangspunkt für eine adäquate **ganzheitliche** Organisation unseres Wissens geeignet ist. Kaum etwas ist dafür naheliegender und geeigneter als die **Sprache** selbst. Der Versuch, ein über den üblichen Rahmen hinausgehendes Verständnis des Phänomens Sprache zu gewinnen, soll dazu beitragen, das Wissen wieder zu einer Einheit werden zu lassen, ohne dem Druck nachzugeben, alles in eine dogmatische, vorgegebene Form zu gießen und die Vielfalt zu opfern. Schließlich waren alle Umwälzungen unseres Weltbildes mit einem Bruch alter Gewissheiten verbunden. Ein Endpunkt ist nicht absehbar.

Dass die Sprache der geeignete Punkt ist, um den Hebel anzusetzen, zeigt sich unter anderem daran, dass es sich auch bei der Mathematik letztlich um ein Sprachgebilde handelt. Mit Recht wird sie gerne als Königin der Naturwissenschaften bezeichnet, obwohl ihr Anwendungs- und Herrschaftsbereich inzwischen weit in die geistes- und sozialwissenschaftlichen Disziplinen hineinreicht. Besonders deutlich werden die sprachlichen Bezüge in der Informatik, einem erst in jüngerer Zeit entstandenen Ableger der Mathematik. Die Abspaltung wurde durch das gewaltige Wachstum des Computersektors erzwungen, dessen Funktionieren ohne spezielle Computersprachen nicht denkbar ist. Damit sind wir wieder bei der KI angelangt, die man nur in den Griff bekommen wird, wenn sie als Teil eines tiefer reichenden Problems verstanden wird. KI ist nur die Spitze des Eisbergs, ebenso wie das Geklapper und Geschrei einer Treibjagd weder die gesamte Veranstaltung ausmacht noch ihre tödliche Seite markiert.

# Der rote Faden

## Nur

Für eine erste Annäherung an den Begriff der Sprache ist das Wort „nur" ein guter Kandidat, einmal infolge seiner immensen Plastizität und dann, weil es den Kern des reduktionistischen Denkens auszumachen scheint.

Je nach Zusammenhang dient es zur Kennzeichnung von
*Illusionen*: **Nur** eine Täuschung.
*Ausschließlichkeit*: **Nur** mit einem trockenen Tuch.
*Lokalisierung, Begrenzung*: **Nur** hier.
*Armut*: … hat **nur** …
*Genügsamkeit*: Er möchte **nur** …
*Hochmut*: **Nur** … darf …
*Demut*: … **nur** ein einfacher …
*Askese*: **Nur** Wasser und …
*Privileg*: **Nur** …, sonst niemand.
*Einzigartigkeit*: **Nur** hier findet man …
*Einsamkeit*: Dort gab es **nur** …
*Erniedrigung*: **Nur** ein …
*Konzentration*: Es kommt **nur** darauf an.
*Einfachheit, Leichtigkeit*: … **nur** die Abdeckung seitlich aufreißen.
*Abstraktion*: Dazu betrachten wir **nur** …

Ein so einfaches Wort mit so vielen Gesichtern und so vielen Stimmen. Aber womöglich sind ja die Unterschiede bloßer Schein. Die merkwürdige Begegnung wirft eine Reihe weitergehender Fragen auf: Wird das einzelne Wort gesprochen oder spricht das Wort? Sagen wir, was wir sehen oder sehen wir, was uns gesagt wird? Ist vielleicht das, was uns begegnet, ohnehin nur verhüllte Sprache?
    Und wie steht es um uns – wer spricht, wenn wir sprechen?
    Nach den Streiflichtern wird es Zeit, das Thema systematischer anzugehen.

## Zwei Welten?

Solange sie nicht geäußert werden, sind Gedanken, Gefühle, Empfindungen, Vorstellungen, Wahrnehmungen und Träume eines Menschen ebenso wenig unmittelbar von außen zu erkennen wie sein Glauben, Wollen oder Hoffen. Anders als unsere materielle Welt lässt sich das, was sie ausmacht, nicht ohne weiteres in Raum, Zeit und Masse festhalten oder bestimmen. In welcher Beziehung stehen dann aber die geistige und die materielle Ebene zueinander? Hat eine von ihnen Vorrang gegenüber der anderen? Vielleicht haben ja mentale Gebilde nur den Status von Illusionen und sind nichts weiter als mehr oder minder gelungene Abbilder oder Echos des physischen Geschehens. Die Befürworter dieser Theorie verweisen gerne darauf, dass man inzwischen über die Messung der Gehirnaktivitäten in der Lage ist, zumindest ansatzweise Inhalte aus dem Denken einer Versuchsperson zu isolieren und zu bestimmen. Daraus aber abzuleiten, dass sich unser Denken und ebenso unser Fühlen, Wahrnehmen usw. aus den elektrochemischen Prozessen oder anderen materiellen Prozessen erklären lassen, ist ein grober gedanklicher Kurzschluss. Das liefe daraus hinaus, die Zeilen eines Textes mit seiner Aussage gleichzusetzen und eine Aussage mit ihrem Gegenstand. Ebenso ist der Bote nicht mit der Botschaft identisch und in der Regel nicht einmal für das verantwortlich, was er zu berichten hat.

Was die Deutung der Welt angeht, könnte umgekehrt die Festigkeit und Verlässlichkeit des Stofflichen illusorisch und die uns bekannte Welt nichts anderes als der Traum eines Gottes sein, an dem wir partizipieren – so die indische Mythologie. In dieser zweiten Deutung ist der Geist der Ursprung der gegenständlichen Dinge. Eine andere Möglichkeit bestünde darin, dass Materie und Geist zwei gleichberechtigte Ebenen sind, die in ihrem Zusammenspiel die Welt ausmachen. Schließlich könnte es sich auch um zwei Aspekte derselben Sache handeln, deren Innenraum (Inhalt / Das Unsichtbare / Das Potentielle) geistiger Natur ist, während ihre Oberfläche die materielle Seite (Form / Das Sichtbare / Das Endgültige) unseres Daseins bildet. Als ein der Vorstellung und Sprache bequem zugängliches Modell soll dieses letzte Bild der Ganzheit von Form und Inhalt Ausgangspunkt der Überlegungen sein.

## Der Weg nach draußen

Was an seelischen Inhalten erfolgreich bis zur Oberfläche vordringt, **manifestiert** sich dort etwa in Form von Gestik, Mimik, Tonfall, Bewegungsfluss und nicht zuletzt als natürliche Sprache. Dieses Repertoire von Ausdrucksmöglichkeiten, über die wir von Geburt an zumindest als Anlagen verfügen, wird von uns tagtäglich wie selbstverständlich genutzt, ohne dass es in der Regel bewusster Anstrengungen bedarf. Dadurch wird allerdings der Zugang zur Frage nach der grundsätzlichen Rolle dieser Fähigkeiten verstellt und darnach, auf welchem **Weg** sie ablaufen. Da es um die Gestalt- und Sichtbarwerdung zunächst verborgener Kräften / Entitäten geht, könnte dieser Prozess zum Beispiel auf einem Wandel der ans Licht drängenden psychischen Inhalte beruhen, alternativ auf einer Aneignung von entsprechenden Werkzeugen – dem Erlernen ihres Gebrauchs – oder auf einer schrittweisen Unterwerfung unter die Gesetze jener äußeren Sphäre, die betreten werden soll. Soll die Betonung auf die Erhaltung dessen gelegt werden, was sich da verkörpert, so kann man den Vorgang der Äußerung auch als Ortsveränderung im Sinne einer Reise eines konstanten Etwas aus der Innen- in die Außenwelt deuten, das nur sein Erscheinungsbild wandelt, ohne sich wirklich zu verändern. Oder handelt es sich bei der „Gestaltwerdung" in Wirklichkeit um die Wahl eines physischen Repräsentanten?

Eine Antwort hierauf verlangt einen sehr allgemeinen Ansatz, da sich das Phänomen des Aufstiegs (oder ist es ein Abstieg?) aus der ideellen Ebene in die der materiellen Wirklichkeit prinzipieller Natur ist. Die fraglichen Phänomene begegnen uns allenthalben unter Stichwörtern wie **Verwirklichung, Realisierung, Fleischwerdung, Inkarnation, Manifestation, Repräsentation und Verkörperung**.

Damit die Überlegungen nicht im leeren Raum treiben, sollen ein paar Beispiele für die nötige Bodenhaftung sorgen:

- *„Herr Z hat seinen Traum vom eigenen Haus verwirklicht"*

Ursprünglich existierte das Häuschen von Z nur in dessen Kopf. Die Baupläne waren dann ein erster wichtiger Schritt in Richtung **Verwirklichung**. Mit der Bauzeichnung nahmen die Vorstellungen von Z Form an und erfuhren eine größtmögliche vorläufige Festlegung, was dem Bauherrn sicher das eine oder andere Zugeständnis abverlangt hat. Dafür sind sie aber auch für andere sichtbar und nachvollziehbar. Aus dem Reich des subjektiven Wollens und Wünschens, sind sie zu etwas Objektivem geworden, das unabhängig von Betrachtungsweisen ist. Nach Fertigstellung des Hauses ist schließlich die letzte Stufe der Realisierung erreicht.

Wenn der Bauherr keine extravaganten Wünsche hatte, **verkörpert** der Stil des Hauses sehr wahrscheinlich auch den Zeitgeist. Der Stil, in dem Häuser errichtet werden, beeinflusst den Betrachter, versetzt ihn in eine bestimmte Stimmung, es sagt ihm etwas. Das ist kein Zufall, sondern geschieht in voller Absicht durch Stadtplaner und Architekten.

- *„Der Kerl ist eine **Inkarnation** des Bösen"*

Nehmen wir an, es handelt sich nicht um eine platte, kriegstreiberische Rhetorik, dann wird hier ausgesagt, dass das Böse, ein ansonsten abstraktes Prinzip, ein Gesicht bekommen hat - leider aber auch Hände, die Schaden anrichten. Im Umkehrschluss macht sich das Böse durch die Inkarnation verwundbar, setzt sich Angriffen aus, es wird erreichbar, weil es nun in gewisser Weise eine Adresse, einen Wohnsitz hat. Die Formulierung unterstellt einer Wesenheit oder Kraft den Willen, auf der materiellen Ebene **Gestalt anzunehmen**.

- *„Jede Gemeinde ist eine **Körperschaft*** " (Genauer: Gebietskörperschaft)"

Was ist der Zweck einer derartigen Körperschaft? Ohne sich zusammenzutun, d.h. ohne sich zu **organ**isieren sind die Bewohner eines bestimmten Gebietes zur Durchsetzung / Realisierung größerer Ziele kaum in der Lage. Um handlungsfähig zu werden, muss geregelt werden, wer was wann und wo tut, Verantwortung übernimmt etc. In einem Wahlvorgang werden daher die Organe der gemeinsamen Willensbildung bestimmt. Der Bürgermeister repräsentiert die Gemeinde und ihre Bürger. In seiner Person kann der Wille der von ihm vertretenen Bürgerschaft **zum Ausdruck gebracht** werden.

- *„Unser Manifest"*

Wenn Angehörige einer Gruppe ihre Beweggründe und Ziele in Schriftform niederlegen und veröffentlichen, wird insbesondere im politischen Raum oft von einem Manifest gesprochen. Das Wort selbst ist der lateinischen Sprache (manifestus) entnommen und kann etwa als „für die Hände fassbar gemacht" übersetzt werden. Der Hinweis, dass Manifeste **Manifestationscharakter** besitzen, erübrigt sich wohl.

- *„Das ist doch eine Pfeilspitze aus Stein!"*

Die Handwerker der Steinzeit haben derartige Miniaturen massenhaft hergestellt, um sie für die Jagd oder im Kampf einzusetzen. Wie alle Werkzeuge wurden sie geschaffen, um ein bestimmtes Ziel zu erreichen. In ihnen hat die auf dieses Ziel gerichtete Absicht (z.B. der Wunsch, auch schnelle Beutetiere zu erlegen) feste **Gestalt angenommen.**

Wie die kleine Auswahl belegt, begegnet uns das Prinzip der Verkörperung / Formwerdung allenthalben. Eine Gemeinsamkeit besteht darin, dass die jeweiligen Resultate keine blinden Zufallsprodukte sind, sondern Werke oder Schöpfungen, die meist gewollt / gesteuert aus Gedanken, Gefühlen, Empfindungen, Vorstellungen, Wahrnehmungen, Hoffnungen und Träumen – aus dem Reich des Verborgenen - hervorgegangen sind. Durch den Prozess der Verkörperung sollen oder können sie nach außen sichtbar / wirksam werden. Damit stehen die oben als Beispiele gewählten Verkörperungen / Erzeugnisse in einer Reihe mit den bereits genannten geläufigeren Ausdrucksformen wie Gestik, Mimik, Tonfall, Wortwahl, Bewegungsfluss und vor allem der Sprache.

**Fazit**: Zumindest alle menschlichen Äußerungen / Handlungen und Werke lassen sich als Manifestationen von etwas verstehen, was sie hervorgebracht oder verursacht hat – unabhängig davon, ob sie absichtlich in Erscheinung treten oder nicht. Im Falle einer Geste des Abscheus kommen beispielsweise beide Möglichkeiten in Betracht.

# Sprache

## Was sich Gehör verschafft

Bis jetzt hatte ich **Sprache** nur als eine unter vielen verschiedenen Ausdrucksformen dargestellt. Doch dass sie sich gelegentlich „unter das Volk mischt", sollte nicht darüber hinwegtäuschen, dass sie die eigentliche Herrscherin ist.

Über seine bekannteste Erscheinungsform – der menschlichen Rede – hinaus handelt es sich beim Sprachphänomen um ein essenzielles Grundprinzip, das mit dem der Formwerdung eng verwandt ist. Das breite Bedeutungsspektrum von „Sprache" lässt die Vielfalt ihrer höchst unterschiedlichen Erscheinungsformen erahnen. So ist das gesprochene Wort ausdrucksstärker als das geschriebene Wort, weil durch die Modulation der Stimme zusätzliche Informationen übermittelt werden können. Es handelt sich also um eine eigene Sprache, die der nur aus Wörtern bestehenden Sprache als Träger bedarf – wie eine Liane die Festigkeit eines Baumes braucht. Mimik und Gestik haben ebenfalls Sprachcharakter. Der Bewegungsfluss eines Menschen sagt uns viel über seine Befindlichkeit, lässt sich also ebenfalls als eine Form von Sprache auffassen. Damit kommt den körperlichen Ausdrucksformen wie Gestik, Mimik, Tonfall, Bewegungsfluss etc. nicht nur Manifestations- sondern auch Sprachcharakter zu. Das gilt auch für alle übrigen menschlichen Äußerungen / Handlungen / Werke, wie die vorangegangenen Beispiele zeigen:

Architektur ist mehr als „Stein auf Stein" plus Statik, nämlich eine Kunst, die nach ganz bestimmten Regeln gesellschaftlichen und weltanschaulichen Inhalten eine feste Form verleiht, die zu uns spricht - was nicht heißt, dass sie ansprechend sein muss. Das gilt auch für Gebäude, die reine, kalte Effizienz und Zweckhaftigkeit ausstrahlen. Sie können uns beispielsweise sagen, wie wir uns selbst zu sehen haben und dementsprechend verhalten sollen. Ein Beispiel sind die Eingangstüren repräsentativer Gebäude, die oft so groß sind, als seien sie für Riesen gebaut.

Mit der Rede von einer „Inkarnation des Bösen", ist die Vorstellung verbunden, dass sich in einer Person ein Prinzip **ausdrücken** kann, um durch sie wirksam zu werden. Dabei kann der Term „ausdrücken" seine Nähe zur Sprache kaum verbergen. Und wie ausformuliert oder präzise muss eine Äußerung sein, um als Sprache

## Sprache

zu gelten? Sprache hat viele Zielrichtungen, die weit über das Mitteilen hinausgehen. Beherrschen, Schaffen, Täuschen etc. gehören ebenso dazu. Verschiedene Sprachtypen haben verschiedene Schwerpunkte. Unabhängig von der persönlichen religiösen Einstellung lohnt sich auch ein Blick auf das Johannesevangelium, das gleich in seiner Einleitung sagt: „… und das Wort ist Fleisch geworden und hat unter uns gewohnt". Auch wenn sie nur im Sinne einer Metapher verstanden wird, macht diese Zeile deutlich, wie eng Sprache mit Schöpfung, Zuwendung / Begegnung und Interaktion verwoben ist.

In der als Beispiel angeführten Gebietskörperschaft schaffen sich die Bürger eine Plattform, um ihren Interessen im öffentlichen Raum **Gehör** zu verschaffen. Insofern ist sie ein Sprachwerkzeug.

Der Sprachcharakter eines Manifests bedarf keiner weiteren Erläuterung.

Was die Pfeilspitze aus Stein betrifft, so **erzählt** sie Archäologen viel über das Leben und die Fähigkeiten der Menschen, von denen das Fundstück einst angefertigt wurde. Gewiss war es nicht die Absicht unserer Vorfahren aus prähistorischer Zeit, damit Archäologen etwas über sich zu berichten. Andererseits wirft es aber Fragen auf, warum so viele der Pfeilspitzen mit größter Sorgfalt und unter Beachtung künstlerischer Gesichtspunkte angefertigt wurden. Die erzielte Qualität ging oft weit über das hinaus, was zur reinen Nutzung als Werkzeug erforderlich gewesen wäre. Diese Objekte sind ausdrucksstark – und Ausdrücke sind dem Reich der Sprache zumindest entlehnt.

Außerdem widerspricht der Werkzeugcharakter eines Objektes keinesfalls seinem eventuellen Sprachcharakter. Ganz im Gegenteil! Im Alltag wird Sprache mitnichten in erster Linie zur Information eingesetzt. In der Regel dient sie dazu, Andere zu beeinflussen, manipulieren und irrezuführen, aber sie kann auch trösten, Mut machen oder einfach nur Stille, Leere und Einsamkeit beenden. Wie alle Werkzeuge steht die Sprache in der Mitte zwischen Absicht und Ziel. Und wie es bei der Nutzung von Werkzeugen üblich ist, verschwindet auch die Sprache während des Gebrauchs aus dem Fokus der Wahrnehmung. Von einigen Ausnahmen abgesehen stellen Werkzeuge und Sprache keinen Selbstzweck dar, sondern deuten auf etwas Anderes. Alle Spuren erzählen die Geschichte ihrer Entstehung bzw. ihrer Erzeuger und können wie Texte gelesen werden, ob das nun beabsichtigt war oder nicht.

**Fazit**: Die Analyse der Beispiele vermittelt den Eindruck, dass nicht nur die natürliche Sprache und die verschiedenen Formen der Körpersprache, sondern alle menschlichen Handlungen und Werke als Sprache aufgefasst werden können. Der Anwendungsbereich des Sprachbegriffs ist damit enorm gewachsen und zwar auf eine natürliche Weise, die der Art unserer Wahrnehmung entspricht.

Zugleich lässt sich nun der Zusammenhang mit dem eingangs geschnürten Begriffsbündel (Verwirklichung, Realisierung, Fleischwerdung, Inkarnation, Manifestation, Repräsentation und Verkörperung) kürzer und einprägsamer formulieren, wenn man „Manifestation" als Repräsentanten oder Oberbegriff benutzt: **Manifestationen haben Sprachcharakter / sind eine Form von Sprache.**

Dass diese Beziehung auch in umgekehrter Richtung gilt, dass also jede sprachliche Äußerung zugleich eine Manifestation darstellt, ist so naheliegend, dass es fast stillschweigend Teil der vorangehenden Überlegungen geworden ist.

**Beobachtung**: Um was es letztendlich geht, zeigt erst der Blick aufs Ganze. Das meiste, was als Sprache oder in einer anderen Ausdrucksform an die Oberfläche gelangt und sich dort manifestiert, soll dort, nachdem es gesehen, gefühlt, gelesen, verstanden oder missverstanden wurde, bestimmte Wirkungen auslösen. Die so entstehenden neuen Szenarien sollen dann über Sinne, Fühlen und Denken als Wahrnehmungen wieder ihren Weg zurück in seelische Bereiche finden.

## Zwei Seiten einer Münze

Ist die Rede von Verwirklichung, Realisierung, Fleischwerdung, Inkarnation, Manifestation, Repräsentation oder Verkörperung, dann wird das Augenmerk auf die Aspekte Kraft, Willen, Gefühl und vielleicht auch Leidenschaft gelenkt. Stellen wir dagegen **sprachliche** Gesichtspunkte in den Vordergrund, so geht es eher um die **Form** des Ausdrucks, und die Herangehensweise ist dann primär rationaler / analytischer Natur. So gesehen ist Sprache distanzierter, objektiver, fassbarer, präziser, leichter zu bearbeiten, dafür aber unverbindlicher und unterkühlter. Besonders in Schriftform fällt es Sprache schwer, bis zu unserem Herzen vorzudringen – und wenn, bleibt oft eine schmerzhafte Leere, wenn sie uns nicht gerade als Lyrik begegnet.

# Sprache

Bevor ich fortfahre, möchte ich mich mit einer Zwischenbemerkung an Leser wenden, die auf religiöse Inhalte allergisch reagieren, eine Reaktion, die ich gut nachvollziehen kann. Gerade um der Sache willen lassen sich aber einige wenige Einschübe dieser Art nicht ganz vermeiden. Die säuberliche Aussonderung alles Sakralen, Heiligen und Erhabenen aus der Naturforschung, die mit dem ausgehenden Mittelalter ihren Höhepunkt erreichte, erleichterte zwar die Arbeit der empirischen Wissenschaften und befreite die Gesellschaft sowie den Einzelnen aus den kirchlichen Mitspracherechten in weltlichen und persönlichen Belangen, auf der anderen Seite hinterließ das aber einen in vielerlei Hinsicht blutleeren Torso. Derartig vollständige Trennungen mögen um des lieben Friedens willen berechtigt sein, sachlich können sie jedoch schaden. Insofern nehme ich mir die Freiheit, lebendige und aussagekräftige Bilder aus alten Überlieferungen einzustreuen, deren Beschreibung ansonsten je einen eigenen Roman erfordern würde. Ihre Verwendung bietet sich an, weil wir als Angehörige eines bestimmten Kulturkreises einen besonders leichten Zugang zu ihnen haben – eine Art Abkürzung gegenüber ansonsten vielen Worten. Eine Schleichwerbung für eine bestimmte religiöse Richtung ist damit keinesfalls beabsichtigt.

Die oben angedeutete Frage nach dem Zusammenhang zwischen Herz und Verstand erinnert an einen Garten, in dessen Mitte zwei Bäume standen (Genesis 2,9 AT) – der Baum des Lebens und der Baum der Erkenntnis von Gut und Böse. Die zwei Bäume – so darf man annehmen – standen nicht in Konkurrenz zueinander, sondern ergänzten sich, eben weil sie so ähnlich und doch so verschieden waren. Vielleicht sollten sie in ihrem Zusammenspiel etwas hervorbringen oder brachten etwas hervor, das uns entfallen ist. Den Traumbildern folgend möchte man meinen, dass uns ihr Geheimnis erst zu einem späteren Zeitpunkt enthüllt werden sollte oder konnte und dass unser voreiliges Handeln den ursprünglichen, eigentlichen Plan verdorben hat. Der Nachhall dieses Ereignisses klingt sogar noch in vielen Märchen nach. Sie sind voll von verbotenen Türen, die schließlich dennoch geöffnet werden.

Mit der Erinnerung an den Garten Eden wird der Blick nicht zuletzt auch auf ihre beiden prominenten Bewohner gelenkt, einen Mann und eine Frau. Kann man zwischen dem Menschenpaar und der Rolle der beiden Bäume Parallelen ziehen - stehen die zwei Bäume allegorisch für das männliche und weibliche Prinzip? Ihre Zuneigung und Berührung lässt den Garten erblühen und leben. Dass in

## Böses Erwachen – Künstliches Bewusstsein

Seinen Geschöpfen wie in einer Spiegelung der Schöpfer sichtbar wird, ist noch ein ganz anderer Pfad, der hier höchstens angedeutet werden kann.

Was aber in Reichweite ist – schließlich haben wir ja schon in den Apfel gebissen -, ist die Frage nach der Art der Erkenntnis, die uns „geschenkt" wurde. Es ist **nicht die Erkenntnis an sich**, sondern nur die von Gut und Böse. Ebenso wie das Begriffspaar „richtig" und „falsch" kann auch das von „gut" und „böse" unter dem Gesichtspunkt des Gesetzes verstanden werden. Gesetzmäßigkeiten sind wiederum Kernthema der Naturwissenschaften, allen voran der Mathematik. Das Fallen eines Steines etwa ist weder gut noch böse, noch richtig oder falsch. Richtig oder falsch sind dagegen unsere Schlüsse, die wir aus unseren Beobachtungen ziehen. Vor allem in der Mathematik geht es um die Gesetze des Denkens und um das, was denkbar ist, ohne das Denken selbst zu zerstören. Die Mathematik wiederum zeichnet sich als Taktgeberin durch ein Bündel spezieller Sprachen aus, die ihre einzelnen Fachgebiete kennzeichnen. Es sind Sprachen, die einen Großteil ihrer Macht, Gesetze zu finden und zu formulieren, daraus ziehen, dass sie selbst extrem strengen Gesetzen unterliegen.

Insofern stellt Mathematik ein Erkenntniswerkzeug dar, das vorrangig auf die wertefreie Erkenntnis von „richtig" und „falsch" bzw. "machbar" und „unmöglich" zielt. Hier begegnen wir Erkenntnis in ihrer Reinform, losgelöst von Leben und Liebe. Unproblematisch ist das Operieren mit isolierten Begriffen durchaus nicht. Besonders wenn es zur einzig gültigen Art des Denkens erhoben wird, drohen natürliche Brücken und wichtige Querverbindungen unwiederbringlich verloren zu gehen. Dass „Erkenntnis" einmal eine Umschreibung für die körperliche Liebe war, kommt nicht von ungefähr („Und Adam **erkannte** sein Weib Eva, und sie gebar …"). Die Neuzeit hat den Baum der Erkenntnis von Gut und Böse fein säuberlich vom Baum des Lebens getrennt. So sind beide angreifbar. Dementsprechend wird Sexualität heute – von ihren Wurzeln und Blüten befreit – medienwirksam ausgeschlachtet und darüber hinaus in den Klassenraum gezerrt. Was Lehrer ihren Zöglingen ab dem … Schuljahr im Hinblick auf dieses Thema antun sollen, spottet jeder Beschreibung, wäre doch eine knappe und informative Broschüre völlig ausreichend. Verwunderlich sind die Missstände nicht, denn immerhin ist der Schulbetrieb Spiegelbild unserer Gesellschaft, in der entgegen allen Beteuerungen offensichtlich alles darangesetzt wird, den Menschen jedwede tiefergehende Sinnlichkeit abzugewöhnen und sie so ihrer Wurzeln zu berauben.

# Sprache

Die Kampagne ist zu breit angelegt und ihre Vertreter sind zu gut aufgestellt, um als Zufall durchzugehen. Dieselbe Clique, die mit der Parole vom „Kampf der Geschlechter" einen unüberbrückbaren Zwiespalt zwischen Männer und Frauen herbeizureden versuchte, will nun mit der in etlichen Unis etablierten Genderideologie den Angriff aus der entgegengesetzten Stoßrichtung führen, indem man erklärt, männliche und weibliche Charaktereigenschaften seien nichts als soziale, erziehungsbedingte Konstrukte.

Parallel dazu richtet sich die Zerstörungswut gegen Völker und Kulturen, deren physische und geistige Grenzen man ebenso beseitigen möchte wie die Persönlichkeitsrechte des Individuums, um sie alle durch den Verlust ihrer natürlichen, schützenden Hüllen gesichtslos und angreifbar zu machen. Was die neue Aufklärung nicht versteht oder verstehen will, soll beseitigt werden.

Bessere Leute haben Spannungsbogen genutzt, um neues Land zu entdecken. Von I. Newton ist bekannt, dass sein Interesse neben seiner eigentlichen Arbeit auch dem Studium alchemistischer und theologischer Schriften galt. Er war klug genug, seine Nebenbeschäftigung nicht mit seinen naturwissenschaftlichen Veröffentlichungen zu vermengen. Sucht man aber nach den eigentlichen Motiven für seine Arbeit und nach möglichen Quellen seiner Inspiration, dürfte man gerade an Stellen fündig werden, die das Licht der Öffentlichkeit scheuen.

Wo die Verbindung rationaler Elemente zu Sinnlichkeit, Schönheit, Bedeutung und Gefühl vollständig abreißt, bleiben nur tote „Zeichen" zurück, die wie abgerissene Uhrzeiger auf nichts mehr deuten. Selbst die Sprache der Mathematik würde ohne Bezüge, die über ihr eigentliches Fachgebiet hinausreichen, kraft-, sinn- und konturlos im leeren Raum treiben. Sie wäre auch letzten Endes nicht verstehbar. Die Pflege des (Paradies-)Gartens verlangt, die Einheit von Denken und Fühlen zu behüten.

Das ist leichter gesagt als getan. Wir waren und sind allenthalben Angehörige von Denksystemen unterschiedlichster historischer und kultureller Ausprägung. Um nicht von innen heraus angreifbar zu sein, müssen derartige Systeme in sich widerspruchsfrei sein. Besonders interessant sind jene Systeme, die zusätzlich auch noch vollständig sind. „Vollständig" heißt in diesem Zusammenhang, dass die Hereinnahme von Annahmen, die sich nicht bereits aus den Voraussetzungen des Systems ableiten lassen, zu einem Widerspruch führen würde. Ein solches System bezeichne ich als geschlossen. „Geschlossen", weil es unmöglich ist, aus einem derartigen System herauszuspringen, ohne gegen mindestens eines seiner grundlegenden Gesetze zu verstoßen. Und derartige Systeme gibt es zuhauf. Sie finden sich in vielen Religionen und – wer hätte das gedacht – auch in den exakten Naturwissenschaften. Gibt es überhaupt ein Entrinnen? Ich meine schon. Genau aus diesem Grund behalte ich stets einen Fuß auf „Verbotenem Boden" um aus dem System herausspringen und es von außen betrachten zu können.

In eine scheinbar ausweglose Situation bzw. in eine geistige Gefangenschaft können wir sowohl geraten, wenn wir uns ausschließlich auf unser Gefühl verlassen als auch dann, wenn wir nur auf den Verstand setzen. Ein Ausbruch aus einer derartigen Lage ist aber nach meiner Erfahrung immer möglich, solange wir es nicht zulassen, dass beide voneinander isoliert werden.

Die Strategie des „Teile und herrsche!" zählt nicht nur auf der politischen Bühne zu den wichtigsten Werkzeugen der Machterhaltung. Abgesehen vom gesellschaftlichen Kontext werden Spaltungen aller Art auch dazu eingesetzt, Sinnzusammenhänge auseinanderzudividieren und so die Spaltung bis in das Individuum bzw. die Persönlichkeit hineinzutragen, um sie angreifbar zu machen.

## Eine Frage der Reichweite

Nachdem sich herausgestellt hat, dass es sich bei den Begriffen Manifestation und Sprache um zwei unterschiedliche Sichtweisen auf denselben Gegenstandsbereich handelt, soll nun ausgetestet werden, in welchem Umfang der Sprachbegriff auf natürliche oder naheliegende Weise erweitert bzw. verallgemeinert werden kann, ohne dass dadurch seine Verbindung zum Begriff der Manifestation – als dem Prinzip des absichtsvollen Werdens – abreißt. Es wird sich zeigen, dass der Sprachbegriff insofern der mächtigere der Beiden ist, als seiner Anwendbarkeit keine erkennbaren Grenzen gesetzt sind. Die Leichtigkeit, mit der sich „was auch immer" als Sprache verstehen lässt, ist schon frappierend. Sie ist in der Lage, in Zonen äußerster Kälte vorzudringen und nimmt dabei selbst eine spröde, abweisende und unpersönliche Gestalt an. In derartigen Zonen tut sich das Prinzip der Manifestation schwer, die Rolle eines Erklärungsmodells einzunehmen. Dort, wo kein Sinn erkennbar ist, verblasst und verstummt es wie in einer letzten Warnung. Ansonsten sind die Einsichten, die man aus seiner Anwendung erhält, oftmals tiefer als das, was Sprachanalysen hergeben, da der Bezug zur Frage nach der Bedeutung des jeweiligen Gegenstandes nie abreißt.

Wenn die bisherigen Überlegungen von einem Sprachbegriff geprägt waren, der vor allem **intuitiver** Natur war, geschah das in der Absicht, nicht die Plastizität und Farbigkeit des Denkens zu behindern oder durch voreilige begriffliche Grenzziehungen ein Verständnis der Struktur des Gegenstandes vorzugaukeln bzw. auf diesem Wege vorab eine bestimmte Interpretation des Sachverhaltes vorzugeben. In der nächsten Etappe wird nun versucht, den Sprachbegriff definitorisch präziser und möglichst weit zu fassen, ohne die vorgenannten Fehler zu begehen.

## Wann sprechen wir von Sprache?

Ob es sich bei dem, was uns begegnet, um Sprache handelt, hängt ganz offensichtlich nicht davon ab, ob es als Schall der Luft, als Schrift dem Papier oder als eine Abfolge von elektrischen / magnetischen Mikrozuständen einem modernen Speichermedium eingeprägt ist. Insofern ist zum Beispiel das beschriebene Papier nicht die Sprache, sondern nur ihr materieller Träger.

Letztlich lässt sich das Erscheinen von Sprache auf keinen Einzelnen ihrer möglichen Begleitumstände reduzieren. Vereinfacht ausgedrückt geht es um eine Ganzheit, bestehend aus einem Sprecher, einem Adressaten und einer zwischen beiden abgestimmten Vorgehensweise, durch die ein Übertragungsweg bereitgestellt wird. Das, was da übertragen werden soll, ist nicht von der Art einer Ware, die man ohne Weiteres von A nach B transportieren könnte. Es sind Empfindungen, Gedanken, Wünsche, Sorgen etc. und als solche lassen sie sich weder weiterreichen, noch können sie in einem Briefumschlag auf Reisen gehen. Allerdings hat der Absender die Möglichkeit, den subjektiven Inhalten seiner Psyche „entsprechende" physische / materielle Gestalten zu schaffen, die er dem Empfänger mündlich, schriftlich, bildlich, als Bewegungsablauf, als Rauchzeichen, elektronisch als Zeichenkette (z.B. 0111100101101110 …) etc. übermitteln kann. Bei der Schöpfung des Absenders handelt es sich streng genommen um keine Transformation oder Verwandlung des seelischen Ausgangsmaterials – es bleibt ja erhalten. Er schafft auch kein getreues Duplikat, denn das wäre ja ebenfalls nicht transportierbar. Vielmehr generiert er anhand des Modells ein neues Etwas. Zwar braucht die Neuschöpfung kein getreues Abbild des Originals zu sein – in der Regel wird nicht einmal eine entfernte Ähnlichkeit bestehen –, doch ist dem Verfasser und Absender einer Nachricht daran gelegen, dass sie den Empfänger in die Lage versetzt, daraus eine Vorstellung zu erzeugen, die dem Original möglichst exakt entspricht. Anders gesagt: er muss in der Lage sein, sie zu **entschlüsseln** / zurückzuübersetzen. Damit das möglich ist, müssen etliche Voraussetzungen erfüllt sein.

## Prinzipielles zum Thema Schlüssel

Erstens muss der Prozess der Verschlüsselung nach festen, vorher vereinbarten Regeln erfolgen. Mit einem Zeichensalat, der auf einer stets wechselnden willkürlichen oder permanent dem Zufall unterworfenen Auswahl von Zeichen beruht, kann niemand etwas anfangen (Ein einmal festgelegtes Verfahren, das die Bindung vom Zeichen an das Bezeichnete regelt, darf nicht ständig variieren).

Zweitens muss der Prozess der Verschlüsselung **umkehrbar** sein. Diese Forderung beinhaltet, dass **verschiedene** Inhalte durch **verschiedene** materielle Formen / Figuren dargestellt werden. Anderenfalls könnte der Empfänger nicht oder nur schwer entscheiden, was gemeint ist.

Ohne die zugehörigen Schlüssel sind viele Nachrichten gar nicht als solche erkennbar. Eine Entschlüsselung ohne vorherige Kenntnis des Schlüssels ist zwar unter bestimmten Voraussetzungen möglich, sie bildet aber eine enorme Herausforderung (Beispiel: Entzifferung der Hieroglyphen). Einige Schriften warten noch heute auf ihre Übersetzung.

Eine weitere elementare, aber keineswegs triviale Voraussetzung ist die Wahl eines materiellen Trägers, dem die Zeichen aufgeprägt werden und ohne den sie weder transportierbar, konservierbar noch wahrnehmbar wären. Träger können etwa der Schall, elektromagnetische Wellen, Pergament, Baumrinde, Papier, Bewegungsabläufe, weicher Lehm und … sein, also alles, was ohne größere Probleme formbar / modifizierbar ist. Die Entscheidung hängt dann von den jeweiligen Umständen, Möglichkeiten und Anforderungen ab.

## Wenn es so begonnen hat

So lange es nur um wenige zu übermittelnde Sachverhalte geht, ist die Wahl der Zuordnungen zwischen ihnen und ihren Zeichen (bzw. Gesten / Lautfolgen / Markierungen) noch weitgehend frei von zusätzlichen Bedingungen. Kommt es aber darauf an, aus der gewaltigen **Fülle** der Gegenstände, Situationen oder Zustände unserer Welt beliebige herausgreifen zu können, stößt ein Ansatz, der auf einer willkürlichen Verknüpfung von Dingen mit strukturlosen Zeichen basiert, rasch an seine Grenzen. Einerseits wären selbst Gedächtniskünstler bald überfordert, andererseits würde man, um neue Sachverhalte darzustellen, wohl den lieben langen Tag neue Zeichen ersinnen müssen, die sich von den bereits genutzten unterscheiden, d.h. die Sprache ließe sich kaum weiterentwickeln. Insofern ist die Beherrschung einer sehr großen Menge von Gegenständen - d.h. ein quantitatives Problem - zugleich ein qualitatives Problem, das nur durch einen Sprung über die systembedingten Grenzen gelöst werden kann. Kurzum Etwas völlig Neues muss her.

Der Kern des Problems: Unsere Welt ist **kein** Sammelsurium untereinander beziehungsloser, ungeordneter Erscheinungen, sondern hochgradig strukturiert, organisiert, verschachtelt, gegliedert, geordnet, voller Schönheit, Überfluss und gleichzeitiger Strenge, voller Geheimnisse, Schrecken und Verheißungen, voller Leben in all seinen möglichen Facetten – je nachdem unter welchen Prämissen man ihr begegnet. Der Versuch, auch nur einen angemessenen Teil dieser Welt anhand einer gestaltlosen, zufälligen Palette von Zeichen darzustellen, wäre bereits im Voraus zum Scheitern verurteilt. Diesem Missverhältnis kann man nur entgehen, wenn die Produktion neuer Zeichen nach Regeln erfolgt, die uns in die Lage versetzen, beliebige Situationen durch adäquate Zeichen wiedergeben zu können. Die angewandten Gesetze sollten also Zeichen generieren, die eine **äußere / formale Verwandtschaft / Ähnlichkeit zu dem** aufweisen, **was sie jeweils repräsentieren**. Folglich werden wir von den so erzeugten sprachlichen Produkten ein hoher Grad von Komplexität und / oder Ästhetik zu erwarten haben. Auf diese Weise würde man gleichzeitig dem Problem entgehen, sich eine große Menge von Zuordnungen einprägen zu müssen, zu denen es wegen ihres angenommenen willkürlichen Charakters nicht einmal Gedächtnishilfen geben kann.

## Auch Transportmittel verlangen ihr Recht

Wie kann nun ein solches Regelwerk aussehen, das den zuvor geschilderten Ansprüchen gerecht wird? An dieser Stelle kommen wir nicht mehr umhin, unseren Blick genauer auf die Eigenschaften des Trägers zu lenken. Jeder Träger stellt nämlich in gewisser Weise einen eigenen Kosmos ganz spezieller Bedingungen und Regeln dar, denen sich jeder beugen muss, der ihn betritt. Daraus folgt, dass die Gesetze der Spracherzeugung einen spezifischen, materialabhängigen Zuschnitt erhalten müssen.

Was beispielsweise den Schall betrifft, so handelt es sich um ein höchst flüchtiges Medium. Dafür ist er in der Lage, sich blitzschnell und über beachtliche Entfernungen in alle Richtungen auszubreiten. Insofern ist er für Situationen, bei denen es auf schnelle, koordinierte Reaktionen ankommt, bestens geeignet. Soll die Kommunikation mehr sein als die Mitteilung einiger weniger Sachverhalt durch spezielle Laute, so wird davon Gebrauch gemacht, dass sich die menschliche Rede als eine Abfolge von identifizierbaren Einzellauten darstellt, die wie Perlen auf der Zeitachse aufgereiht sind.

Dabei wird das Repertoire von Lauten, die für die Kommunikation in Frage kommen, innerhalb eines Volkes nicht zu groß sein dürfen, um möglichst leicht produziert und auch verstanden werden zu können. Das Ergebnis wird also auf eine rasche zeitliche Abfolge von Lauten – gebildet aus einem kleinen, kaum mehr als wenige Dutzend Elemente umfassenden Satz von Lautbausteinen – hinauslaufen. Um die Ausdrucksmöglichkeiten auf eine höhere Stufe zu stellen, bleibt – will man kein ausferndes Alphabet der Basislaute - kaum eine andere Wahl, als die elementaren Laute ihres Bedeutungscharakters weitgehend zu entkleiden und diese Rolle nun besonderen, Wörter genannten Lautketten zuzuweisen. **Bestimmten Kombinationen aus einem endlichen Alphabet ihrerseits Bedeutungscharakter zu verleihen, ist eine Errungenschaft grundsätzlicher Natur**, weil dadurch der Zahl der Ausdrucksmöglichkeiten keine obere Grenze mehr gesetzt ist.

Daneben sind Betonung, Stimmlage und -farbe weitere Möglichkeiten, den Raum lautlicher Äußerungsformen zu erweitern. Im Reich der Töne nimmt die Musik eine besondere Stellung ein. Selbst klassische Musikstücke, die sich relativ leicht in Notenschreibweise, also als Zeichenkette wiedergeben lassen, sind mehr als die bloße Abfolge von Tönen. Dazu muss man „nur" jemanden finden, der ein

Musikinstrument beherrscht und ihn bitten, sein Lieblingslied einmal mit und einmal ohne Gefühl zu spielen.

Ein gerne übersehenes Phänomen verdient es, in diesem Zusammenhang, hinterfragt zu werden. Wie ist es eigentlich möglich, dass jedes Geräusch, jeder Laut, jeder Klang und jeder Ton im Hörer eine ganz spezifische Empfindung hervorruft, die dem jeweiligen akustischen Ereignis zugeordnet ist? Eine derartige Masse an Zuordnungen – wären sie beliebiger Natur - ließe sich kaum erlernen oder mit Hilfsmitteln wie Listen etc. handhaben. Wir verstehen diese Tongebilde praktisch von Geburt an unmittelbar, ohne da etwas entschlüsseln zu müssen.

Um nicht mit zu schwerem Marschgepäck aufzubrechen, werden die Überlegungen des folgenden Abschnitts ausschließlich denjenigen Teil des gesprochenen und geschriebenen Wortes betreffen, der in Gestalt von Zeichenketten darstellbar ist.

## Unter dem Gesetz

*Grundsätzliches*: Mit der Bildung von Zeichenketten hat sich zwar der Vorrat verfügbarer Sprachgebilde immens erweitert, aber eine Freikarte, die jede Beliebigkeit zuließe, ist das nicht. Vielmehr sind Zeichenketten ganz bestimmten **Formgesetzen unterworfen**, die sowohl für die zeitliche aus auch für die räumliche Variante gelten:

Da wir es in unserem Fall mit Ketten endlicher Länge zu tun haben, die aus einem endlichen Alphabet gebildet sind, unterliegen sie den Gesetzen der Kombinatorik. Beispielsweise können aus einem Vorrat von 25 Buchstaben / Tönen genau $25^{10}$ verschiedene Zeichenketten der Länge 10 gebildet werden, sofern Buchstaben / Töne mehrfach vorkommen dürfen. Jede dieser Zeichenketten lässt sich nun als Wort auffassen, dem eine bestimmte Bedeutung zugeordnet werden kann.

$25^{10}$ (eine 9 gefolgt von 13 weiteren Ziffern) Zeichenketten sind schon „eine ganze Menge Holz", weit mehr als für ein brauchbares Wörterbuch benötigt würde, zumal ja kürzere und längere Ketten noch gar keine Berücksichtigung gefunden haben. Aber das **gesprochene** Wort wird zusätzlich durch Gesetze eingeschränkt, denen das Hören und Sprechen unterliegen: Bestimmte Buchstabenkombinationen sind ganz einfach unaussprechlich oder für einen Hörer kaum von anderen zu **unterscheiden**.

Das läuft im Vergleich zur ursprünglichen Zahl der Wörter zwar auf eine erhebliche Reduzierung des für den Alltag in Frage kommenden Wortschatzes hinaus, aber wirklich gravierend ist dieser Einschnitt nicht, wie jedes Wörterbuch zeigt.

Allerdings schränkt die auf der Ordnung des Vorher und Nachher beruhende „Geometrie" derartiger Zeichenfolgen die Gestaltungsmöglichkeiten von Wörtern als Figuren erheblich ein. Gewöhnlich nehmen wir das aber nicht wahr, weil uns die Gesetze der „einfachen" linearen Ordnung so selbstverständlich erscheinen.

Um festen Boden zu gewinnen, werden wir diesen Überlegungen in der Sprache der Mathematik nachgehen:

Was Zeichenfolgen anbelangt, besteht ihr konstituierendes Merkmal darin, dass je zwei beliebige, aber **verschiedene** Elemente (nennen wir sie A und B) in einer als „vorausgehen" oder „vor" bezeichneten Beziehung zueinander stehen. Das Geflecht dieser Beziehung ist nicht willkürlich, sondern den folgenden Regeln unterworfen:

(I) **Entweder** steht A vor B **oder** B vor A.
In Kurzschreibweise: **Entweder** A < B **oder** B < A.
(II) **Wenn** A vor B **und** B vor C steht, **dann** steht auch A vor C.
In Kurzschreibweise: A < B **und** B < C ➜ A < C

So harmlos die Regeln auch daherkommen, haben sie doch wichtige Konsequenzen und Möglichkeiten der Begriffsbildung im Gepäck:

Habe ich zwei verschiedene Elemente K und G und steht etwa K vor G (K < G), kann ich mein Augenmerk auf diejenigen Elemente richten, die zwar größer als K, aber kleiner als G sind – wir nennen sie die **zwischen** den beiden liegenden Elemente. Gibt es **keine** derartigen Elemente, werden K und G als **Nachbarn** bezeichnet. Anfangs- und Schlussglied einer Kette haben nur einen Nachbarn.

Ketten dürfen nie geschlossen sein, also in sich zurücklaufen. Das verhindern die obigen Regeln. Usw.

Um keinen Trockenschwimmkurs abzuhalten, soll an einem Miniaturbeispiel gezeigt werden, wie mittels der obigen Voraussetzungen Behauptungen bewiesen werden können:

Beweisbedürftig ist beispielsweise die Behauptung, dass ein beliebiges Element A keine zwei verschiedenen Nachbarn X und Y besitzen kann, die beide größer sind als es selbst.

## Sprache

Dazu nehmen wir probeweise das **Gegenteil** an und sagen: **Wäre dem doch so**, dann hieße das, dass sowohl $A < X$ als auch $A < Y$, wobei weder zwischen A und X noch zwischen A und Y ein weiteres Element existieren dürfte.

Schön und gut. Aber nach (I) müssen auch X und Y in genau einer der beiden möglichen Beziehungen **X < Y** oder $Y < X$ zueinander stehen. Wählen wir die erste Möglichkeit, also $X < Y$ (Bei $Y < X$ würde man analog verfahren). Dann hätten wir neben $A < X$ (siehe oben) wie angenommen auch $X < Y$. Das Element X würde also **zwischen** A und Y liegen. Folglich könnten A und Y keine Nachbarn sein. Das hatten wir aber vorausgesetzt. Aus diesem Widerspruch kommen wir nur heraus, wenn die probeweise Annahme, A könne zwei größere Nachbarn haben, falsch ist.

Derartige Überlegungen lassen sich beliebig fortsetzen. Hier kam es nur darauf an zu zeigen, zu welch bedeutsamen Einschränkungen scheinbar harmlose Voraussetzungen führen können.

Man könnte auf den Gedanken verfallen, frei von Formgesetzen zu sein, wenn es bei der Nachrichtenübermittlung nicht mehr auf die Reihenfolge der Zeichen ankommt. Doch dem ist nicht so. Vielmehr handelt man sich auf diese Weise noch mehr Probleme ein, wie das folgende Beispiel zeigt:

Wird ein einzelnes Wort etwa durch einen Beutel mit 10 Steinen dargestellt, die 25 mögliche Farben aufweisen können, stellt sich erneut die Frage nach der Anzahl der möglichen Kombinationen.

Herauszufinden, ob es nun mehr oder weniger verschiedene Möglichkeiten / Wörter gibt als unter der geordneten Variante, ist – schulische oder vergleichbare Vorkenntnisse vorausgesetzt - vermutlich eine leichte Übung. Aber auch dann sei empfohlen, die richtige Antwort ohne Zuhilfenahme seines Vorwissens einzuschätzen. Warum dieser Rat? Nun, wer über mathematisches Wissen verfügt, ist wie ein Autobesitzer, der sehr rasch von A nach B gelangen kann – ein passabler Verbindungsweg vorausgesetzt. Er setzt sich dabei allerdings dem Risiko aus, dass all das, was am Wegesrand liegt, unbeachtet an ihm vorüberrauscht. Um im Bild zu bleiben: Vielleicht liegt ja am Wegesrand eine Notiz, der er hätte entnehmen können, dass eine viel kürzere Verbindungsstrecke existiert oder dass es vorteilhaft wäre, zunächst einen anderen Ort aufzusuchen oder …. In diesem Sinne wird der geneigte Leser gebeten, seine Wahl zu treffen.

Zunächst einmal ist die erforderliche Rechnung weitaus unbequemer als im ersten Fall: Sie führt zu einer Zahl von 131 128 140 Wörtern, also nur einem winzigen Bruchteil der Wortmenge aus geordneten Einzelzeichen.

Die Befreiung von der Bürde einer bestimmten Gesetzmäßigkeit (hier: der linearen Ordnung) hat also keinen größeren Spielraum im Sinne einer größeren Lösungsmenge gebracht – im Gegenteil. Mit dem Gewinn der Freiheit verliert man neben Vielfalt zugleich die in ihr implementierte Wahlfreiheit. Verliert ein bestimmtes Ordnungsschema seine Geltung, dann versinkt vieles, was vorher unterscheidbar war, in farbloser Identität. Trete ich dagegen in ein bereits bestehendes Ordnungsschema ein, muss ich an vielen Stellen Entscheidungen treffen, die vorher überflüssig waren. In einem Ordnungsschema befinden sich die Objekte in diesem Sinne auf einem höheren energetischen Niveau. Es mag sein, dass diese höhere Energiedichte durch die in ihrem Raum mögliche größere Zahl von Zuständen repräsentiert wird. Angedacht sei ferner, ob uns Ordnung die Freiheit gibt, wählen zu dürfen oder ob sie uns zwingt, wählen zu müssen. Die Antwort hängt vermutlich von den jeweiligen Umständen ab oder von dem Blickwinkel. Eines aber kann festgehalten werden: vor jeglicher Ordnung herrscht ein nebulöses Chaos der Nichtunterscheidbarkeit. Nichts ist identifizierbar oder hat ein Gesicht, einen Ort oder einen Bezug zu etwas. Es gibt keinen Raum. Der wird erst durch Gesetzmäßigkeiten bzw. eine Ordnung aufgespannt. Letztlich ist Raum identisch mit der in ihm geltenden Ordnung. Begibt man sich in diesen Raum, unterwirft man sich seiner Ordnung.

Erinnern wir uns daran, dass die Zeichenketten einerseits und die ungeordneten Inhalte der Beutel andererseits die Wörter zweier offenbar recht verschiedener Sprachen bilden sollten, dann lässt sich das Ergebnis auch dahingehend deuten, dass Gesetzmäßigkeiten zu einer Bereicherung der sprachlichen Ausdrucksmöglichkeiten führen, während ihr Abstreifen Verarmung und Farblosigkeit zur Folge hat.

Wie wird der Empfänger der Beutel – also der Leser der jeweiligen Wörter – mit deren Inhalten umgehen, um sie zu identifizieren oder zu vergleichen? Dazu wird er die ankommenden Steine in eine feste farbliche Reihenfolge bringen, obwohl die mit der Wortbedeutung nichts zu tun hat. Diese Vorgehensweise macht von einem sehr wirkungsvollen sprachlichen Werkzeug Gebrauch, dem wir noch öfter begegnen werden:

Weil es im Beutel nicht auf die Reihenfolge der bunten Steine ankommt, können sie nach der Entnahme in eine maximale Ordnung gebracht werden, ohne Information zu verlieren. Dieser als **Normierung** bezeichnete Vorgang hat allge-

## Sprache

meinen Charakter und erlaubt es, Probleme anzugehen, die sonst kaum in den Griff zu bekommen wären. Im Grunde läuft jede Normierung im Sinne einer Einschränkung der erlaubten Formen auf die Schaffung einer eigenen Sprache hinaus, auf deren Ebene sich die Gegenstände zu erkennen geben müssen, weil sie dort nicht mehr in die Beliebigkeit der Erscheinungsmöglichkeiten ausweichen können. Insofern ist auch jede Art von Lyrik wegen ihrer Formgesetze eine Sprache innerhalb der Sprache. Weil die Beschränkung der Mittel manches sichtbar werden lässt, was ansonsten vorborgen geblieben wäre, heißt es auch, „sich einen Reim auf etwas machen".

Später werden wir noch sehen, dass Sprachen nicht nur über Dinge, sondern auch übereinander reden können. Auch Sprachen sind Gegenstände, also Dinge, über die man reflektieren und sprechen kann.

Ein weiteres sprachliches Kunststück, das uns allen geläufig ist und dem wir nicht nur im Umgang mit Fremdsprachen begegnen, ist die **Übersetzung**. Manche Sachverhalte lassen sich in einer bestimmten Sprache viel griffiger und klarer ausdrücken als in einer anderen. Besonders deutlich wird das, wenn man bei der Behandlung eines Problems von einer mathematischen Sicht- und Sprachweise in eine andere wechselt. Mit etwas Glück und Spürsinn kann sich die Antwort dann wie von selbst ergeben.

Schon früh lernen wir, einen Text wie *„Wäre Kurt doppelt so alt, dann kämen er und Emil zusammen auf 100 Jahre. Außerdem ist Kurt 5 Jahre älter als Emil."* in die Sprache der Algebra zu transformieren.

Das Ergebnis der Übersetzung, also $2k + e = 100$ und $e + 5 = k$, lässt sich dann unter Befolgung der für die mathematischen Sprache zuständigen formalen Regeln bis zur Aufdeckung der Lösung bearbeiten, ohne dass dafür noch inhaltliche Betrachtungen erforderlich wären. Die in der Schule eingeübte Vorgehensweise ist modellhaft für all unsere Übersetzungen der Welt (= ihrer Sachverhalte) in die Sprache der Mathematik, deren Eigenart und Macht in ihrer besonders hohen Formgebundenheit liegt.

## Eine Sprache in zwei Dimensionen

In der uns geläufigen Schreibschrift, in der wie an einer eindimensionalen Perlenschnur Zeichen auf Zeichen folgt, wird der flächige Charakter der Unterlage kaum genutzt. Wir könnten ohne Änderung des Informationsgehaltes ebenso gut für jede Zeile ein neues Blatt verwenden.

Der Übergang zu zwei Dimensionen bringt einen enormen Zuwachs an Ausdrucksmöglichkeiten mit sich, etwa durch die Möglichkeit, Inhalte grafisch auszudrücken. Flächig lassen sich viele komplexe Zusammenhänge leichter darstellen (und damit beschreiben) als durch Zeichenketten, wie jede Landkarte beweist. Natürlich können durch die Verwendung gleichlanger Zeilen auch mehrdimensionale Gegenstände dargestellt werden, doch das ist nicht die elementare Funktion von Zeichenketten.

Angesichts der bildnerischen Gestaltungsmöglichkeiten auf einem **zweidimensionaler Sprachträger** wie etwa einem Blatt Papier könnte der Eindruck entstehen, die Freiheit dort sei grenzenlos. Der Irrtum könnte größer nicht sein. Auf dem Papier als 2-dimensionale Fläche gelten die Gesetze des 2-dimensionalen Raumes. Und das sind nicht wenige!

Da alle Gesetze als Verbote verstanden werden können, lässt das hinsichtlich der gestalterischen Möglichkeiten erhebliche Einschnitte erwarten.

Hier einige Kostproben:
A) Wählen sie 3 zufällige Punkte auf einer ebenen Fläche, und zeichnen Sie die 3 möglichen Verbindungsstrecken. Wenn die Punkte nun nicht ausgerechnet auf einer Geraden liegen, ist es für einen Gegenspieler immer möglich, zwei andere Punkte so zu wählen, dass **jeder** Verbindungsweg eine der vorgenannten Strecken schneidet.

B) Die Umrandung einer Fläche von 100 cm2 hat mindestens eine Länge von ca. 35.45 cm. Noch kürzer geht es nicht.

C) Es gibt keine Landkarte, für deren Einfärbung 5 oder mehr Farben erforderlich sind. Vier Farben reichen immer.

## Sprachen der anderen Art

Dass Sprachen nicht nur in einer Dimension existieren, haben wir eben gesehen. Auch was ihr Aussehen und ihre Beschaffenheit angeht, sind kaum Beschränkungen der denkbaren Träger von Sprache auszumachen.

Das prominenteste Beispiel ist unser Erbgut. Darin sind die vier Chemischen Bausteine Adenin, Thymin, Guanin und Cytosin wie auf Perlenschnüren aufgereiht. Ihre Abfolge auf der Doppelhelix im Kern jeder Zelle stellt einen Text dar, in dem Aussehen, Beschaffenheit und Eigenschaften eines Lebewesens niedergelegt sind. Die auf 4 Buchstaben basierende Sprache des Lebens unterliegt den Gesetzen der Chemie und damit wiederum einer weiteren Sprache.

**Zusammenfassung**: *Jeder Sprachträger existiert in einem ganz spezifischen Raum mit eigenen Gesetzen – in gewisser Weise stellt der Raum das ihn beschreibende Gesetzesbündel dar. Den Träger zu benutzen bedeutet, diesen Raum zu betreten und sich in ihm zu bewegen. Das wiederum kann nur unter Beachtung der dort geltenden Gesetze geschehen.*

Selbst Gerüche können als Trägermaterial für Sprache dienen, wie jeder Suchhund weiß. Auch ein menschlicher Fährtenleser **liest** die gefundenen Spuren als die Geschichte dessen, den er sucht. Das Hinterlassen oder Vorhandensein einer **Spur** macht das Wesen jeder Sprache aus.

Archäologen sind Spurenleser der besonderen Art. Artefakte sind Spuren der Vergangenheit, in denen ein guter Archäologe wie in einem Buch lesen kann. Etwas Besonderes ist diese Sprache deshalb, weil hier die Frage nach dem verwendeten Alphabet zu einer überraschenden Antwort führt. Sinneinheiten / Wörter dieser Sprache sind materielle Objekte, denn alles ist ein Zeuge zumindest seiner eigenen Geschichte. Diese Zeugen berichten nicht nur über das, was einmal war, sondern auch über das, was nicht geschehen ist.

Die Beispiele zu möglichen Trägern von Sprache stammen aus so unterschiedlichen Bereichen, dass die Frage naheliegt, welche materielle Erscheinungsform eigentlich nicht als sprachliches Substrat geeignet sind. Ich wage eine Antwort: Wir spüren die Welt, wir lesen in ihr – meistens nur kleine Abschnitte oder auch nur Zeilen, doch manchmal fällt unser Blick voller Staunen auch auf das Werk als Ganzes. **Es gibt keine materielle Form, die nicht Sprachcharakter hätte**. Was sich davon für die menschliche Kommunikation anbietet, ist eine Frage der Praktikabilität. Nicht alle Materialien sind hinsichtlich ihrer Formbeständigkeit, Verfügbarkeit, Prägbarkeit usw. gleich geeignet. Die materialspezifischen Formgesetze machen einerseits den Reichtum von Sprachen aus, bestimmen aber andererseits auch die Grenzen der verfügbaren Ausdrucksformen.

# Landvermessung: Jenseits der Abbilder

## Sprache als Werkzeug

Hatten wir eingangs das Phänomen Sprache noch daran festgemacht, dass ein Sprecher hörbare, schriftliche oder andere materielle Repräsentationen seiner Bewusstseinsinhalte erzeugt, um sie einem Empfänger zu übermitteln, so fragt es sich, wer eigentlich der Adressat sein soll, wenn etwa ein Wissenschaftler nur zu dem Zweck mit Zeichen oder Zeichenketten hantiert, um sich mit ihrer Hilfe Klarheit über einen Sachverhalt zu verschaffen. Ganz offensichtlich geht es in diesem Fall darum, die **Sprache als Denkwerkzeug** zu benutzen, was sich immer dann anbietet, wenn sich der (formale) Sprachkörper besser / leichter bearbeiten oder verstehen lässt als das durch ihn Bezeichnete. Was mit dem Werkzeugcharakter gemeint ist, zeigt ein Miniaturbeispiel mit den Wörtern „la porta" (die Tür) und „il porto" (der Hafen). Die italienische Sprache verwandelt die Wesensverwandtschaft oder inhaltliche Nähe zwischen Türen und Häfen in eine formale / optisch wahrnehmbare Nähe zwischen den zugehörigen Wörtern. Die Antwort auf die Frage, was ein Hafen mit einer Tür zu tun hat, wird gewissermaßen vorgesagt. Formen auf der materiellen Ebene lassen sich oft besser bearbeiten, erkennen, vergleichen, erhalten oder versenden als ihre geistigen Gegenstücke. Und selbst auf der materiellen Ebene sind nicht alle Formen gleich geeignet, um einen bestimmten Zweck zu erfüllen.

## Definition und erster Testlauf

In der Möglichkeit, Informationen zu transportieren, erschöpft sich das Wesen von Sprache also bei weitem nicht – auch nicht darin, wertvolle Informationen über längere Zeitabschnitte konservieren zu können (wie die DNA) oder als Repräsentanten nichtmaterieller Inhalte auf der materiellen Ebene Wirkung zu entfalten. Ihre Eignung zum Transportmittel tritt im Einzelfall gegenüber ihrer Verwendbarkeit als Werkzeug des Verstehens / Erkennens sogar völlig in den Hintergrund. Auf welchen Kern oder welche Wurzel lässt sich dann aber der Sprachbegriff angesichts einer solchen Vielseitigkeit zurückführen?

Die beiden Aspekte von Sprache sind untrennbar miteinander verflochten: Derjenige des Hörens, Lesens, Verstehens und Dekodierung auf der Seite der Erkenntnis und derjenige der Sprachwerdung, Manifestation, Formulierung, Lenkung und Darstellung. Der zweite Aspekt, den ich als den aktiven Teil verstehe, macht nur Sinn, wenn der erste / passive hinzukommt. Vor einem blinden Publikum lohnt sich kein Schauspiel. Diese Erwägung spricht dafür, dass es leichter ist, definitorisch auf der Passivseite anzusetzen.

**Mein Vorschlag: Sprachprodukte, kurz Texte genannt, sind alle materiellen Formen (akustische, geschriebene, chemische, magnetische und andere), die dahingehend interpretiert werden können, dass sie auf etwas verweisen, sich also nicht in ihrem bloßen Dasein erschöpfen.**

Damit ist auch Sprache in ihrer Funktion als Werkzeug eingefangen. Werkzeuge geraten sogar generell unter Sprachverdacht, denn ein Hobel **kann** beispielsweise als **Verweis auf** Holzbearbeitung verstanden werden usw.

Was natürlich die Frage nach sich zieht, worum es sich bei diesem „Etwas", auf das verwiesen wird, handelt. Eine Differenzierungsmöglichkeit, die sich in diesem Zusammenhang anbietet, ist der Gesichtspunkt der Gleichheit oder Ungleichheit der Ebene, auf welcher der Text einerseits und sein Bezugsobjekt (das, worüber er spricht) andererseits liegen. Die beiden Möglichkeiten:

**1. Auch beim Bezugsobjekt handelt es sich um eine materielle Form. In diesem Fall liegt also kein Wechsel der Ebene vor. Dennoch sind hier sehr viele Varianten denkbar wie etwa dann, wenn es sich beim Text um Schriftzeichen und beim Bezugsobjekt um Bewegungsabläufe handelt oder beim Text um elektrische Impulse und beim Bezugsobjekt um Temperaturschwankungen.**

Hier bildet Sprache also ein Wegenetz auf der materiellen Oberfläche der Welt.

**2. Das Bezugsobjekt ist immaterieller Natur wie etwa Gedanken, Gefühle, Vorstellungen und Begriffe. Die Sprache springt von einer Ebene auf eine andere.**

Auch wenn der Begriff der Manifestation auf den 1. Fall nur schwer anwendbar erscheint, sollte er hier nicht leichtfertig aufgegeben werden. Im Zusammenhang mit der Frage nach einem möglichen Bewusstsein von Maschinen wird er noch von Nutzen sein.

„Manifestation" steht für ein ganzes Bündel verwandter Begriffe wie Verwirklichung, Realisierung, Fleischwerdung, Inkarnation, Repräsentation und Verkörperung, die wiederum innerhalb unseres Erfahrungsbereichs das Grundprinzip des **Willens** repräsentieren. Der Wille wird dabei als eine treibende Kraft und als zielgerichtetes Wollen verstanden. Ohne das Wirken eines Willens hätte all das, was um uns herum und mit uns selbst geschieht, weder einen Sinn noch einen tieferen Grund. Dass wir mehr sind als die Kinder eines blinden Zufalls, ist freilich eine Annahme mit weitreichenden Konsequenzen. Das Argument, das mich persönlich am meisten überzeugt hat, war folgende Frage: Kann ein blinder, tauber und gefühlloser Kosmos ohne Absicht, Identität und Bewusstsein Kinder hervorbringen, die lieben, hoffen und leiden, die Erwartungen haben, Pläne schmieden, die Schönes, Hässliches und Trauer bewusst und als Personen empfinden? Wäre dem so, stünden wir weit über dem, was uns erschaffen hat, obwohl wir nicht einmal in der Lage sind, auch nur einen Bruchteil des sichtbaren Kosmos hervorzubringen. Ein seelenloses und absichtsloses Etwas könnte man wohl kaum als Schöpfer bezeichnen. In einem derartigen Fall wären wir buchstäblich aus dem Nichts hervorgegangen. Die Debatte, ob aus dem Nichts etwas entstehen kann, ist übrigens – wenn auch unter anderen Bezeichnungen – an einer so seriösen Wissenschaft wie der Mathematik nicht spurlos vorübergegangen.

Schauen wir uns nun einige Beispiele zum 1. Fall an. Links der Pfeilspitze befindet sich ein Textstück und rechts sein Bezugsgegenstand:

- „001110100101111011111…" ➢ Ein Bild, ein Video, ein Musikstück, Wortlaut einer Rede oder eine Selektionsanweisung

Um welches Material (Papier, Magnetband, Schall etc.) es sich handelt, dem die Zeichenkette aufgeprägt ist, soll hier keine Rolle spielen. Der in meiner Definition benutzte Begriff der materiellen **Form** betrifft einzig die Abfolge, in der die beiden Symbole „0" und „1" auf ihrem materiellen Träger fixiert sind. Durch den Vorgang der Dekodierung verwandeln sich die 01-Folgen in Bilder, Bildfolgen oder musikalische Klanggebilde, bei denen es sich ebenfalls um materielle Erscheinungsformen handelt.

## Böses Erwachen – Künstliches Bewusstsein

Im Gegensatz zur Zeichenkette 00111010010111101111... ist der Gedächtnisinhalt eines Computers nicht als Ziffernfolge, sondern als Abfolge zwei verschiedener physikalischer Zustände abgelegt. Auch diese Kette ist in sprachlicher Sicht nur eine Zeichenkette in der die genannten Gegenstände (Bilder, Videos, Musik, etc.) in digitalisierter Form detailgetreu beschrieben sind. Bilder, Videos, Musik, etc. sagen uns etwas, sprechen uns positiv oder negativ an und fallen damit in dieselbe Kategorie wie die natürlichen Sprachen. Ob uns Sprache nun als Schrift begegnet oder als Zeichenkette, die erst von speziellen Geräten dekodiert werden und zu unserem direkten Verständnis einen **Formwandel** – hin zu Bildern, Filmen oder Musik – durchlaufen muss, ist als Kriterium für das Vorhandensein von Sprache zweitrangig.

Was aber hat das noch mit „Manifestation" zu tun – lässt sich das überhaupt noch als Manifestation verstehen? Die Schwierigkeit besteht darin, dass den Zeichenketten kein Wille innewohnt, sich in eine für uns verständliche, direkt zugängliche Form (Bild, hörbare Töne eines Musikstücks) zu transformieren. Andererseits verdanken sie ihre Existenz und ihr Sosein nur diesem Zweck. Sie wurden mit der Absicht geschaffen, letztendlich ihre technische Gestalt abzulegen und sich als das zu **manifestieren**, wozu sie geschaffen wurden.

Der umgekehrte Weg stellt nicht minder eine Manifestation dar. Durch den Prozess der Verschlüsselung und Prägung wird beispielsweise ein Musikstück in Form einer solchen digitalen Kette dauerhaft konserviert, um daraus mit Hilfe geeigneter Geräte jederzeit wieder rekonstruiert werden zu können. Das ist die Absicht die hinter dem gesamten Produktionsprozess steht. Hinsichtlich der Frage, ob ein Phänomen als Manifestation angesehen werden kann, ist es nicht relevant, ob der Gegenstand verwandelt oder in einer zusätzlichen Gestalt repräsentiert wird. So scharf, wie man vielleicht meinen könnte, lassen sich die beiden Varianten gar nicht voneinander trennen, wie das nächste Beispiel zeigt.

- Same / befruchtetes Ei ➤ Pflanze / Tier

Sowohl ein Same als auch ein befruchtete Ei sind materielle Formen, die sich als Baupläne für Lebewesen verstehen lassen, die ebenfalls der Ebene der materiellen Formen angehören. Dass wir es hier wir es hier mit einem zielgerichteten Geschehen zu tun haben, ist offenkundig.

In umgekehrter Richtung (Pflanze / Tier ➤ Same / befruchtetes Ei) nimmt der Wille zur Erhaltung der jeweiligen Art im Samen bzw. im befruchteten Ei eine physische, fassbare Gestalt an.

## Landvermessung: Jenseits der Abbilder

- A1.4  $2Na + Cl_2 \rightarrow 2NaCl + E$ ➤ *Der chemische Prozess, bei dem sich zwei Natriumatome und ein Chlormolekül unter Energieabgabe zu zwei Kochsalzmolekülen verbinden.*

Die Kluft, die hier von der Sprache überbrückt wird, ist immerhin der Unterschied zwischen dem, was auf dem Papier steht und dem, was sich im Reagenzglas abspielt. Hinter dem Sprung von einer Formenwelt steht, was den Manifestationsbegriff anbelangt, eine bestimmte Absicht des Chemikers.

Eine Transformation mit minimaler formaler Sprungweite wird im folgenden Beispiel vorgestellt:
- 110010011101001111101 ➤ 100011101001110101001

Ersichtlich geht es auf beiden Seiten des Pfeils um denselben materiellen Formtyp. Wie bereits erwähnt, erledigen Ihr PC oder Notebook alle Aufträge, seien es nun Speicher-, Lese- oder Rechenvorgänge durch die Bearbeitung derartiger Zeichenreihen. Ganz so einfach, wie sich das anhört, ist die Sache dann doch nicht. Je nachdem, worum es geht und wo die Zeichenkette gerade abgespeichert ist, kann eine derartige Zeichenkette eine Zahl darstellen, eine Adresse, wo eine Information im Datenspeicher abgelegt ist, einen Buchstaben, eine Anweisung, wie mit bestimmten Daten zu verfahren ist, die Farbe eines Bildpunktes oder …. Nirgendwo am Firmament steht geschrieben, wie die Übersetzung der Realität in die Sprache der Maschine – und das sind diese Zeichenketten mit ihren Bearbeitungsregeln – zu erfolgen hat.

Ferner kann es geboten sein, einen Text zusätzlich zu verschlüsseln, um ihn vor fremden Augen zu schützen.

Die Verschlüsselung läuft in der Praxis auf eine Vorschrift hinaus, wie binäre Zeichenketten in andere derartige Ketten zu verwandeln sind. Verschlüsselungsverfahren gibt es wie Sand am Meer. Das Merkwürdige daran: Der Verwandlung des Textes liegt die **Absicht** zugrunde, eine Information zu verschleiern.

Auf einer derartigen Regel beruht die Zuordnung in der obigen Zeile, die hier nochmals wiedergegeben ist:
110010011101001111101 ➤ 100011101001110101001.
In diesem Beispiel ist die Verschlüsselungsregel recht einfach:

(a) Im ersten Glied stimmen Ausgangs- und Zielkette überein
(b) Die Ermittlung der übrigen Glieder der Zielkette erfolgt Schritt für Schritt von links nach rechts. Um **beispielsweise** die korrekte Ziffer für 4. Stelle der Zielkette zu bestimmen, wird in der Ausgangskette die Zahl der Einsen von der ersten Stelle bis zur 4. Stelle ermittelt. Aus einer geraden Zahl (im Beispiel ist es die Zwei), ergibt sich für die 4. Stelle der Zielkette eine Null. Sonst wäre es eine Eins gewesen. Das gilt für alle Stellen. Probieren Sie es einfach mal aus!

Nach dem Verschlüsseln der Daten, stehen Sie vor einem neuen Problem. Es wird ein Umkehrmechanismus / -algorithmus benötigt, um wieder an die Ausgangsdaten heranzukommen. Grundsätzlich darf ein brauchbares Verfahren nicht die unangenehme Eigenschaft besitzen, dass zwei verschiedene Zeichenketten bei der Verschlüsselung zur selben Ergebniskette führen. Eine Dekodierung wäre in diesem Fall ausgeschlossen. In unserem Fall ist dem aber nicht so – der Umkehrmechanismus lautet:

(a) Ausgangskette und Zielkette beginnen mit der gleichen Ziffer (wurde vorausgesetzt!)
(b) Um **beispielsweise** die korrekte Ziffer für die 4. Stelle der Ausgangskette zu bestimmen, vergleichen Sie in der Zielkette die 3. und 4. Stelle miteinander. Sind beide gleich, ist in der 4. Stelle der Ausgangskette eine Null einzutragen – ansonsten eine Eins.

Was den Manifestationscharakter der Umwandlung betrifft, geht es auch hier um die Schaffung eines Objekts, das für ein anderes steht, um eine bestimmte Aufgabe erfüllen zu können, die in der Urform vielleicht nicht zu leisten ist. Ob der Zweck der Transformation nun die Enthüllung oder die Verhüllung ist, ob sie gewollt oder ungewollt erfolgt, ist zweitrangig.

*Beispiele, in denen Text und Bezugsobjekt verschiedenen Ebenen angehören, lassen sich ebenfalls leicht finden. Sie werfen aber die Frage auf, wie der „Sprung" aus unserer physischen Realität in die geistige überhaupt möglich ist. Ein Verdacht: Der materielle Körper repräsentiert eine geistige Realität. Außerdem: Wir selbst könnten eine Art Kanal für diesen Transfer sein. Wege und Kanäle dienen zumindest im weiteren Sinne der Kommunikation und haben insofern Sprachcharakter.*

- Ein mit zwei Steinen spielender Junge ➢ Seine Gedanken

Den Kleinen hat der Zwist zweier Autofahrer sehr beeindruckt, und jetzt verarbeitet er das Gesehene in spielerischer Weise. Es gehört schon Einiges dazu, die

## Landvermessung: Jenseits der Abbilder

Vorstellung von zwei Autos durch zwei Steine zu repräsentieren, um sie sichtbar und (be)greifbar zu machen. Die **Steine** sind damit **Wörter** für die jeweiligen Objekte. Kurzum, das Kind hat eine rudimentäre Sprache erfunden und angewandt, bzw. experimentiert mit ihr. Die Normalität, mit der Kinder derartige Leistungen vollbringen, lässt uns blind werden vor dem, was da geschieht und was wir gelegentlich etwas geringschätzig als „spielen" bezeichnen.

Später, wenn etwa im Deutschunterricht Aufbau, Funktionen und Regeln der Sprache (ansatzweise) untersucht und reflektiert werden, ist unser Nachwuchs überrascht. Es bedarf schon einiger Erklärungen, warum man sich mit etwas auseinandersetzen soll, das man ebenso souverän beherrscht wie Atmen oder Laufen. Zu etwas auf Distanz zu gehen, um es zu hinterfragen, bedeutet ja zugleich Misstrauen, unter Umständen Verrat und Entfremdung - vielleicht sogar das Risiko, Gewonnenes wieder zu verlieren. Dieser Teil des Sprachunterrichts ist insofern eine Zumutung in der ursprünglichen Wortbedeutung (Traut Euch!). Den Schritt aber als Selbstverständlichkeit einzufordern, ist keine gute Sache.

Unser Beispiel führt noch auf eine ganz andere Spur. Denn ist kein Krimskrams zur Hand, genügt es, die Augen zu schließen, Bilder und Vorstellungen von dem zu formen, was einen bewegt und die Figuren nach eigenen Regeln agieren zu lassen. Derartige Tagträumereien können äußerst produktiv sein und zu überraschenden Lösungen führen.

Was daran bemerkenswert oder aufregend sein soll? Zum springenden Punkt kommt man durch die Frage, worin sich diese Gedankenobjekte prinzipiell von den genannten Steinen oder andern Spielsachen unterscheiden, die wir als Sprachprodukte entlarvt hatten. Was sind unsere Vorstellungen also anders als Wörter für das, was sie darstellen?

*Unser Denken selbst ist eine Sprache und zwar eine Sprache, die weit mehr ist als ein bloßes Abbild der Welt, nämlich eine, die dazu fähig ist, mögliche, unmögliche, vernünftige, unlogische, sinnvolle, sinnlose, wahre, verlogene, schöne, hässliche, liebevolle und lieblose Räume und Gestalten zu schaffen und zum Leben zu erwecken. Das ist unsere Ursprache. Wer sie sucht und genauer untersuchen will, muss „nur" einen genaueren Blick auf unser allgegenwärtiges „Denken" werfen.*

# Selbstbezüglichkeit

## Sprache als Spiegel

Ohne eine intensive Beschäftigung mit dem Wesen der Sprache ist es kaum möglich herauszufinden, was Computer eigentlich ausmacht und wozu sie fähig sind. Die Bezeichnung „Rechner", täuscht nämlich leicht darüber hinweg, dass wir es mit Maschinen zu tun haben, die auf der Basis von Sprachen operieren. Während ein „ordentliches" Notebook die Antwort auf eine korrekt formulierte Eingabe noch grafisch oder in Textform gibt, kann die **Antwort** eines leistungsfähigen Roboters in einer physischen Aktion bestehen. Umgekehrt wird er alles, was um ihn herum geschieht, im Sinne von Sprache interpretieren und verarbeiten. Allein schon aus diesem Grund musste der Sprachbegriff in diesem Buch auf ein tieferes Fundament gestellt werden. Aber auch unabhängig von der Bedrohung durch künstliche Intelligenz & Co. lohnt eine intensivere Beschäftigung mit den Wesen der Sprache, besonders wenn sie von der Ahnung ausgeht, dass die Gesamtheit der uns umgebenden Dinge sprachlicher Natur ist. "Der Berg ruft!".

Ein zentraler Aspekt der Realität, der uns auf allen Ebenen begegnet, ist Selbstbezüglichkeit. Sie nimmt zu Unrecht eine Sonderstellung ein, oft wird sie als ein skurriles, boshaftes Randphänomen gesehen. Doch der Schein trügt.

Zum Ruhm wie gleichzeitig zum schlechten Ruf der Selbstbezüglichkeit haben Standartbeispiele beigetragen, die das Publikum immer wieder verblüffen. „Schlecht" deshalb, weil sie ohne die meist fehlende gründliche Untersuchung den Eindruck hinterlassen, das Thema stelle eine bösartige Anomalie dar, von der man besser die Finger lässt. Zudem erhalten oberflächliche Gewissheiten einen Stoß und die Leichtigkeit des Seins ist dahin. Wer mag das schon? Aber gerade das ist das Verdienst des Lügner-Paradoxons und der Geschichte vom Barbier:

Auf seinen harten Kern heruntergebrochen besagt das Lügner-Paradoxon: „Das, was ich eben sage, ist nicht wahr". Bei der Beschäftigung mit dieser Behauptung sieht man sich gezwungen, darüber nachzudenken, wie der Wahrheitswert einer Aussage ermittelt wird. Doch welches Rezept man auch gefunden zu haben glaubt – auf unser Paradoxon angewandt landet die Prüfprozedur in einer Endlosschleife.

## Selbstbezüglichkeit

Ein „Unfall" ist das nicht. Der Anspruch, ein generelles Verfahren zu finden, um die Wahrheit von Aussagen zu prüfen, musste bereits vor geraumer Zeit aufgegeben werden. Den Beweis hat der Mathematiker K. Gödel in der ersten Hälfte des 20. Jahrhunderts erbracht.

Die Endlosschleife erinnert mich übrigens an einen alten Klassiker, den Film „Der Hauptmann von Köpenick". Der Protagonist, ein gerade entlassener Sträfling, sucht darin eine Arbeit. Um die zu bekommen, braucht er zunächst eine Wohnung. Die Chance auf eine Wohnung hat aber nur, wer bereits eine feste Arbeit nachweisen kann.

Die übliche Kurzform des Nachweises, dass mit dem Satz vom Lügner etwas nicht stimmt, will ich dem Leser nicht vorenthalten. Dabei wird allerdings vorausgesetzt, dass jede Aussage, die ein gewisses Mindestmaß sprachlicher Anforderungen erfüllt, entweder eindeutig wahr oder falsch ist. Hier ist sie:

Wenn „**Das, was ich eben sage, ist nicht wahr**" wahr ist, dann sagt diese wahre Aussage, dass sie nicht wahr ist. Folglich ist sie falsch. Ist sie dagegen falsch, muss das Gegenteil der Aussage (sie sei nicht wahr) zutreffen – sie ist also wahr.

Das empfinde ich als zu mager und halte es lieber mit dem römischen Statthalter Pontius Pilatus, dessen vor über 2000 Jahren gestellte Frage „Was ist Wahrheit?" noch immer aktuell ist.

Das Lügner-Paradoxon führt in die Irre, wenn die Selbstbezüglichkeit für die auftretende Konfusion verantwortlich gemacht wird. Selbstbezügliche Sätze gibt es zuhauf, ohne dass sie mit irgendwelchen internen Widersprüchen verbunden wären. Der Satz „Diese Aussage entspricht den Regeln der deutschen Grammatik" ist – so hoffe ich wenigstens- auch noch in den nächsten Jahren korrekt.

Ihre Brisanz erhält die Aussage des Kreters meines Erachtens erst durch die Tatsache, dass in dem kurzen Satz der **Wahrheitsbegriff** eine zentrale Rolle einnimmt. Der Begriff, der als Bewertungskriterium über allen Aussagen thront, wird hier selbst zum Gegenstand dieser Aussage degradiert.

Vergleichsweise harmlos verhält es sich dagegen mit der Paradoxie vom **Barbier, der genau die Männer seines Dorfs rasiert, die sich nicht selbst rasieren**. Wie man schnell feststellt, ist es völlig unerheblich, ob es in dem Dorf neben dem Barbier überhaupt noch andere Männer gibt. Im Kern geht es nur darum, ob sich der Barbier unter der in fetten Buchstaben hervorgehobenen Voraussetzung nun selbst rasieren soll / kann oder nicht. Tut er das, so rasiert er damit jemanden, der sich selbst rasiert, was der Voraussetzung widerspricht. Rasiert er sich nicht, so ist eigentlich – wieder gemäß Voraussetzung – eine Selbstrasur fällig.

Und jetzt? Die Antwort ist ganz einfach: einen derartigen Barbier, wie er in der Paradoxie beschrieben wird, kann es nicht geben.

Alles klar? Noch nicht ganz! Hat man ein größeres Hindernis überwunden, besteht die Gefahr darin, dass man sich zu früh zurücklehnt und glaubt, nicht nur das Problem selbst, sondern auch andere, damit im Zusammenhang stehende Probleme seien gelöst.

Im Fall des Barbiers könnte man es beispielsweise versäumen, sich darüber zu wundern, wie es überhaupt möglich ist, etwas sprachlich korrekt zu beschreiben, das unmöglich, absurd und undenkbar ist. Wer jetzt auf den Gedanken kommt, man könne vielleicht Abhilfe schaffen, indem man entsprechende formale Sprachregeln einführt, die derartige „Entgleisungen" unmöglich machen, befindet sich auf genau dem Weg, den die Mathematik in der formalen Logik eingeschlagen hat. Die auf diesem Weg gewonnenen Erkenntnisse sind absolut einzigartig und faszinierend. Jedoch: Durch geeignete Reglementierungen ist es zwar durchaus möglich, die Formulierung von Paradoxien zu unterbinden, aber verbieten kann man nur Streichhölzer – nicht das Feuer.

Rückbezügliche, sogenannte reflexive Strukturen finden sich viel häufiger, als man annehmen könnte. Bereits die Verwendung von Wörtern wie „ich", „diese", „jetzt" oder „hier" genügen, um Selbstbezug zu erzeugen. Ein anderer Weg ist der sogenannte Kreuzverweis: Wenn etwa Peter sagt, dass Paul lügt und Paul macht Peter den gleichen Vorwurf, haben wir eine solche selbstbezügliche Redeeinheit vor uns. Ich glaube kaum, dass es viele anspruchsvolle Texte gibt, deren Textbausteine völlig ohne wechselseitige Bezugnahmen auskommen. In vielen Fällen ist das aber nur schwer zu entdecken, weil „der Ball über etliche Ecken rollt, bis er zurückkommt".

Ich vermute, dass eine exakte Definition von Selbstbezüglichkeit fast so schwierig ist, wie es bei der Wahrheit der Fall ist.

Am Interessantesten aber erscheint mir die Tatsache, dass in bestimmten Satzstrukturen nicht alles ausgedrückt oder gesagt werden kann, ohne einen inneren Widerspruch zu erzeugen und damit die Aussage wertlos / unbrauchbar zu machen: Das hängt damit zusammen, dass in **selbstbezüglichen Aussagen Form und Inhalt auf besonders heikle Weise miteinander verknüpft sind.**

## Selbstbezüglichkeit

Eine Prüfung, ob ein Text sinnvoll ist, also mehr als nur eine regelkonforme Aneinanderreihung von Wörtern, kann u.a. dadurch erfolgen, dass alle denkbaren Fälle „durchprobiert" werden. Auf den gegenseitigen Lügenvorwurf von Peter und Paul angewandt führt das zu zwei plausiblen Lösungen: Paul lügt und Peter spricht die Wahrheit und umgekehrt. Als zwei Wahrheiten hätten die beiden Konstellationen aber keinen gemeinsamen Bestand. Widerspruchsfreiheit und Wahrheit sind eben zwei verschiedene Stiefel.

Den nun folgenden Beispielen ist ihr selbstbezüglicher Charakter auf den ersten Blick kaum anzusehen.

- *NNENNEENNNEENEENNNEN...*

Die Zeichenkette könnte zufällig entstanden sein. Aber der Anschein trügt. Hier ist die erzeugende Regel: Wir bilden zunächst nicht alle Glieder der Folge, sondern nur die mit ungeraden Platznummern. Die übrigen werden erst einmal durch das Zeichen „_" als Platzhalter ersetzt:

N _ E _ N _ E _ N _ E _ N _ E _ N _ E ...

Viel macht der monotone Wechsel der beiden verwendeten Zeichen wirklich nicht her. Um die weitere Darstellung zu erleichtern, erhalten erst einmal alle Glieder der zu bildenden Folge aussagekräftige Namen:

$a_1\ a_2\ a_3\ a_4\ a_5\ a_6\ a_7\ a_8\ a_9\ a_{10}\ a_{11}\ a_{12}\ a_{13}\ a_{14}\ a_{15}\ a_{16}\ a_{17}$ usw.

Diesen Namen ist die Platznummer des von ihnen benannten Objekts direkt anzusehen. a1 ist also der Name des ersten Gliedes, was in unserem Fall N ist, a2 steht für das noch unbekannte, durch"_" vertretene zweite Glied, a3 für das E an der dritten Stelle usw.

Der Rest ist leicht erklärt. Um die Glieder mit geradzahligen Platznummern (also $a_2, a_4, a_6, a_8, ...$) zu ermitteln, geht man wie folgt vor: Für $a_2$ wird der Wert von $a_1$ übernommen, für $a_4$ der Wert von $a_2$, $a_6$ wird gleich $a_3$ gesetzt usw. So wird beispielsweise $a_{12}$ zu $a_6$ und $a_{14}$ zu $a_7$. Allgemein formuliert ist $a_{2g} = a_g$, wenn man für g eine positive ganze Zahl wählt. Damit sind wir am Ziel:

## Böses Erwachen – Künstliches Bewusstsein

N <u>N</u> E <u>N</u> N E E <u>N</u> N <u>N</u> E E <u>N</u> E E <u>N</u> usw.

Was es nun mit dieser Folge auf sich hat, sehen Sie, wenn Sie zunächst einmal **nur** die unterstrichenen Zeichen lesen und dieses Ergebnis mit der der aus allen Gliedern bestehenden Reihe vergleichen. Beides führt **zum gleichen Ergebnis**.

Das aber bedeutet, dass die komplette Folge ($a_1$ $a_2$ $a_3$ $a_4$ …) mit einem ihrer Teile, nämlich der unterstrichenen Teilfolgen ($a_2$ $a_4$ $a_6$ $a_8$ …), identisch und insofern selbstbezüglich ist. Man könnte auch sagen, dass diese Folge einen Teil ihrer selbst vollständig beschreibt. Umgekehrt ist ein Teil der Folge, die ich mit **F** bezeichne, ein vollständiges Abbild der Gesamtfolge. Sie spricht über sich selbst.

Selbstbezüglich ist auch das folgende Gespräch:
- *Peter fragt Paul: „Wie alt bist Du?". Der antwortet: „Um die Anzahl meiner Jahre herauszufinden, musst Du zur Zahl 5 diejenige Zahl addieren, die Du erhältst, wenn Du 24 durch die Anzahl meiner Jahre dividierst."*

„Tolle Auskunft!", könnte Peter die Antwort kommentieren und fortfahren „Um das zu tun müsste ich ja das, was ich herausfinden will (Pauls Alter), schon wissen." Wie Vieles, das mit Selbstbezüglichkeit zu tun hat, klingt das zunächst absurd. Mathematisch stellen derartige scheinbare Widersprüche kein unüberbrückbares Hindernis dar.

Die Transformation des Textes in die Formelsprache führt zu

$$s = 5 + \frac{24}{s},$$

wenn s für das Alter von Paul steht.

Durch diese Übersetzung wird Pauls Erklärung **in eine Form gegossen**, die wir mittels einer standardisierten Vorgehensweise leichter bearbeiten können. Wie bei jeder Übersetzung geht es auch hier um eine Manifestation, um die Gestaltwerdung von etwas in einem anderen Regelwerk. Es geht um die **Verkörperung des Inhalts in einer anderen Sprache**, was gleichzeitig auf die **Unterwerfung unter die Gesetze einer anderen Sphäre** hinausläuft. Deren Akzeptanz erlaubt es andererseits, vom Reichtum und der Kraft der Zielsprache zu profitieren, ihre Schnellstraßen und Werkzeugen verwenden zu können.

## Selbstbezüglichkeit

Zur Lösung der Gleichung wird diese zunächst durch beidseitige Multiplikation mit s in die Form $s^2 = 5 * s + 24$ und sodann durch Umstellung in die sogenannte **Normalform** für quadratische Gleichung überführt: $s^2 - 5 * s - 24 = 0$. Die Formel zur Lösung derartiger Gleichungen findet sich in jedem mathematischen Tafelwerk. Schlussendlich gelangt man so zu den **zwei** Lösungen $s_1 = 8$ und $s_2 = -3$.

Unser Problem wurde in die Sprache der Mathematik verwandelt und in seinem neuen, formelhaften Körper so lange bearbeitet, bis es die Antwort preisgab. Mit der Lösung in der Hand erfolgte schließlich der Sprung / die Verwandlung zurück in die Welt, der das ursprüngliche Problem entstammt und kann nun ausgewertet werden.

Sehr schön! Aber welchen Sinn sollte eine negative Altersangabe machen – Produziert die Mathematik etwa neben sinnvollen auch unvernünftige Werte? Das Gegenteil ist der Fall. Der Formelmechanismus ist nämlich in der Lage, auch auf Fragen reagieren zu können, bei denen zukünftige Ereignisse in Betracht gezogen werden müssen.

Das Alter von etwas errechnet sich als aktueller Zeitpunkt minus Zeitpunkt seiner Entstehung. Wenn ich beispielsweise plane, in genau 3 Jahren eine bestimmte Aktion durchzuführen, ist deren Alter mit -3 Jahren formal korrekt angeben.

Fazit: **Die extrem formgebundene Sprache der Mathematik ist ein derart scharfes Werkzeug, dass sie uns auf Lücken in unserer alltäglichen Wahrnehmung hinweist.**

Wie brauchbar die angebotene Doppellösung ist, zeigt auch die folgende Variante unserer Textaufgabe:

Peter fragt Paul nach dem €-Guthaben auf dessen Konto: „Welchen Kontostand zeigt Dein Konto?". Der antwortet: „Um den herauszufinden, musst Du zur Zahl 5 diejenige Zahl addieren, die Du erhältst, wenn Du 24 durch meinen Kontostand dividierst."

In die Formelsprache übersetzt lautet das Rätsel wiederum: Finde alle Lösungen der Formel

$$s = 5 + \frac{24}{s}$$

Jetzt machen die beiden Antworten (8 und -3) durchaus Sinn. Im ersten Fall beträgt Pauls Guthaben 8€, im zweiten Fall steht er mit 3€ in der Kreide.

Hat Paul angenommen, seine Darstellung sei eindeutig, so ist ihm ein Denkfehler unterlaufen. In reine Form gegossen zeigen sich bei der Bearbeitung derartiger Aufgaben sehr schnell eventuelle Fehler – ähnlich wie sich bei flüssigem Metall mögliche Gussfehler nach dem Abkühlen als Risse kundtun.

Die Diskussion der Aufgabe hat zwar früher angestellte Überlegungen vertieft, uns aber gleichzeitig vom eigentlichen Thema – der Selbstbezüglichkeit – weggeführt. Es wird Zeit zurückzukehren.

Ein Zeichengebilde wie $s = 5 + \frac{24}{s}$ kann beispielsweise als Aufforderung verstanden werden, alle Zahlen Z zu finden, für die

(1) $\quad Z = 5 + \frac{24}{Z}$

eine korrekte Aussage darstellt. (1) ist die Aussage, die ich erhalte, wenn alle Vorkommen der Variablen s durch die konkrete Zahl Z ersetzt werden. Das Gleichheitszeichen in (1) kann aber auch dahingehend verstanden werden, dass das Z auf der rechten Seite der Gleichung durch den Ausdruck $5 + \frac{24}{Z}$ ersetzt werden kann.

Dadurch verwandelt sich die Formel in die folgende korrekte Aussage:

(2) $\quad Z = 5 + \dfrac{24}{5 + \frac{24}{Z}}$ .

Wenn Sie Zweifel haben, prüfen Sie es anhand der Lösungen 8 bzw. -3 nach. Nichts steht dem im Wege, auf der rechten Seite von (2) das dort vorkommende Z noch einmal durch den äquivalenten Ausdruck $5 + \frac{24}{Z}$ zu ersetzen. So gelangt man zur Aussage

$$Z = 5 + \cfrac{24}{5 + \cfrac{24}{5 + \frac{24}{Z}}}$$

die ebenfalls genau dann zutrifft, wenn

$Z = 5 + \frac{24}{Z}$ zutrifft.

## Selbstbezüglichkeit

Zusätzlichen Erweiterungen auf diesem Wege sind keine Grenzen gesetzt. In derartigen „Kettenbrüche" wird infolge ihrer typisch verschachtelten Struktur Selbstbezüglichkeit formal – also anhand ihrer Gestalt -sichtbar.

Worauf es mir auch ankam, war zu zeigen, dass **Selbstähnlichkeit eine hohe Affinität zur Unendlichkeit hat**, die im Übrigen ebenfalls zu Unrecht einen schlechten Ruf als unnatürlich, lebensfern oder bedrohlich genießt. Das Gegenteil trifft zu.

## Anziehendes und andere Attraktionen

Mit einer gewissen Experimentierfreudigkeit stößt man auf ein weiteres Gesicht der Selbstbezüglichkeit.

Unsere Formel $s = 5 + \frac{24}{s}$ betrachten wir dazu als Befehlszeile eines Computerprogramms. Für die Maschine ist s der Name eines bestimmten Speicherplatzes.

Die Formel $s = 5 + \frac{24}{s}$ wird von ihr als Befehl aufgefasst, der besagt: Addiere zur Zahl 5 den Quotienten aus der Zahl 24 und dem im Speicherplatz namens s abgelegten Wert. Lege nun das Resultat im Speicherplatz namens s ab. Falls s ursprüngliche den Wert 72 hatte, ist er anschließend $\frac{16}{3}$. Unversehens sind wir bei den Gesetzen der **Computersprache** angelangt.

Für eine kurze Weile wollen wir unsere Formel selbst als einen kleinen Rechenautomaten auffassen.

Der erste Input – die Zahl 72 – hatte 16/3 = 5,33333 als Resultat ergeben. Setzt man nun diesen Output wiederum als Input rechts in den Automaten ein, erhält man 9,5 usw. Bezeichnen wir nun den **willkürlich gewählten Startwert** 72 mit $N_0$, den sich daraus ergebenden Folgewert 5,33333 mit $N_1$, dessen Nachfolger mit $N_2$ usw. erhält man:

$N_0 = 72$
$N_1 = 5,33333$
$N_2 = 9,5$
$N_3 = 7,52632$
$N_4 = 8,18881$
$N_5 = 7,93083$

$N_6 = 8{,}02617$
Usw.

Ahnen Sie etwas? Richtig! Die Folge der $N_i$ wird wie magisch von Lösungswert 8 angezogen. Mit jedem Schritt wird die Näherung besser, ohne ihr Ziel allerdings je zu erreichen. Gibt man allerdings die 8 als Startwert vor, spuckt unser Rechenautomat wiederum die 8 aus. Der Lösungswert fungiert insofern wie ein schwarzes Loch, das sein Opfer nicht mehr entlässt.

Das Prinzip, den Ausgabewert direkt oder indirekt wieder als Input zu verwenden, wird bei mechanischen, elektronischen und anderen Systemen als Rückkoppelung bezeichnet und entscheidet über deren Eigenschaften. Es ist zutiefst selbstbezüglicher Natur.

Das Phänomen der Anziehung (oder der ebenfalls möglichen Abstoßung wie im Falle der Lösung -3) derartig rekursiv gewonnener Werte seitens eines festen Punktes oder eines festen Zustandes wird als Fixpunktverhalten bezeichnet und ist ebenfalls von immenser Bedeutung für die Berechnung des zeitlichen Verlaufs von Prozessen.

Diese sogenannte rekursive, auf das jeweils letzte Ergebnis zurückgreifende Denk- oder Rechenweise erlaubt es, auch Probleme zu lösen, die sonst nicht zu bewältigen wären, weil es für sie keine Berechnungsformeln der üblichen Form gibt. Auch Wetterprognosen lassen sich nur so berechnen. Ausgehend von einem bekannten Ausgangszustand wird das Wetter in kleinen zeitlichen Schritten rekursiv berechnet. Ein Bündel relativ einfacher physikalischer Gesetze erlaubt es, den Wetterzustand nach Ablauf eines kleinen zeitlichen Intervalls hinreichend exakt zu ermitteln. Der so errechnete neue Wetterzustand wird dann als Ausgangszustand für die nochmalige Anwendung der Rechenroutine verwendet, womit man einen weiteren zeitlichen Schritt in die Zukunft gemacht hat. Mit wachsender Ungenauigkeit geht es so immer weiter.

All das ist ganz natürlich und entspricht dem Lauf der Dinge. Meine heutigen Handlungen verwandeln die Wirklichkeit im Laufe des Tages in die Situation, die ich morgen vorfinden werde und die dann mein neuer Ausgangspunkt sein wird. Kurzum: **Unser Handeln hat prinzipiell selbstbezüglichen Charakter**.

Der kleine Einschub war auch erforderlich, um mit dem teilweise bestehenden Vorurteil aufzuräumen, zur Lösung eines schwierigen Problems müsse man sich stets eine elegante Formel ausdenken. Anstatt durch Genialität lassen sich die meisten derartigen Aufgaben mit einem, wenn auch immensen Rechenaufwand bewältigen. Da wir es zunehmend mit KI zu tun bekommen, sollten wir nicht vergessen, dass Letzteres ihre Stärke ist.

## Bildlich gesprochen

Ohne den vielleicht beliebtesten Lösungsweg wäre die Darstellung nicht rund. Es geht dabei um die Übersetzung eines abstrakten, durch eine Formel ausgedrückten Sachverhaltes in ein Bild. **Ein Ausdruck der Formelsprache wird in die Bildersprache, also in die Sprache der Geometrie transformiert.**

Zur Anwendung des Standardverfahrens für die grafische Lösung von Gleichungen wird $$s = 5 + \frac{24}{s}$$

durch beidseitige Subtraktion von s in die normierte Form

(1) $$0 = 5 + \frac{24}{s} - s$$

Gebracht. Um den Wert der rechten Seite für **beliebige** s ermitteln zu können, schreibt man

(2) $$y = 5 + \frac{24}{x} - x$$

und errechnet für diese Funktion einige Lösungspaare ($x_i$, $y_i$) wie zum Beispiel (1, 28), (2, 15) und (3, 10). Bildlich gesprochen **repräsentieren** diese Zahlenpaare einzelne Punkte. Diese Punkte werden durch Augenmaß oder andere Hilfsmittel zu einer Kurve ergänzt, die ihrerseits den gesamten Ausdruck (2) repräsentiert.

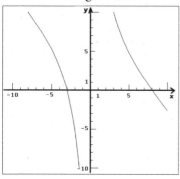

Abbildung 1

Die Lösungen von Gleichung (1) entsprechen dann dem Schnitt der Kurve mit der x-Achse, also dem Bildbereich, in dem überall y = 0 ist.

Der Inhalt einer Grafik bezieht sich auf seine sichtbare materielle Form. Inhalt und Form sind bei ihr weitgehend identisch. Gegenstand des Textes (Gespräch von Peter und Paul) war die Zeit, ein abstraktes, mentales Konstrukt unseres Geistes zum Verständnis der Natur. Die Grafik (als spezielle Sprache) spricht ebenso über den Ursprungstext, wie der in der Lage ist, die Grafik zu beschreiben.

Die vorgenannte Eigenschaft der Grafik – Identität von Inhalt und materieller Form – und ihr gleichzeitiger Sprachcharakter weckt einen Verdacht: **Materie ist Sprache, sie besteht aus Wörtern, Sätzen und Geschichten. Nur die Art unserer Wahrnehmung lässt sie zu dem werden, als was sie uns erscheint.**

Sprache treffen wir also auf allen Ebenen an. Wie ist es dann mit den abstrakten, mentalen Inhalten, den Bildern, Empfindungen und Gefühlen unserer Vorstellungswelt – unserer Phantasie? Auch sie sind Sprache – die Ursprache, an der wir teilhaben und die uns ausmacht.

## Eine Lanze für die Selbstbezüglichkeit

Jede allgemeine Aussage über Sprache schließt sich selbst mit ein, hat also selbstbezüglichen Charakter. Der Einfachheit halber betrachten wir zunächst einige Aussagen, die Texte klassifizieren:

– ) *Ein Roman umfasst mehr als dreißig Wörter.*
– ) *Sachliche Texte verwenden keine Metaphern.*
– ) *Ein allgemeinverständlicher Text verwendet keine Fremdwörter.*

Wie sich nun leicht nachprüfen lässt, handelt es sich lediglich bei den beiden letzten Beispielen um selbstbezügliche Texte. Da der erste Satz nur aus sieben Wörtern besteht, ist er kein Roman und redet folglich auch nicht über sich selbst. Ganz anders der zweite Satz, der sachlich ist, weil er seinen Inhalt klar und direkt darstellt (das Wort „Metapher" ist keine Metapher), und der dritte, weil er ohne Fremdwörter auskommt.

Was ist nun von folgender Definition zu halten:
- „Ein selbstbezüglicher Text spricht über sich selbst"

## Selbstbezüglichkeit

Ist sie selbstbezüglich oder nicht? Das Terrain ist trügerisch, denn die Antwort ist nicht so naheliegend, wie es vielleicht scheint.

Auf die Frage, welche Eigenschaft der Text haben müsste, um selbstbezüglich zu sein, gibt er selbst die Antwort: Der Text müsste selbst die Eigenschaft besitzen, die er definiert - also selbstbezüglich sein. Großartig! Einmal im Kreis geflogen!

Versuchen wir es daher mit Probieren: Angenommen der Text wäre selbstbezüglich, dann besäße er die von ihm beschriebene Eigenschaft selbst und würde sich folglich als selbstbezüglich qualifizieren.

Das heißt aber noch nicht, dass es so ist. Es wurde nur gezeigt, dass wir mit der Annahme keinen direkten Widerspruch erzeugen.

Mit der gegenteiligen Annahme fährt man auch nicht schlechter:

Wäre der Text nicht selbstbezüglich, würde er das von ihm verlangte Kriterium für Selbstbezüglichkeit nicht erfüllen und wäre demnach nicht selbstbezüglich.

Fazit: Weder die eine noch die andere der beiden gegensätzlichen Annahmen führt zu einem Widerspruch. Entsprechende Aussagen würden sich weder als wahr noch als fasch entlarven lassen.

Unsere Definition war so konzipiert, dass sie jeden möglichen Fall abdecken sollte und ausgerechnet sie hat sich ihrem eigenen Zugriff entzogen. Auch andere Definitionen von Selbstbezug dürften kaum besser abschneiden und sich bei der Beurteilung ihres eigenen Status als unvollständig erweisen. Was ist davon zu halten? Ist die Sprache vielleicht an die Grenze dessen geraten, was sie vermag, ist Selbstbezug in seinem Kern vielleicht unsagbar, unaussprechlich, unsäglich? Aber andererseits: wäre das so schlimm, wenn die Macht der Sprache nicht jeden Winkel beherrschen könnte oder wollte? Muss eigentlich jede Aussage in das wahr-falsch-Raster fallen, das dem gut-böse-Raster so ähnlich ist? Bleibt uns nur die Alternative, in einer Welt, die bis ins Letze vorgegebenen und abgeschlossen ist, zwischen einer jeweils richtigen und falschen Tür zu wählen, oder ist unsere Welt und unsere Wirklichkeit noch im Werden – mit neuen Türen und Wegen die erst entstehen und deren Wert oder Unwert sich erst daraus ergibt, ob und wie wir sie begehen? Vielleicht besteht das Geschenk der Sprache ja gerade darin, dass sie uns Raum für unsere Freiheit gerade in scheinbaren Widersprüchlichkeiten anbietet, und es könnte sein, dass sich gerade hier einmal ein Ausweg beim Zusammenstoß mit KI und KB auftun wird.

Vielleicht ist der Begriff der Selbstbezüglichkeit als Metapher für das Bewusstsein derart mächtig, dass er sich einer vollen Kontrolle entzieht, und vielleicht

## Böses Erwachen – Künstliches Bewusstsein

entziehen sich in ihm die Sprache und das Leben dem absoluten Zugriff und der Beherrschbarkeit. Es gibt keinen Grund, etwas schräg anzusehen, das sich nicht beherrschen lässt.

Der Versuch, Selbstbezüglichkeit auszublenden, geht jedenfalls voll daneben: Dazu definiere ich Nicht-Selbstbezüglichkeit als „die Eigenschaft eines Textes, die von ihm beschriebene Eigenschaft nicht selbst zu besitzen". Wäre diese Formulierung selbstbezüglich, dann hätte sie die Eigenschaft, die sie beschreibt, wäre also Nicht-Selbstbezüglich. Wäre sie dagegen nicht-selbstbezüglich, dann hätte die obige Definition die Eigenschaft, die sie beschreibt – sie wäre also selbstbezüglich. Nichts geht mehr in diesem Fall.

Salopp gesagt: mit Selbstbezüglichkeit lässt sich gut leben, wer sie völlig ausschließt, für den bleibt nichts übrig.

Zwei abschließende Beispiele sollen auf die Wesensverwandtschaft zwischen Sprache und Dingen hinweisen:

Selbstbezüglichkeit erscheint im physikalisch-technischen Sektor unter der Bezeichnung **Rückkoppelung**. Rückkoppelung ist dasjenige Prinzip, das etwa eine Dampfmaschine am Laufen hält: Über die Bewegung des Kolbens werden Stäbe bewegt, die ihrerseits die Ventile für die Zufuhr / Absperrung des Dampfes steuern. Dank geschickter Abmessungen geschieht das alles so, dass die Kolben dadurch im richtigen Augenblick angeschoben werden. Das wiederum führt zur Bewegung der Steuerteile …

Feuer brennt so eifrig, weil die von ihm ausgehende Hitze einen Teil des Brennmaterials verdampft, was wiederum dem Feuer zugutekommt.

Vermutung: Eine Welt ohne selbstbezügliche Strukturen wäre voller hässlicher Lücken. Wenn wir in der Lage sein wollen, über „Alles" zu reden, muss zu diesem „Alles" die Sprache selbst gehören – auch um den Preis der Widersprüchlichkeit. Dass die Sprache unendlich viele Ebenen aufweist, von denen jede als Metaebene verstanden werden kann, um über Darunterliegendes zu reden, ändert nichts an der Tatsache, dass es immer Dinge gibt, über die zu reden auf streng formale Weise unmöglich ist. Erst das macht Sprache lebendig, zu einem Ort, an dem die Schöpfung noch im Gange ist.

Noch ein Gesichtspunkt: Über Alles und Jeden zu reden und zu urteilen, ohne dabei auch einmal den Blick auf sich selbst zu lenken, ist Ausdruck einer Selbstherrlichkeit, die ihren Ursprung in Unsicherheit und Angst hat. Sich die eigene

## Selbstbezüglichkeit

Unzulänglichkeit, Fehlbarkeit und Angst einzugestehen ist eben kein Zeichen von Schwäche.

Der Name eines modernen Richters lautet „Objektivität". Er macht sich unangreifbar durch seinen Anspruch, sich auf keine subjektiven, vom eigenen Standpunkt abhängigen Gesichtspunkte zu stützen und damit auf sich selbst bezogen zu sein. Ob so etwas überhaupt möglich ist – und ob es wünschenswert ist- sei dahingestellt. Mit etwas Mühe lässt sich meist zeigen, dass auf „Objektivität" basierende Urteile alles andere als neutral und selbstlos sind. Ihr Zuschnitt lässt vielmehr auf jemand schließen, der sich nicht offen präsentieren möchte. Verdächtig ist ohnehin alles, was sich als alternativlos präsentiert, um den Geist in einen tür- und fensterlosen Raum einzusperren.

# Des Pudels Kern

## Mehr als das, wonach es aussieht – Die Form zum Sprechen bringen

Zahlreiche Beispiele hatten es bereits zu Beginn des Buchs sinnvoll erscheinen lassen, **all jenen materiellen Formen Sprachcharakter zuzuerkennen, die dahingehend interpretiert oder verstanden werden <u>können</u>, dass sie auf etwas verweisen.**

Dieses „verstanden werden <u>können</u>" impliziert, dass sich das Dasein dessen, was uns da in materieller Formen begegnet, **nicht in seiner oberflächlichen Erscheinung erschöpft** und es uns möglich ist, diese Oberfläche so transparent zu machen, dass sie uns einen Blick auf das Gemeinte gewährt.

Formale Ähnlichkeiten zwischen dem Textkörper und dem, worüber er redet, muss es nicht geben. Das, worauf er sich bezieht, kann in ihm selbst verborgen sein. Vielleicht ist es etwas, das früher existiert hat, vielleicht bezieht es sich auch auf etwas, das es in Zukunft einmal geben könnte. Wir können sogar über etwas reden, das es grundsätzlich nicht geben kann oder nie und nimmer geben sollte.

Einen Nachteil stellt dieser Standpunkt nicht dar, wie sich anhand einiger Fragen leicht zeigen lässt:

Handelt es sich bei einem alten Buch auf dem Speicher, das niemand gelesen hat, um Sprache? Nach der oben gegebenen Definition muss die Antwort „Ja" lauten.

Nächste Frage: Wird bzw. wurde Sprache gefunden oder erfunden? Der neuen Marschroute folgend neige ich dazu zu sagen, dass die Möglichkeit zu sprechen, entdeckt und ergriffen wurde. Beispielsweise stellte das erste Telefon in seiner spezifischen Ausgestaltung eine Erfindung dar, für die dem Erfinder alle Ehre gebührt, doch basiert sie auf der Entdeckung einer der vielen durch die Gesetze der Elektrizität vorgegebenen Möglichkeiten. Und zu guter Letzt zählt das Prinzip der Signalübermittlung im Nervensystem aller höherentwickelten Lebewesen vermutlich schon seit Millionen von Jahren zur Standardausrüstung.

## Des Pudels Kern

Die Betonung der Entdeckung gegenüber der Erfindung (ein Begriff, der das Wort „Finden" im Wortstamm hat) regt zu Fragen folgender Art an: Gab es die deutsche Sprache bereits, bevor auf unserem Land Menschen lebten? Wird sie auch dann noch existieren, wenn kein Mensch mehr diese Sprache spricht, kein Buch mehr in dieser Sprache und keine Erinnerung an sie existieren sollte? So seltsam es erscheinen mag – meine Antwort lautet „Ja" und zwar, weil auch sie in gewisser Weise gefunden und nicht erfunden wurde. Mit der Sichtweise, dass sich eine Sprache im Laufe ihres Gebrauchs durch die Sprachteilnehmer weiterentwickelt bzw. verwandelt, wird der Sprache auf eine verschleiernde Weise eine autonome Existenz zugestanden – fast so, als sei sie ein lebendiges Wesen (das ebenfalls erhebliche Gestaltwandel durchläuft, ohne dabei seine Identität zu verlieren). Meine Auffassung beruht auf Erfahrungen, von denen ich sicher bin, dass sie die meisten Menschen teilen. Vermutlich hatten Sie schon einmal das Glück, eine Musik zu hören, die Ihnen den Atem stocken ließ. Mir waren jedenfalls nur wenige derartige Momente vergönnt. In einem Fall spielten (vermutlich) Freizeitmusiker spät abends in einer Herberge zu einer Hochzeit auf und raubten mir damit den nötigen Schlaf. Es war das übliche Um-TaTa, das mir an deutscher Volksmusik gelegentlich auf den Nerv geht. Aber irgendwann – es muss schon Nacht gewesen sein- gewann die Musik an Fahrt. Die Musikanten schienen als Akteure und treibende Kraft mehr und mehr in den Hintergrund zu treten und von ihrer Musik mitgerissen zu werden, die sich irgendwie verselbständigte und eine einzigartige Strahlkraft und Farbe bekam. Um vorab die Frage zu beantworten: Nein, ich hatte nichts geraucht - ich war etwas Einmaligem begegnet. So war es auch bei einer anderen Begegnung mit heimischer Folklore, als ich unerwartet Zeuge der Darbietung eines Spielmannszugs wurde, der ein Lied aus einer längst vergangenen Zeit spielte. Es schien, als hätte diese Musik einen Riss in der Hülle unserer alltäglichen Realität erzeugt, durch den das, was sie verkörperte in unsere Gegenwart eintrat und sie zur bloßen Kulisse werden ließ.

**Zwischenruf**: Wertvolle und einzigartige Musikstücke lösen nicht in jedem Menschen dieselben Gefühle aus. Das tun auch Weltanschauungen, Menschen, Gemälde und Gedichte nicht. Sie alle, Sprachen eingeschlossen, besitzen aber einen unverwechselbaren Charakter, **eine Identität.**

Die Berührung mit allem Wesenhaften sucht unser moderner Lebensstil tunlichst zu vermeiden. Man kann nie wissen! Seichte mediale Berieselung ist da schon

## Böses Erwachen – Künstliches Bewusstsein

sicherer. Entsprechendes gilt für viele andere Bereiche. Die Werbung zur Einführung einer eher ungesunden Süßigkeit vermittelt ein Gefühl von Dankbarkeit, so etwas Herrliches überhaupt kaufen zu dürfen. Das gilt nicht nur für die Qualität unserer Nahrungsmittel und die Musik, sondern in besonderem Maße auch für die bildende Kunst. Wer in dieser Richtung etwas wirklich Umwerfendes sehen will, muss in der Regel richtig viel Geld hinblättern. Kataloge mit Abbildungen von wirklichen Kunstwerken sind sündhaft teuer. Alles wäre noch zu ertragen, würden sich nicht die angegebenen wirtschaftlichen Gründe für die miserable Qualität (wie etwa im Fall vieler Lebensmittel) oft als höchst fadenscheinig erweisen. Manches scheint nicht der Not zu entspringen, sondern mit Absicht herbeigeführt zu werden.

Man kann sich des Eindrucks nicht erwehren, dass vieles von dem, was die Allgemeinheit vorgesetzt bekommt, bildlich gesprochen Schweinefraß ist. Wenn dahinter eine Botschaft steckt, ist sie eindeutig.

Wie hängt dieser Abstecher mit dem Kernthema des Buchs zusammen? Unser Selbstbild wird nicht zuletzt davon beeinflusst, wie wir von anderen behandelt werden. Aus gutem Grund ist unsere Umwelt unser Spiegel. Aber auch Spiegel können lügen und manipuliert werden. Ein Gegner, welcher Art auch immer, wird stets versuchen, unser Selbstbewusstsein zu zerstören, um uns auf diese Weise zu entwaffnen. Das ist eine der zu Beginn des Buchs genannten Fronten, deren zentrale Bedeutung im Laufe der kommenden Auseinandersetzungen immer sichtbarer werden wird.

Nach diesem (scheinbaren) Abstecher geht es mit einer Schlüsselfrage zur Musik zurück: Wie viele Melodien der beschriebenen Top-Qualität gibt es überhaupt, ganz gleich, ob sie bereits gefunden wurden oder nicht? Die Antwort ist es wert, das Risiko einzugehen, dem sich der Wanderer immer aussetzt, wenn er seiner Intuition folgend die Grenzen des Bekannten überschreitet und eine Brücke aus Licht betritt. Garantien sind selbst in unserer Welt meist nur Phantome. Freilich könnte auch diese Brücke nur eine Illusion sein, doch nach meiner eigenen Erfahrung geschieht etwas Merkwürdiges, wenn man sie in aller Klarheit und ohne Überheblichkeit betritt: Mit jedem Schritt materialisiert sich fester Boden unter den Füßen. Im Rückblick wird es den Anschein haben, als habe da schon immer eine ganz gewöhnliche Brücke existiert. Jedem, der das einmal erlebt hat, wird sich vermutlich ein phantastischer Verdacht aufdrängen: **Könnte es sich bei der ganzen uns umgebenden sichtbaren Welt um etwas handeln, das vor unserer**

## Des Pudels Kern

**Zeit ebenfalls nur virtuell als Lichtschleier präexistent war und durch Kühnheit oder durch Liebe ins Sosein gerufen worden ist?** Diese Vermutung ist selbst eine solche Brücke aus Licht – und es verlangt Mut, sie zu betreten. Der Mut, zu eigenen Gewissheiten zu stehen, ist das Gegenteil der Bange, von Anderen, deren Empfehlungen man nicht traut, als Feigling bezeichnet zu werden.

Die Frage nach dem Umfang der möglichen musikalischen Spitzenwerke hängt auch mit folgender Beobachtung zusammen: Ein Musikstück, das diesen Namen verdient, ist nicht beliebig variierbar. Vielmehr hat man den Eindruck, dass nur eine Version seinem Charakter gerecht wird. Intuitiv gehen wir also davon aus, dass da ein unverwechselbarer, **unvergänglicher Wesenskern** existiert, der nach außen mehr oder minder gut oder zutreffend repräsentiert wird. Derartige „Wesenheiten" sind wie wenige Leuchtfeuer in einer Wüste weißen Rauschens.

Zerstörbar sind nur die Träger von Sprache jeder Art, nicht aber die von ihnen verkörperte Essenz, die zu gegebener Zeit die Bühne wieder betreten kann. Bücher wie Musikstücke sind nur Vermittler von etwas, das auch unabhängig vom Boten denkbar ist. Bücher können verbrannt werden, nicht aber die sie enthaltenden Wahrheiten, die dann letztlich über Umwege wieder auftauchen. Der Wesenskern eines guten Liedes existiert auch dann noch, wenn alle seine Tonträger vernichtet wurden.

*Ein Lied sucht sich seinen Musikus – nicht umgekehrt. Vielleicht sind die beiden sogar identisch. Den gleichen Status möchte ich auch jeder natürlichen Sprache zuerkennen. Irgendwo und irgendwann werden selbst einst tote Sprachen wieder auferstehen oder haben es bereits getan, auch wenn dies vermutlich in einer Gestalt geschehen wird, die kaum erkennen lässt, wer oder was da zurückgekehrt ist. Der Brückenschlag hinüber zur Vergänglichkeit unserer eigenen menschlichen Existenz ist naheliegend. Dass uns unsere Sprache auch hier Hilfestellung gibt, wird leicht übersehen. „Vergänglichkeit" kommt von „vergehen" und das hat wiederum das Verb „gehen" im Wortstamm. Was geht, kann auch wiederkommen. Anderenfalls würden wir von Vernichtung sprechen. Und nach meinem Wissen führen sogar aus dem Nichts Wege zurück ins Dasein, da wir vom Nichts falsche Vorstellungen haben. Doch davon später.*

Zunächst wollen wir die Tragfähigkeit der zu Beginn des Abschnitts wiederholten Sprachdefinition weiter testen.

Warum reden wir beim Tanz der Bienen (zur Richtungs- und Entfernungsangabe zur neu entdeckten Futterquelle) von einer Sprache, obwohl wir nicht wissen, auf welcher Bewusstseinsstufe das geschieht? Antwort: Weil es uns gelungen ist, die Tanzfiguren als Zeichen zu lesen, also deren Bedeutung zu entschlüsseln / verstehen.

Wie steht es um Redeweisen wie „das **sagt** mir etwas" oder „davon fühle ich mich **angesprochen**" in Situationen, die keines weiteren Kommentars bedürfen? In diesen Fällen führt uns die Interpretation dessen, was die Augen vordergründig wahrnehmen, zu einer Realität hinter dem grob Augenscheinlichen.

*Vom Gesicht eines Menschen lässt sich **ablesen**, was in seinem Inneren vorgeht. Und wie steht es mit Dingen? Wir scannen zunächst die uns direkt zugänglichen äußeren Merkmale und schließen von ihnen auf das, was unserem Blick verborgen ist. Insofern sind diese äußeren Merkmale ein Sprachtyp, der über das **berichtet**, wie es unter der Oberfläche aussieht. Und schließlich: wie steht es um einen Menschen, der sich von einer herrlichen Landschaft oder beim Anblick des Sternenmeeres persönlich **angesprochen** fühlt? Sollte man seine Empfindung und sein Denken als anthropomorphe Relikte aus grauer Vorzeit abtun?*

Nach mehr als einem halben Jahrhundert erinnere ich mich noch an die Bemerkung unseres Chemielehrers „Ein Experiment ist eine **Frage** an die Natur". Damit war natürlich gemeint, dass uns die Natur in Form des Ergebnisses des Experimentes eine vernünftige **Antwort** gibt. Die Antwort ist sogar dann vernünftig, wenn wir eine unvernünftige Frage stellen, indem wir etwa von falschen Annahmen ausgehen oder die chemischen Zutaten verwechseln.

## Resümee

Mit dem gewählten Ansatz haben viele faszinierende Facetten unseres Daseins unter dem Dach der Sprache zusammengefunden. Auch die Erwartung, dass der erweiterte Sprachbegriff mit dem Begriff der Verkörperung kompatibel ist, wurde nicht enttäuscht. Nach meiner Einschätzung weist die neue Definition in allen Fällen, in denen sie ein sprachliches Phänomen diagnostiziert, zugleich auch auf eine Manifestation hin. Finden die Überlegungen unter dem zweiten Gesichtspunkt statt, wird auch die Frage angeschnitten, wer oder was sich da an der Oberfläche bemerkbar macht. Das im Einzelfall herauszuschälen, mag gelegentlich schwierig sein, stellt aber in jedem Fall eine Bereicherung dar.

Tot sind weder wir noch die Welt und die Dinge um uns herum. Darum wird es im folgenden Abschnitt gehen.

# Jenseits des Tellerrandes

## Die Sprache der Dinge

Um nicht auf schwankendem Untergrund zu bauen, sind im Wissenschaftsbetrieb viele Definitionen ausgesprochen eng gefasst. Auf diese Weise sollen fruchtlose Debatten vermieden werden, bei denen die Teilnehmer aneinander vorbeireden, weil sie die gleichen Wörter für unterschiedliche Gegenstände verwenden.

Präzision schützt jedoch nicht vor Abstürzen anderer Art: Die Vorgehensweise schirmt die Überlegungen von allem ab, was jenseits der definitorischen Grenzen liegt. Die Gefahr, reflexartig alles auszublenden, was sich jenseits des Tellerrandes befindet, wächst erheblich. Ferner wird stillschweigend vorausgesetzt, dass es auch in der Realität eine derartig klare Grenze gibt, dass also Zugehörigkeit oder Nicht-Zugehörigkeit den Dingen selbst innewohnen und kein definitorisches Artefakt darstellen. In einer hermetisch abgeschotteten Welt können sich weltfremde Konstrukte leicht verselbständigen. Und dann: Gibt es einen tiefer liegenden Bezugspunkt als die Sprache selbst? Ist sie – wie ein totes Objekt – etwas Fertiges oder – wie ein lebendiges Wesen – im Wandel begriffen? Ist sie auf der Suche nach ihrer eigenen Identität oder ruht sie in ihr? Vor diesem Hintergrund meine ich, dass im Fall der Sprache eine gewisse Unschärfe der Definition vertretbar und durchaus angemessen ist. Immerhin kann mit unserer natürlichen, vor Präzision gewiss nicht überbordenden Sprache die außerordentlich exakte Sprache der Mathematik begründet werden, wohingegen der umgekehrte Weg wenig sinnvoll erscheint.

In der nun vorliegenden Definition von Sprache soll der Begriff der „materiellen Formen" nicht nur all das umfassen, was unseren fünf Sinnen (Sehen, Hören, Schmecken, Riechen und Tastempfinden) direkt zugänglich ist, sondern auch jene Bereiche, die den Sinnen nur durch technische Hilfsmittel (Mikroskope, Analysegeräte etc.) zugänglich gemacht werden können. Diese Sprachregelung erlaubt die folgende Charakterisierung:

**Sprache begegnet uns in allen sinnlich wahrnehmbaren Formen, die als Hinweis / Verweis auf Etwas interpretiert werden <u>können</u>.**

Die Formulierung lässt offen, welches die Kriterien dafür sein sollen, dass eine Sache A einen Hinweis / Verweis auf eine Sache B darstellt oder als solcher verstanden / verwendet werden kann. Liegt eine Ähnlichkeit vor, ist es naheliegend, von einer derartigen Beziehung auszugehen. Entsprechungen, die eine Zuordnung nahelegen, können auch durch vergleichbare Funktionen / Rollen innerhalb von Strukturen gegeben sein. Viele Ähnlichkeiten und Entsprechungen sind aber nur äußerst schwer zu entdecken.

Ich schlage daher vor, immer dann von einem sprachlichen Hintergrund auszugehen, wenn **Zuordnungen, Beziehungen oder Ähnlichkeiten zwischen zwei Bereichen** feststellbar sind. Besonders offenkundig ist eine derartige Zuordnung, wenn ein Gegenstandsbereich in einen anderen Bereich (der dann als Sprachbereich fungiert) abgebildet, transformiert oder verwandelt werden kann, ohne seine innere Struktur zu zerstören. Es genügt bereits, wenn die sachlichen Umstände die Existenz oder Möglichkeit einer derartigen Abbildung nahelegen bzw. vermuten lassen. Nehmen wir als prominentes Beispiel das Märchen vom Kalif Storch, dann haben wir es mit einer Transformation zu tun. Das Wort „mutabor" („ich werde verwandelt werden"), das dem Unglücksraben – Pardon: „Kalifen" – leider entfallen war, hatte die Funktion des Schlüssels, der die Umkehrung der ersten Transformation garantieren sollte.

Zwischenbemerkung: Die Vertauschung von Sprache und Gegenstand läuft auf eine Vertauschung von Form und Inhalt, von innen und außen hinaus. Wenn wir die Welt als etwas empfinden, dem wir gegenüberstehen, dann können auch wir uns auch als autonomen Kosmos betrachten, dessen Innenraum die Welt ist, wie wir sie kennen.

## Leichte und schwere Schlüssel

Zur Vereinfachung der Sprechweise werde ich den Begriff „Transformation" so verwenden, dass er sowohl den Fall der Formveränderung des Ausgangsobjektes umfasst als auch denjenigen, in dem das Original unverändert erhalten bleibt und ihm ein Gegenstück seiner selbst als Repräsentant zugeordnet wird. Die Erweiterung des Transformationsbegriffs wurde nötig, weil auch Fälle möglich sind, in denen die Sprache und ihr Gegenstand kaum Entsprechungen aufweisen. In diesen Fällen

## Jenseits des Tellerrandes

verlagert sich die Last des Verstehens des Textes zunehmend auf den Schlüssel.
Dazu ein extremes Beispiel:
- *Ein solcher Schlüssel könnte lauten:*
  *000101000110011100011010001101011110...*
  *Auf die einzelnen Elemente wird Bezug genommen als*
  $s_1, s_2, s_3, ...$ *usw.*

Die aus Nullen und Einsen bestehende Zeichenkette ist das Ergebnis einiger Minuten fleißigen Würfelns und somit eine echte Zufallsfolge. Gerade weil sie sich weder erraten noch errechnen lässt, kann sie dazu eingesetzt werden, jede beliebige Nachricht zu verschlüsseln und anschließend wieder zu entschlüsseln. Sender und Empfänger müssen nur über den gleichen Schlüssel verfügen. Ein Dritter darf die verschlüsselte Nachricht (den auch als Chiffrat bezeichneten Geheimtext) in die Hand bekommen, weil sie ohne den Schlüssel völlig wertlos ist.

Die Botschaft, die zwischen Sender und Empfänger ausgetauscht werden soll, mag im Binärcode lauten: 011000111100000111111000000011111111 ... Deren Elemente werden mit $b_1, b_2, b_3, ...$ bezeichnet.

Die Verschlüsselung erfolgt stellenweise: $s_1+b_1=n_1$, $s_2+b_2=n_2$, $s_3+b_3=n_3$, ... Es werden also jeweils Glieder mit gleichem Index zusammengeführt.

Allerdings ist die Summenbildung etwas gewöhnungsbedürftig:
0+1 = 1+0 = 1 und 0+0 = 1+1 = 0.

Zwei gleiche Zeichen ergeben eine Null, zwei ungleiche eine Eins. Während im Dezimalsystem die Ziffernanzeige nach der 9 wieder auf 0 springt, ist das im Dualsystem bereits nach der 1 der Fall. Daher ist 1 + 1 = 0 und **nicht** = 2.

In unserem Fall errechnen sich die ersten 10 Stellen der Nachrichtenfolge $n_1$, $n_2$, $n_3$, ... daher wie folgt:
Schlüssel: 0 0 0 1 0 1 0 0 0 1 ...
Botschaft: 0 1 1 0 0 0 1 1 1 1 ...
Chiffrat:... 0 1 1 1 0 1 1 1 1 0 ...

Der Geheimtext (3. Zeile) kann öffentlich verschickt werden. Ohne Kenntnis des Schlüssels ist er prinzipiell nicht zu knacken (auch nicht mit Quantencomputern), sofern der Schlüssel nicht mehrfach benutzt wird.

Kurioserweise erfolgt die Entschlüsselung des Textes nach demselben Rechenmodus wie die Verschlüsselung: $s_1+n_1=b_1$, $s_2+n_2=b_2$, $s_3+n_3=b_3$, ... usw. Probieren Sie es einfach aus:

Schlüssel:. 0 0 0 1 0 1 0 0 0 1 ...
Chiffrat:... 0 1 1 1 0 1 1 1 0 ...
Botschaft: 0 1 1 0 0 0 1 1 1 1 ...

Die Moral von der Geschichte: Für sich genommen sind Schlüssel und Nachricht ein unbrauchbares, sinnloses Zeichenchaos. Gesprächig werden sie nur, wenn sie zusammentreffen.

## Bewusstseinsveränderung und Sprache

Sprache stellt nicht nur ein hervorragendes Werkzeug dar, um unser Denken und andere Bewusstseinsinhalte auszudrücken, sondern kann auch selbst beides entscheidend zu beeinflussen und prägen. „Da fehlen mir die Worte" ist nicht nur ein Ausruf der Empörung, sondern weist auch auf die Unfähigkeit hin, einen bestimmten Sachverhalt zu begreifen, weil keine adäquate Formulierung zu finden ist oder mit einem Sprachverbot kollidiert. Jede Formulierung fordert vom Sprecher, die Sachlage vorab in geeigneter Weise zu strukturieren, zu bewerten und zu ordnen. Die ihm zu Verfügung stehenden sprachlichen Schemata stellen einerseits prägnante Bilder und Assoziationen zur Verfügung, zwingen ihn aber auf der anderen Seite, sich an bestimmte vorgegebene Muster zu halten. All das ist unschädlich, so lange man sich dessen bewusst ist und die Versuche nicht überhandnehmen, mittels gezielter sprachlicher Tabus Kontrolle über das Denken zu erlangen.

Wie das aussehen kann, darüber haben sich namhafte Autoren wie George Orwell (in seinem Roman *1984*) und Ray Bradbury (*Fahrenheit 451*) erfolgreich Gedanken gemacht.

Auf der Seite der Wissenschaft hat Benjamin Lee Whorf mit seinem Klassiker „Sprache, Denken, Wirklichkeit" für eine bis heute anhaltende Debatte gesorgt.

Dem unseren Sinnen zugänglichen Teil der Welt haftet nicht ganz zu Unrecht ein Ruf von Illusion und Täuschung an. In der Macht des Scheinbaren wird oft ein typisches Merkmal der Materie gesehen, das sie in verdächtige Nähe zur Sprache rückt. Wie die Oberfläche eines Gegenstandes sein Inneres sowohl präsentieren als

## Jenseits des Tellerrandes

auch verhüllen kann, hat auch ein Sprecher die Möglichkeit, seiner Rede beispielsweise einen Anstrich von Wahrhaftigkeit zu verleihen, während er in Wahrheit beschönigt, verdreht oder irreführt – aus welchem Grund auch immer. Täuschung ist eine Kunst, die in manchen Berufen zum Handwerkszeug gehört.

Um nicht getäuscht zu werden, sollten wir Dinge stets aus verschiedenen Blickwinkeln betrachten und prüfen, ob sich die so gewonnen Eindrücke zu einem stimmigen Bild zusammenfügen lassen. Aus diesem Grund besitzen wir auch zwei Augen.

# Ganz einfach: Mathematik

## Von Halteseilen und Fesseln

Mit der unter der Überschrift „Sprache als Spiegel" vorgestellten selbstbezüglichen Zeichenfolge **F** hat es eine besondere Bewandtnis. Sie war das Ergebnis einer Suche, auf die ich mich schon in jungen Jahren begeben hatte. Was mich antrieb, war der Eindruck, dass die reduktionistischen Lehren nur eine bruchstückhafte und daher verzerrte Wahrnehmung der Wirklichkeit zulassen – ein Paradies mit kleinen Fehlern gewissermaßen.

Damit soll keinesfalls der Wert des unter großen Mühen gewonnenen Wissens über physikalische Gesetzmäßigkeiten infrage gestellt werden. Auf seine Zuverlässigkeit stützen wir uns in der modernen Welt allenthalben, wenn wir reisen, telefonieren, fernsehen oder auch nur das Licht anschalten. Allerdings: Dass wir etwas erfolgreich tun, bedeutet noch lange nicht, dass wir auch wissen, **was** wir tun. Zudem definiert sich das, was Physik ist, mit jeder großen Entdeckung neu. Auch innerhalb der Mathematik gab es noch im 20. Jahrhundert eine mit Leidenschaft ausgetragene Grundlagendebatte.

Zu Beginn ihrer Karriere hat uns die Naturwissenschaft von Aberglaube und dogmatischer Bevormundung befreit. Speziell die physikalische Methode beruht darauf, aus wenigen, auf Beobachtungen beruhenden **Grundannahmen** – den sogenannten **Axiomen** – Schlussfolgerungen zu ziehen, die dann experimentell geprüft werden. Lassen sich die Schlussfolgerungen so bestätigen, ist das zugleich ein starkes Indiz für die Gültigkeit der jeweiligen Theorie und man kann mit dem Ausbau fortfahren. Das Paradebeispiel sind die drei Grundaxiome der Mechanik, wie sie von Isaac Newton formuliert wurden. Folgende Generationen von Forschern haben mit ihnen ein beeindruckendes Gedankengebäude errichtet. Entsprechend verlief die Entwicklung in den Bereichen Elektrizität und Magnetismus. Das Bild, das auf diese Weise von unserer Welt entworfen wurde, war allerdings das eines eisernen Käfigs, in dem die Dinge – ausgehend von bestimmten Anfangsbedingungen – unerbittlich ihren Lauf nehmen. Das ist das Credo des Determinismus, der uns zu Zuschauern degradiert und einen freien Willen ausschließt. Kosmologisch, aus Sicht der Geschichte des Universums, wären wir Kinder eines seelenlosen Etwas. Doch inzwischen zeigen sich Risse im Panzer, beispielsweise in Gestalt der Quantenphysik.

## Was zum Bauen genügt

Die Vorstellung von wenigen Grundelementen, aus denen alles ableitbar ist, hat eine lange Tradition. Der griechische Mathematiker Euklid hat gezeigt, wie aus einer überschaubaren Menge von Axiomen – unbewiesenen Grundannahmen – eine Fülle interessanter geometrischer Sätze folgt. Später führte die konsequente Weiterführung dieser Denkweise zur Entdeckung nichteuklidischer Geometrien und damit zur weitgehenden Abkehr von anschaulichen Vorstellungen.

Wenn Sie also dem **axiomatisch** gemeinten Satz
  Zwei verschiedene „Punkte" „liegen auf" höchstens einer gemeinsamen „Geraden"
  begegnen, so muss das nichts mit den Punkten und Geraden unserer Anschauung zu tun haben – daher die vielen Anführungszeichen, die in Axiomen ansonsten nicht üblich sind. Ebenso wenig muss da Etwas auf dem Anderen „liegen" oder darin enthalten sein. Es geht vielmehr ganz unspezifisch um **eine Beziehung** (hier „liegen auf" genannt) zwischen zwei Objekttypen dergestalt, dass für jedes sie vertretende Paar von Elementen feststeht, ob sie in der genannten Beziehung zueinander stehen oder nicht. Erst durch zusätzliche geometrische Axiome kann das eingegrenzt werden, was unserer Raumvorstellung entspricht.

Ist das nicht beabsichtigt, kann der Kreis der Axiome nach Belieben erweitert werden – so lange das nicht zu Widersprüchen führt. Widersprüche bedeuten, dass kein reales oder gedachtes Modell existiert, das alle Bedingungen erfüllt. Daraus folgt umgekehrt, dass das Aufzeigen eines Modells, das alle Bedingungen eines axiomatischen Systems erfüllt, gleichzeitig den Nachweis für dessen Widerspruchsfreiheit liefert. Das entspricht jedenfalls unserem modernen Weltverständnis, nach dem konkrete / physische Gegenstände allesamt widerspruchsfrei sind.

Axiome lassen alles zu, was sie nicht ausdrücklich verbieten. So verlangt das eingangs genannten Axiom beispielsweise nicht, dass es sich um unendlich viele Objekte handeln muss - wie das bei den Punkten und Geraden unserer Vorstellungswelt der Fall ist. Davon machen wir Gebrauch und wählen ein äußerst einfaches Modell, das dem obigen Axiom genügt (siehe Abb. 2).

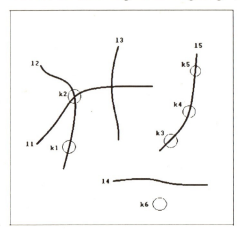

Abbildung 2

Unter den im Axiom genannten „Punkten" werden hier die Kreise k1 bis k6 verstanden. Als Geraden werden die fünf Linienstücke l1 bis l5 interpretiert. Die Relation „liegen auf" bedeutet jetzt, dass ein Kreis k ein Stück eines Linienstücks l enthält. Insofern „liegen" beispielsweise k1 und k2 auf l2 und bestimmen dieses eindeutig, wie axiomatisch verlangt. K2 liegt zusätzlich noch auf l1. Auf l3 und l4 liegen gar keine Kreise / „Punkte". Das wird vom Axiom auch nicht verlangt. Ebenso wenig muss die Schnittstelle von l1 und l3 von einem Kreis bedeckt sein. l5 und die übrigen Punkte sind durch gar keine Linienstücke verbunden, was lt. Axiom ebenfalls in Ordnung geht. Usw.

Wie die Spinne ihr Netz zu knüpfen vermag, wenn sie ihren Faden erst einmal an wenigen Punkten angeheftet hat, so genügt die knappe Bedingung des Axioms bereits, um einen ersten brauchbaren Satz abzuleiten.

**Satz 1:** Gilt obiges Axiom, und sind $g_1$ und $g_2$ zwei verschiedene „Geraden", dann gibt es höchstens einen „Punkt" p, der auf beiden liegt.

Beweis von Satz 1: Angenommen neben p gäbe es noch einen von ihm verschiedenen „Punkt" q, der ebenfalls auf g1 und g2 liegt, dann würden die beiden verschiedenen „Punkte" p und g sowohl auf der „Geraden" g1 als auch auf der von ihr verschiedenen „Geraden" g2 liegen. Das widerspricht aber unserem Axiom.

## Ganz einfach: Mathematik

Folglich ist die Annahme, es gebe neben p noch einen anderen Punkt q, der ebenfalls auf g1 und g2 liegt, falsch. □ („□" steht für „Beweisende")

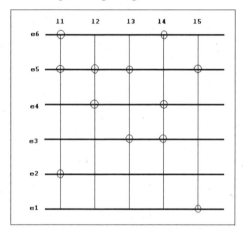

Abbildung 3

Als Anwendung betrachten wir (Abb. 3) ein aus sechs Ebenen e1, …, e6 bestehendes Gebäude, das über fünf Aufzüge l1, …, l5 verfügt. Haltestellen des jeweiligen Aufzugs sind durch „o" markiert. Wie sich leicht nachprüfen lässt, erfüllt das System die Forderungen des Axioms, wenn man die Ebenen als „Punkte" und die Aufzüge als „Geraden" interpretiert. Die Relation „liegen auf" entspricht dann der Verknüpfung einer Ebene mit einem Aufzug durch eine Haltestelle. Zwei verschiedene Ebenen besitzen – wie gefordert – höchstens eine direkte Verbindung durch einen Aufzug. Abb. 3 stellt also ebenfalls ein Modell der durch das obige Axiom beschriebenen Geometrie dar. **Weil dem so ist**, gilt hier Satz 1, dem wir ohne weitere Prüfung entnehmen können, dass je zwei verschiedene Aufzüge höchstens in einem Stockwerk gemeinsame Haltestellen besitzen.

Von den vielen Sachverhalten, die aus unserer minimalen axiomatischen Basis hervorgehen, sei ohne Beweis nur noch der folgende Satz genannt:

**Satz 2:** Zu n verschiedenen „Punkten" (Im Sinne des Axioms) gibt es höchstens $(n^2 - n) / 2 = n * (n - 1) / 2$ verschiedene „Geraden", die durch zwei verschiedene Punkte verlaufen.

Im Falle von 6 Punkten kommt man mit Hilfe dieses Satzes auf eine maximale Zahl von 15 derartigen Geraden. Nach dem bisher Gesagten versteht es sich von selbst, dass Satz 2 auch für ein System von Ebenen und Aufzügen gilt, das unserem Axiom genügt (Zu zwei Ebenen darf es höchstens einen sie direkt verbindenden Lift geben). Hat das fragliche Gebäude also 6 Etagen, können unter der genannten Voraussetzung maximal 15 Lifts eingebaut werden, sofern jeder Lift mindestens 2 Haltestellen hat (weniger wären ein Schildbürgerstreich).

Ganz allgemein wächst mit der Hereinnahme weiterer Axiome die Zahl der ableitbaren Sätze explosionsartig. Hinzu kommt, dass alle Folgerungen / Sätze von Axiomen auch für all ihre Modelle, also für jede Interpretation der in den Axiomen benutzten unspezifischen Begriffe gelten. Demnach hat die abstrakte axiomatische Sprache nicht nur eine gewaltige formale Reichweite (in Gestalt einer aus wenigen Aussagen resultierenden Gesetzesflut), sondern bestimmt auch die Gestalt all dessen, auf das eine derartige Beschreibung zutrifft.

## Nur: „ganz einfach"

Das Hervorgehen einer Fülle neuer Erkenntnisse aus einem **minimalen** Set von Axiomen steht im Denken der Moderne stellvertretend und als Vorbild für die Entwicklung des Kosmos, für die Stammesgeschichte der Lebewesen, für die Ausübung von Wissenschaft und für viele Dinge, die uns persönlich betreffen. Zu unserem Dasein gehört schließlich auch das, was wir davon halten (und was uns erzählt wird, was wir davon zu halten haben).

Die Fülle an Sätzen, die sich aus wenigen Annahmen ableiten lassen, kam mir stets vor wie die vielen Karnickel, die ein Bühnenmagier aus seinem Zylinder hervorzuzaubern vermag. Die mit der naturwissenschaftlichen Vorgehensweise verbundene Entzauberung der Welt – ihre Reduktion auf wenige triviale Anfangsbedingungen – schmeckte mir noch weniger und erschien mir ebenfalls als Taschenspielertrick, als üble Täuschung. Meine Einstellung hatte ich zunächst an der Prämisse festgemacht: **Aus Einfachem kann nichts Höherwertiges entstehen – der Einfalt kann keine Vielfalt entspringen.** Nun lässt sich zwar nicht leugnen, was man sieht, man kann es im Zweifelsfall aber auf seine Bedeutung hinterfragen. Ein Paradebeispiel dafür, wie sich aus einer scheinbar einförmigen Anfangssituation unter Anwendung einer ebenso monotonen wie primitiven Vorgehensweise rätselhafte, abwechslungsreiche und schöne Strukturen entwickeln können, sind die Primzahlen.

# Ganz einfach: Mathematik

Schreiben Sie einfach die Zahlen von 2 bis irgendwo auf ein Blatt Papier und führen Sie dann folgende Schritte aus:
1.: Mit Ausnahme der Zahl 2 wird jede durch 2 ohne Rest teilbare Zahl durchgestrichen.
2.: Mit Ausnahme der Zahl 3 wird jede durch 3 ohne Rest teilbare Zahl durchgestrichen.
3.: Mit Ausnahme der Zahl 4 wird jede durch 4 ohne Rest teilbare Zahl durchgestrichen.
4.: Mit Ausnahme der Zahl 5 wird jede durch 5 ohne Rest teilbare Zahl durchgestrichen.
Usw.

Trifft man bereits am **Anfang** eines Auftrags auf eine bereits durchgestrichene Zahl, kann man schadlos zum nächsten Auftrag überwechseln. Beispiel: Sind bereits alle durch 2 teilbaren Zahlen (mit Ausnahme der 2) durchgestrichen, kann man es sich sparen, anschließend die durch 4 (oder 6,8, ...) teilbaren Zahlen nochmals durchzustreichen.

Was Zahlenwäscher am Ende in diesem Sieb vorfinden, sind die Primzahlen: 2, 3, 5, 7, 11, 13, 17, 19, 23, 29, 31, 37, 41, 43, 47, 53, 59, 61, 67, 71, 73, 79, ...

Von diesen speziellen Zahlen gibt es unendlich viele, wie bereits der griechische Mathematiker Euklid (300 v. Chr.) nachweisen konnte. In gewisser Weise stellen Primzahlen die Elementarbausteine des Zahlenreichs dar. Jede endlichen Folge von ganzen Zahlen, die sich wiederholen können und von denen die kleinste Null sein darf, bestimmt eindeutig eine ganze Zahl so wie umgekehrt jede ganze Zahl eindeutig eine derartige Folge bestimmt.

Beispiel: Die Folge 0, 2, 1, 1, 0, 3 bestimmt die Zahl $2^0 * 3^2 * 5^1 * 7^1 * 11^0 * 13^3 = 1 * 9 * 5 * 7 * 1 * 2197 = 692055$. Die Zahlen der Folge tauchen in dem Rechenausdruck in der genannten Reihenfolge als Exponenten der Primzahlen (in gleicher Anzahl und in natürlicher Reihenfolge) auf. Zudem macht sich bemerkbar, wie sinnvoll die für alle Zahlen Z geltende Festlegung $Z^0 = 1$ ist.

Zurück zur Folge kommt man, wenn man die Zahl 692055 in ihre Primfaktoren zerlegt, denn diese Zerlegung ist eindeutig. Wenn man so will, kann man die Primzahlen auch als die Koordinaten des unendlich-dimensionalen Raumes der natürlichen Zahlen 1, 2, 3, 4, 5, ... auffassen. **Beispielsweise** hat dann die Zahl

692055 (siehe oben!) die Koordinaten 0, 2, 1, 1, 0, 3. Primzahlen haben vielleicht auch die Blaupause für die Vermutung geliefert, dass sich die Vielfalt der materiellen Welt auf Elemente zurückführen und aus deren Eigenschaften erklären lässt. Bei der Suche nach den Wurzeln des Reduktionismus (Zurückführung auf Einfacheres / Wegerklären des Ominösen) kommt man an den Primzahlen nicht vorbei.

Bedenkt man die einfache und unkomplizierte Prozedur zur Gewinnung dieser Zahlen, so ist zu vermuten, dass sowohl ihre Anordnung als auch das auf ihnen basierende Zahlengebäude von klarer und einfacher Schönheit sind.

Dem ist nicht so!

Ihre Verteilung erscheint völlig willkürlich, also regellos, aperiodisch und nicht vorhersagbar. Auch alle Versuche, eine einfache Formel zu finden, die „ohne Wenn und Aber" ausschließlich Primzahlen liefert, sind gescheitert.

Die folgende Abb. 4 zeigt, wie die Primzahlen unter den ersten 100 Zahlen verteilt sind. Sollten Sie eine Regelmäßigkeit entdecken, von der Sie glauben, dass Sie damit das Auftauchen weiterer Primzahlen vorhersagen können, freuen Sie sich nicht zu früh. Der erste Ausreißer wird nicht lange auf sich warten lassen.

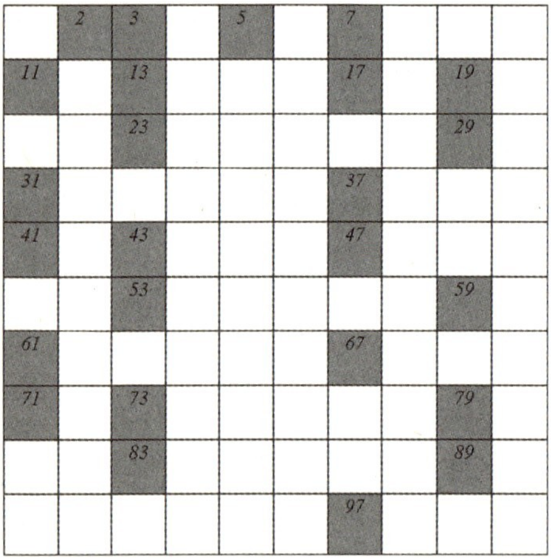

Abbildung 4

Zu meinen, einem regelmäßigen Muster käme ein höherer „Wert" zu als einem chaotischen, ist zu kurz gesprungen. Die Erzeugung eines regelmäßigen Musters erfordert keine Kreativität. Es beruht auf der fortgesetzten Wiederholung eines Grundgedankens. Eine regelmäßige Folge von Nullen und Einsen aufs Papier zu schreiben, ist langweilig und so wirkt auch das Ergebnis, wenn nicht ab und zu et-

## Ganz einfach: Mathematik

was Unerwartetes, Überraschendes auftaucht. Eine halbwegs passable Zufallsfolge aufs Papier zu bringen, ist dagegen schwer und auf Dauer sehr anstrengend, weil es Kreativität verlangt. Es gibt übrigens ausgezeichnete statistische Methoden, mit denen sich erkennen lässt, ob eine derartige Folge tatsächlich zufällig entstanden ist, oder ob die Zufälligkeit nur fingiert ist. Außerdem kann eine zufällige Folge einen großen Informationsgehalt besitzen, eine regelmäßige, einförmige dagegen nicht. Fazit: Gerade die zufällige Verteilung der Primzahlen unterstreicht ihre Bedeutung.

Die Parallelen sind kaum zu übersehen: hatten wir zuvor festgestellt, dass nur wenige einfache Anfangsbedingungen (Axiome) eine Fülle von Gesetzmäßigkeiten nach sich ziehen, die komplexe Strukturen beschreiben, so führte im Reich der natürlichen Zahlen die Anwendung einfachster Regeln zu einem komplexen (da zufälligen) Netz sonderbarer Zahlen.

In beiden Fällen steht das eigene (einfachen) Tun als verursachendes Element in keiner vernünftigen Relation zu dem, was es bewirkt (komplexes Resultat). Das ist äußerst erstaunlich.

Die klassische Antwort darauf besagt, dass hier sichtbar wird, wie aus Einfachem selbsttätig Höherwertiges entsteht. Reduktionismus in umgekehrter Richtung wird in dieser Auffassung gewissermaßen zum Schöpferprinzip hochstilisiert. Für mich ist das – wie an anderer Stelle dargelegt – keine zufriedenstellende Erklärung.

Nimmt man den Begriff der Einfachheit unter die Lupe, so zeigt sich, dass etwas unter einem bestimmten **Blickwinkel** einfach erscheinen kann, unter einem anderen aber nicht mehr. Auch das Bild der Entwicklung eines Samens, der ja auch zunächst bedeutungslos und unscheinbar wirkt, gibt ein brauchbares Beispiel ab. Generell kann man den Eindruck gewinnen, dass in den komplexen Endprodukten der **innere Aufbau der Startelemente** eine für uns verstehbaren Form angenommen hat.

Ohnehin ist es nichts Ungewöhnliches, wenn eine kleine Handlung unabsehbare Folgen hat. Ein winziger Riss in einer Membran kann eine Sturzflut auslösen, ein Sprung in einem unter Spannung stehenden Glas ein fortlaufendes Muster von Sprüngen usw. In allen Fällen ist die entscheidende Voraussetzung für die der Tat nicht entsprechenden Folgen, dass im Hintergrund des Geschehens schon eine höherwertige, energiereiche Struktur bereitsteht, deren Potential durch den kleinen Eingriff ausgelöst wird. Von einer im Hintergrund agierenden Größe ist jedoch bei dem herkömmlichen Ansatz keine Rede. Was permanent und gleichmäßig wirksam ist, bleibt in der Regel unsichtbar, wie uns lange Zeit auch der Druck der uns umgebenden Luft (1kg / cm$^2$) verborgen blieb.

Ein Beispiel: Der Bau einer 50km langen, schnurgeraden Autobahnstrecke dürfte in einer flachen Einöde keine größeren Probleme bereiten. In einer bergigen Kulturlandschaft taucht dagegen ein ganzes Bündel weiterer Schwierigkeiten auf (Lärmschutzauflagen, Rücksicht auf bedrohte Tierarten etc.). Das Erzwingen einer **„einfachen"** geraden Strecke ist für diesen Landschaftstyp mit ganz erheblichen Folgen verbunden, die in keinem Verhältnis zum Erscheinungsbild der fertigen Autobahn stehen. Immerhin dürften den Planern nach Abschluss der Arbeiten die Augen für ihre Umgebung aufgegangen sein.

Im Beispiel ist die Autobahn eine Metapher für ein oder wenige einfache, unscheinbare Axiome, denen eine Flut von Lehrsätzen auf dem Fuß folgt. Die „Kulturlandschaft" steht für die Realität, in die wir eingebettet sind, und deren wir uns offenbar nur wenig bewusst sind. Diese Realität ist viel komplexer, als wir meinen.

Damals war ich Anfang 20, als sich bei mir der Eindruck verdichtete, dass das Phänomen der Primzahlen (Komplexes geht aus Einfachem hervor) keinen Einzelfall darstellt, sondern dass hier ein allgemeines Prinzip zum Ausdruck kommt, dessen Auswirkungen vielerorts sichtbar sein müssen, wenn man nur hinschaut. Der Jagd nach einem Beweis für diese Vermutung fiel damals viel Papier zum Opfer und noch mehr Zeit. Nach endlosen vergeblichen Anläufen hatte ich die Idee, das mich faszinierende Phänomen der Selbstähnlichkeit bei der Suche mit ins Spiel zu bringen. Das Ergebnis kennen Sie bereits. Es ist die schon beschriebene Folge $\underline{\boldsymbol{F}}$:
0 0 1 0 0 1 1 0 0 0 1 1 0 1 1 0 …

Das Erste, was mir an meinem Fundstück auffiel, war ihr chaotisches Verhalten, also genau das, was ich gesucht hatte. Mir war klar, dass eine Veröffentlichung genau jene Strömung verstärken würde, die ich ablehnte. Also unterließ ich das. Es hätte geheißen: „Da sieht man es doch, was alles aus einfachsten Anfangsbedingungen heraus entstehen kann". Und später – nach der Entdeckung der Chaostheorie (Mandelbrot) und der Etablierung von Forschungsgebieten wie dem der Selbstorganisation und der Autopoiesis (Selbsterschaffung) – vertraten tatsächlich viele Wissenschaftler diese Auffassung. Wenn heute von künstlicher Intelligenz, sich selbst programmierenden Robotern und der Schaffung von künstlichem Bewusstsein die Rede ist, zeigt das, dass die Debatte aktueller und brandgefährlicher ist denn je.

## Ganz einfach: Mathematik

Die Beschreibung der Folge $F$ könnte lauten: Überwiegend geordnetes Gesamtmuster mit spärlichen irregulären Einsprengseln. Nicht alles, sondern nur **fast** alles unterliegt starren, mechanischen und monotonen Gesetzen. Dadurch wird die Folge in gewisser Weise zu einem Sinnbild unserer Realität.

Mit meiner Geschichte möchte ich insbesondere eventuelle Nachahmer ermutigen. Ein erfolgreicher Schritt ins Unbekannte wird stets mit mehr als nur einem einzelnen Fundstück belohnt. Werden Sie gezwungen, eine neue Tür zu öffnen, entdecken Sie dahinter nur das, was man ihnen zuvor gesagt hat. Haben Sie diese Tür dagegen selbst – u.U. gegen Widerstände von außen – gefunden und unter Mühen geöffnet, dann erkennen Sie, dass sich auch ihre Augen geöffnet haben, mit denen Sie eine neue Welt erblicken.

Etwas prosaischer kann man derartige Entdeckungen auch mit dem Einreißen eines sehr harten Kartons am Rand vergleichen. Ist das erst einmal geschehen, fällt es in der Regel nicht schwer, auch den restlichen Bogen mit der Hand zu zerreißen.

**Schlussbemerkung**: Was als normal zu **gelten** hat, ist oft das Ergebnis heftiger sozialer Konflikte. Ist das erst einmal festgezurrt, wird es zur Selbstverständlichkeit, und Abweichler werden bestenfalls mit einem Kopfschütteln bedacht.

Was also ist normal / der Normalfall? Ein Beispiel dazu: Selbstbezügliche Strukturen (auf die z.B. Mandelbrot hingewiesen hat und meine eigene Entdeckung) **sind** der Normalfall. Nur wurde lange Zeit um sie ein großer Bogen gemacht, weil sie unserer althergebrachten / gewohnten Denkweise nicht entsprechen.

Der Entdeckung chaotischer Systeme stand die unausgesprochene Grundüberzeugung der Mathematiker entgegen, ihre Disziplin sei ein Hort oder die Bastion der Ordnung. Im Licht der neuen Entdeckungen muss man aber sagen, dass die Ordnung des Geistes nichts mit der monotonen Ordnung / Disziplin des Kasernenhofs zu tun hat. Echte Ordnung ist kreativ, vielseitig und nicht „einfältig". Bunte Vielfalt ist bei der Mathematik gut aufgehoben, weil diese Wissenschaft in besonderer Weise der Redlichkeit des Denkens verpflichtet ist. Sie steht für den gewissenhaften Umgang mit Denkinhalten, für das Aufdecken von Zusammenhängen sowie für das Treffen klarer Unterscheidungen. Letzteres hilft, eine böswillige Vermengung der Farben zu verhindern, was im Endeffekt zu einem toten Grau führen würde, der Farbe, die dem Grauen ihren Namen geliehen hat.

# Namenstag

## Niemand

Das Kapitel hätte es verdient, am Anfang des Buchs zu stehen. Aber so ist das eben: Wir lernen ja auch laufen, lange bevor wir in der Lage sind, die damit verbundenen Vorgänge zu analysieren.

In ihrer ursprünglichen Version beziehen sich Namen auf Personen, denen sie in **eindeutiger** Weise zugeordnet sind. Wenn etwa von Jens die Rede ist, sollte im aktuellen Zusammenhang keine weitere Person dieses Namens vorkommen.

Von der Benennung von Personen ist es dann nicht weit zur Benennung von Orten, Gefühlen, Gegenständen, Objektmengen, Eigenschaften und allem, worauf man die Aufmerksamkeit lenken möchte. Allgemein gesprochen sind Namen Signale, welche Wahrnehmung / Interesse / Aufmerksamkeit auf **einen** bestimmten Ausschnitt der Wirklichkeit lenken – ihn hervorheben. Signale sind immer sprachlicher Natur.

Auch wenn uns etwa der Name einer Person (oder Sache) einmal entfallen sein sollte, geht die Welt nicht unter. Stellen Sie sich eine längere Warteschlange von Menschen vor. Einem Freund möchten sie etwas über einen entfernten Bekannten erzählen, der sich dort eingereiht hat. Dass ihnen in diesem Moment dessen Namen nicht einfällt, schadet ohnehin nicht, wenn ihr Gesprächspartner nicht weiß, wer damit gemeint ist. Dann sind Erklärungen wie „der Achte in der Reihe" oder „der Herr im grünen Sakko" völlig ausreichend, um als vollwertiger Ersatz für den Namen zu dienen. Nichts hält uns also davon ab, derartige Umschreibungen ihrerseits als Namen aufzufassen.

Abgesehen von ihrer Länge können derartige Beschreibungen noch mit weiteren Nachteilen verbunden sein. Durch die Wahl aus einem ganzen Bündel ebenfalls möglicher Formulierungen (und den damit verbundenen Sichtweisen) werden – im Gegensatz zu den üblichen Kurznamen - unter Umständen mehr Informationen preisgegeben als erwünscht, weil der Hörer neben der eigentlichen Aussage auch aus der Wahl selbst seine Schlüsse ziehen wird. Außerdem kann es für einen Berichterstatter schwer werden, einen neutralen Standpunkt einzunehmen, sofern es den überhaupt gibt.

# Namenstag

Ein Fazit kann bereits gezogen werden: Ein Mensch hat in der Regel sehr viele verschiedene Namen. Abgesehen von Rufname, Familienname, Spitzname, Künstlername, Kosename usw. gibt es für jede Person eine Unmenge von **Beschreibungen**, die – situationsgebunden – auf ihn und nur auf ihn zutreffen und daher als legitime, wenn auch nur flüchtige Namen Verwendung finden können. Einige Beschreibungen können ausgesprochen umfangreich sein. Im Falle eines Kriminalromans, bei dem es darum geht, einen Täter zu entlarven, kann diese Beschreibung ein ganzes Buch einnehmen. Nicht selten geht der Name des Entdeckers in den Namen seiner Entdeckung ein wie beispielsweise beim „Satz des Pythagoras". Wenn man so will, stellt die Formel „$a^2 + b^2 = c^2$" ebenfalls einen Namen für diese Eigenschaft rechtwinkliger Dreiecke dar. Dass dieser Name zugleich ein Werkzeug ist, um den benannten Gegenstand zu erforschen, ist eine typisch mathematische Besonderheit.

So weit so gut. Aber was ist mit „**Wer vom Schinken genascht hat**, soll sich melden!"? Der fett hervorgehobene Teil des Befehls lässt sich als Beschreibung einer bestimmten Person und damit als einer ihrer möglichen Namen auffassen. Dumm nur, dass sich unter Umständen mehrere Personen am Schinken vergriffen haben. Dann hätten wir es mit einem Namen für eine Menge von Personen zu tun. Ziehen wir noch die Möglichkeit in Betracht, dass der Schinken bereits mit Mängeln angeliefert wurde und niemand genascht hat, haben wir mit obiger Formulierung einen Namen, der das Nichts benennt.

„Rotkäppchen" ist der Name einer Märchenfigur, also eines menschlichen Wesens, das nur in der Phantasie existiert. Ähnlich ist es mit „Zwerg Nase" und „Rumpelstilzchen". Auch Gefühle, Bewegungsabläufe und Zusammenhänge haben Namen oder lassen sich zumindest durch Umschreibungen fokussieren, die als Namen fungieren.

Wie dem auch sei: Warum sollte es Zahlen besser oder schlechter ergehen als Personen? „Ein Dutzend", „zwölf", „$100 - 88$", „Die positive Zahl, deren Quadrat 144 ergibt", „Die Anzahl gleichgroßer regelmäßiger Fünfecke, die benötigt werden, um daraus einen geschlossenen Körper zu bilden", usw. All diese Ausdrücke sind Namen der Zahl 12. Zudem sind sie nicht willkürlich gewählt, sondern geben verschiedene Facetten oder Aspekte dieser Zahl wieder. Wie die Formel für den Satz des Pythagoras sind diese Namen hochkarätige Werkstücke und Werkzeuge, die in ihrer Gestalt wichtige Antworten bereithalten.

Nicht ganz so harmlos verhält es sich mit Namen für Gegenstände, die einen ungewissen Status haben, bei denen man aber gezwungen ist, mathematisch präzise und belastbar zu argumentieren. Ein derartiger Name könnte lauten: „Die Zahl der roten Kugeln in dieser Urne". Um als Name korrekt zu sein, muss ich weder wissen, wie viele rote Kugeln in dem Behälter sind, noch muss er überhaupt eine Kugel enthalten. Nun ist es innerhalb eines längeren Beweisganges mehr als lästig, immer wieder von der „Zahl der roten Kugeln in dieser Urne" sprechen zu müssen.

Dieses Problem löst die Mathematik, indem sie einen Buchstaben oder ein **beliebiges** anderes Zeichen als neuen **Namen** für die besagte Zahl roter Kugeln einführt. Vermute ich beispielsweise, dass sich neben den roten auch schwarze Kugeln in dem Gefäß befinden, und wurden die entsprechenden Zahlen mit r bzw. mit s benannt, kann ich für eine eventuell folgende Rechnung gleich „küchenfertig" formulieren, dass die Urne r + s Kugeln enthält. Nach einer allgemeinen Übereinkunft ist **dann** das zusammengesetzte Zeichen r + s ein gültiger Name für die Gesamtzahl der Kugeln.

Wenn ich nun sage „Wähle eine beliebige Zahl x. Addiere sodann x zu 100.", dann beinhaltet bereits der erste Satz eine Definition des Zeichens „x", das dadurch zu einem legitimen Namen für die gedachte Zahl wird. Das hat zur Folge, dass im weiteren Verlauf des Textes unter „x" nicht einmal diese und dann eine andere Zahl verstanden werden darf. Hatte ich z.B. die 9 gewählt und war x dadurch zum Namen für diese Zahl geworden, wird x + 100 automatisch zu einem Namen von 109.

Namen sind Zangen, mit denen wir die Gegenstände unseres Geistes greifen, fixieren und bearbeiten können.

## Besuch in der Namensschmiede

Damit sind die Voraussetzungen dafür geschaffen, die übliche Schreibweise für die Addition von (Natürlichen) Zahlen korrekt formulieren / definieren zu können:

Sind x und y zwei beliebige Zahlen (und sind damit „x" und „y" die Namen dieser beiden beliebigen Zahlen x und y), dann soll das aus den beiden Namen „x" und „y" und einem zusätzlichen „+"-Zeichen gebildete / zusammengesetzte neue Zeichen „x + y" der Name derjenigen Zahl sein, die man erhält, wenn man x und y addiert. Genau das ist gemeint, wenn stark verkürzt gesagt wird, dass x + y die Summe von x und y ist.

## Namenstag

Zur Illustration: Die Vorgänge auf der Ebene der Namen sowie auf der Ebene des Benannten mit ihren jeweiligen Operationen.

Auf der **Zeichenebene** müssen Sie die Anführungszeichen ausblenden und ihren Inhalt nur noch als reine Schreibfiguren ansehen. Auf der **Objektebene** müssen Sie das, was Sie **sehen**, ausblenden und nur noch das „sehen", was damit gemeint ist.

| Zeichen-Ebene: | „x" | „y" | „+" | Zusammenbau der drei Zeichen zu einem **neuen**: | „x+y" |
|---|---|---|---|---|---|
| | ↓ | ↓ | ↓ | ↓ | ↓ |
| Beispiel auf Objektebene: | 7 | 9 | Additions-Befehl | Rechnung: | 16 |

Wo kommen Namen eigentlich her? Bekanntermaßen ist die Taufe nicht die einzige Gelegenheit, bei der Namen vergeben werden.

Bei der „Definition" mathematischer Gegenstände wie Geraden, Punkten, Mengen, Gruppen, Relationen usw. trifft man auf ein weiteres interessantes Phänomen.

Unter der Bezeichnung „Axiom" wird da festgezurrt, wann man von einer Geraden sprechen kann. Definitionen üblicher Machart erklären ihren Gegenstand in der Regel nicht unter Bezugnahme auf das zu Erklärende selbst.

Ein Beispiel: **Ein Tornado ist** eine in einem relativ kleinen Kern extrem rasch rotierende Luftmasse, die sich aus den Wolken bis zum Boden herabsenken kann und dort …" Sie bemerken, dass im Text nach dem Wort „ist" das Wort „Tornado" nicht mehr auftaucht.

Ganz anders ist das bei der Geraden: Im entsprechenden Axiomen wird ausgeführt, dass es zu zwei verschiedenen Geraden höchstens einen gemeinsamen Punkt gibt, der auf ihnen beiden liegt. Es wird also nicht gesagt, was die Dinge sind und wie sie sich aus anderen bereits bekannten Gegenständen beschreiben lassen, sondern nur, wie sie sich untereinander verhalten.

# Logik

## Wissen, was man tut

Schlussfolgerungen ziehen wir den lieben, langen Tag und das mit einer Routine, die es fast abwegig erscheinen lässt, darnach zu fragen, wie wir eigentlich vorgehen. Nicht jeder hat es dabei belassen. Auf der Suche nach einer verlässlichen Basis für unser Denken und Reden ist man schon vor langer Zeit auf einen Satz von Regeln gestoßen, die eingehalten werden sollten, damit Argumentationsketten nicht scheitern. Das Herunterbrechen der Sprache auf sichere Haltepunkte legte elementare Figuren frei, die ihre Entsprechung in unserem logischen Denken haben.

Allerdings hat die Reduktion des Denkens auf elementare Komponenten auch ihren Preis. Die Anwendung der Gesetze der Logik setzt eine gewisse Zurichtung / Skelettierung der gedanklichen Gegenstände voraus, so wie ein Baumstamm erst entrindet und zugeschnitten werden muss, bevor der Hobel angesetzt werden kann.

Die Grundbausteine der zweiwertigen Logik sind sprachliche Äußerungen (sogenannte **Elementaraussagen**), denen genau einer der beiden Werte wahr bzw. falsch zukommt. Insofern sind die Äußerungen „Morgen geht wieder die Sonne auf" und „Es gibt keine größte Primzahl" logisch gleichwertig, weil beide zutreffen. Mittels bestimmter Verbindungswörter (Junktoren) wie „und", „nicht", „oder", „folgt" usw. können dann aus derartigen Elementaraussagen komplexere Aussagen gebildet werden.

Die Beschäftigung mit dem extrem verkleinerten sprachlichen Repertoire erscheint zunächst müßig, besonders wenn man erfährt, dass man so zu Weisheiten wie „Morgen geht die Sonne auf **oder** morgen geht die Sonne **nicht** auf" gelangt. Aber der erste Eindruck täuscht wieder einmal. Aufeinandergestapelt ergibt die Anwendung der wenigen zulässigen formalen Operationen ein beachtliches Gebäude, das nur mit speziellen Mitteln zu verstehen ist. Im Gegensatz zu Menschen können sich Computer auf diesem Terrain mit Leichtigkeit bewegen. Gerade deshalb sollten wir versuchen, hinter die Kulissen zu blicken, einmal, um auf Alles vorbereitet zu sein und schließlich auch, um nicht unsere eigenen Fähigkeiten auf diesem Gebiet verkümmern zu lassen. Zur Resignation besteht kein Grund – nie.

Logik

## Im Gleichschritt – Primat der Form

Die Schreibweise und das Verständnis der Verbindungswörter sind in der Sprache der Logik wie folgt festgelegt:

- $A \wedge B$ : Sind A und B zwei Aussagen, dann soll $A \wedge B$ der Name derjenigen Aussage sein, die genau dann wahr ist, wenn A **und** B beide wahr sind.
- $\overline{A}$ : Ist A eine Aussage, dann soll $\overline{A}$ der Name derjenigen Aussage sein, die genau dann wahr ist, wenn A **nicht wahr** ist.
- $A \vee B$ : Sind A und B zwei Aussagen, dann soll $A \vee B$ der Name derjenigen Aussage sein, die genau dann wahr ist, wenn mindestens eine der Aussagen A **oder** B wahr ist. Entgegen dem üblichen Gebrauch des Wortes „oder" umfasst das auch die Möglichkeit, dass A und B beide wahr sind.
- $A \rightarrow B$ : Sind A und B zwei Aussagen, dann soll $A \rightarrow B$ der Name derjenigen Aussage sein, die genau dann wahr ist, wenn B aus A **folgt** (wenn nicht A wahr und B falsch ist).
- $A \equiv B$ : Sind A und B zwei Aussagen, dann soll $A \equiv B$ der Name derjenigen Aussage sein, die genau dann wahr ist, wenn A und B beide den **gleichen Wahrheitswert** haben.

Welchen Wahrheitswert zusammengesetzte Aussagen besitzen, lässt sich folglich dadurch ermitteln, dass man die in ihnen vorkommenden Einzelaussagen mit deren Wahrheitswerten w oder f (wahr oder falsch) belegt und das Ergebnis anhand des obigen Regelwerks beurteilt.

Nichts hält uns davon ab, auch bereits zusammengesetzte Aussagen durch Junktoren zu Aussagen von höherer Komplexitätsstufe zu verknüpfen.
   Die spärlichen Mittel haben ein beachtliches Potential:
   Bezeichne ich die (wahre) Aussage „Die Erde ist rund" mit „A" und die (falsche) Aussage „5 ist eine gerade Zahl" mit „B", dann sind nach unserer obigen Vorschrift folgende Aussagen wahr:

$\overline{B}, A \wedge \overline{B}, A \wedge A, A \vee B, B \rightarrow A, B \rightarrow B, A \equiv \overline{B}, A \vee \overline{A}, B \vee \overline{B}$,
usw.

Die beiden letzten Aussagen haben es in sich: Sie gelten unabhängig vom Wahrheitswert der Elementaraussagen, aus denen sie gebildet sind. Stellt man sich den mit kleinem Buchstaben „x" geschriebenen Ausdruck $x \vee \overline{x}$ als eine reine Form vor, in die für den Platzhalter x eine beliebige Aussage (unabhängig von ihrem Wahrheitswert) eingesetzt werden kann, dann führen solche Ersetzungen stets zu wahren Aussagen. Aussagen dieser Art werden als **Tautologien** bezeichnet.

$B \rightarrow B$ ist übrigens auch eine Tautologie, denn $x \rightarrow x$ trifft immer zu, unabhängig vom Wahrheitswert der Aussage, die den Platz von x einnehmen mag. Auf der Allgemeingültigkeit von $x \rightarrow x$ beruhen (wahre, wenn auch genervte) Aussprüche wie: „Wenn die Erde flach ist, dann ist sie flach, und wenn sie rund ist, dann ist sie rund. Mit reiner Verachtung sollte man aber Tautologien nicht begegnen, repräsentieren sie doch Fälle, in denen die Wahrheit einer sprachlichen Äußerung nicht vom Inhalt ihrer Bausteine abhängt, sondern nur von der **Form ihrer Zusammensetzung**. Und das ist erstens an sich schon bemerkenswert und zweitens werden wir sehr bald auf Tautologien stoßen, denen ihr Sosein nicht so leicht anzusehen ist und die uns dabei helfen hieb- und stichfeste Argumentationsketten eines bestimmten Typs zu erzeugen.

Die Verneinung einer Tautologie ist logischer Weise immer falsch und zwar ebenfalls unabhängig vom Wahrheitswert ihrer Einzelteile. Man bezeichnet sie als **Kontradiktion**.

Rein **inhaltlich** betrachtet hat die doppelte Verneinung einer Aussage X denselben Wahrheitswert wie die Aussage selbst und zwar gleichgültig, ob sie nun selbst wahr oder falsch ist.

Die Behauptung lässt sich verifizieren, indem man für X die beiden möglichen Wahrheitswerte einsetzt. Man erhält dann:

Nicht (nicht wahr) = nicht falsch = wahr bzw.
$\overline{\overline{w}} = w$ und

Nicht (nicht falsch) = nicht wahr = falsch bzw.
$\overline{\overline{f}} = f$ .

Generell gilt also:
(1) $\overline{\overline{X}} \equiv X$
für jede beliebige Aussage X. Das ist eine Tautologie.

## Logik

Unversehens sind wir von der inhaltlichen auf die **formale** Ebene übergewechselt, denn Formel (1) zeigt, dass doppelte Überstreichungen weggelassen oder hinzugefügt werden können, ohne den Wahrheitswert eines Ausdrucks zu ändern. Das Rezept kann man ausführen, ohne die blasseste Ahnung davon zu haben, was man da eigentlich tut. Das können auch Maschinen, sie sind darin wahre Meister.

Auf zum nächsten Gipfel:
Wenn ich sage, dass aus einer Aussage A eine Aussage B folgt, dann bedeutet das nach unserer Definition der Junktoren, dass nicht gleichzeitig A wahr und B falsch sein darf. In der Kurzschrift der Logik lautet das

(2) $(A \rightarrow B) \equiv \overline{A \wedge \overline{B}}$,

Weil wir dabei auf Definitionen aufbauen, sollte das natürlich zutreffen. Prüfen Sie beispielsweise den Fall
A = w und B = w nach, führt das zu

$(w \rightarrow w) = \overline{w \wedge \overline{w}}$.

Der linke Ausdruck ist nach Definition der Folgerungsbeziehung wahr. Der rechte Ausdruck geht aufgrund der Definition der Negation in $\overline{w \wedge f}$ über und dieser Term wiederum (da der $\wedge$-Junktor einen falschen Wert berührt) in $\overline{f} = w$.

Etwas Geduld vorausgesetzt kann der Beweis der Gleichheit von linker und rechter Seite von Gleichung (2) nach diesem Muster auch für die restlichen 3 Fälle (A = w und B = f, A = f und B = w sowie A = f und B = f,) geführt werden. Demnach ist auch (2) eine Tautologie.

Nicht anders – und ebenso erfolgreich – ist das Prozedere zum Beweis der ebenfalls allgemeingültigen / tautologischen Formeln

(3) $(A \rightarrow B) \rightarrow (\overline{B} \rightarrow \overline{A})$ und

(4) $\overline{A \wedge B} \equiv \overline{A} \vee \overline{B}$.

Anders als im Fall der Tautologie $A \vee \overline{A}$ fallen Beispiele zu (3) nicht mehr so trivial aus:

**Wenn** Wasser bei Zimmertemperatur flüssig ist, kann ein Eiswürfel nicht Zimmertemperatur besitzen.
Auch die Bedeutung von (4) lässt sich nicht einfach abtun:
Peter und Paul sind genau dann nicht beide jünger als 20 Jahre, wenn wenigstens einer der Beiden über 20 ist.

Besonders wichtig sind Tautologien der Form
(5) $((x \rightarrow y) \land (y \rightarrow z)) \rightarrow (x \rightarrow z)$,

wenn man sich nicht erkälten möchte, denn:
Wer eine dünne Eisdecke betritt, bricht ein. Wer auf dem Eis einbricht, erkältet sich. Daraus folgt, dass das Betreten dünner Eisdecken (zumindest) eine Erkältung nach sich zieht.

Da (4) als Tautologie für beliebige Belegungen mit Wahrheitswerten gilt, kann man dort anstelle von B auch $\overline{B}$ verwenden und erhält so:
$$\overline{A \land \overline{B}} \equiv (\overline{A} \lor \overline{\overline{B}}) \equiv (\overline{A} \lor B).$$

Die linke Seite dieses Ausdrucks ist mit dem rechten Teil von (2) identisch. Folglich kann letzterer durch $(\overline{A} \lor B)$ ersetzt werden:
$(A \rightarrow B) \equiv (\overline{A} \lor B)$.

Ohne Zuhilfenahme inhaltlicher Vorstellungen wurde hier auf rein formaler Ebene eine Beziehung abgeleitet / bewiesen, deren Interpretation ohne Übung schon etwas Kopfzerbrechen bereitet.
Aus Raumgründen können in diesem Buch kaum mehr als winzige Kostproben der Macht des Formalismus gegeben werden. Aber immerhin lassen sie bereits erahnen, dass mit einem geeigneten maschinellen Kalkül alle möglichen Tautologien erzeugt werden können, ohne von der Bedeutung dessen, was da geschieht, auch nur die geringste Ahnung zu haben.

Vorbehaltlich meiner Warnung gegenüber einem leichtfertigen formalen „Denken" als einer Tätigkeit, die bei Maschinen besser aufgehoben ist: In einigen Fällen „fährt" man besser, wenn man die Kraft der Wellen bewusst nutzt, anstatt gegen sie anzukämpfen. In unserem Fall heißt das, die Form selbst zum Inhalt / zum Gegenstand der Betrachtung zu machen. So lange man darüber nicht vergisst, von wo aus man aufgebrochen ist und man sich nicht selbst verliert, geht das in Ordnung.

## Einer für alle: Sheffers Operator

Beim Anblick von $(A \to B) \equiv (\overline{A} \vee B)$ am Ende des letzten Abschnitts mag dem Leser der Gedanke gekommen sein, dass sich mit Hilfe dieser Gleichung alle Vorkommen von „$\to$" in Aussagen durch die Junktoren $\vee$ und $\overline{\Box}$ ausdrücken lassen.

Auch der Junktor $\wedge$ lässt sich durch diese beiden ersetzen. Dazu geht man von $\overline{A \wedge B} \equiv \overline{A} \vee \overline{B}$ aus und negiert dort die rechte und linke Seite:

$A \wedge B \equiv \overline{\overline{A} \vee \overline{B}}$.

Kein Wunder, dass man versucht hat, alle Junktoren mithilfe eines einzigen auszudrücken, um die von einer solchen Normierung erhofften Vorteile nutzen zu können.

Um es vorab zu sagen: Keiner der in unserem Katalog genannten Junktoren vermag das.

Einer, der das aber leistet, ist der nach seinem Entdecker benannte Shefferschen Strich „|". Mit seiner Hilfe lassen sich alle anderen Junktoren darstellen.

Seine **inhaltliche Definition** lautet:
- Sind A und B Aussagen, dann soll $A | B$ diejenige Aussage benennen, die genau dann **wahr** ist, wenn mindestens eine der beiden Einzelaussagen **falsch** ist.

Bei entsprechender Belegung von A und B läuft das auf folgende Wahrheitstabelle hinaus:

$w | w$ = f,

$w | f$ = w,

$f | w$ = w und

$f | f$ = w.

Lesen Sie „... = w" bzw. „... = f" als „... ist wahr" bzw. „...ist falsch", so nehmen Sie die inhaltliche Sichtweise ein.

Sie können die Auflistung aber auch ganz einfach als Definition der Arbeitsweise eines kleinen Automaten namens „|" auffassen. Links vom „=" lässt sich dann der aus zwei Werten bestehende Input und rechts der Output ablesen.

Das ist eine rein formale Sichtweise, bei der man nicht mehr an die Interpretation von w als wahr und f als falsch gebunden ist. Damit winkt die Möglichkeit / Versuchung, auch einmal ganz andere Interpretationen auszuprobieren. Der Spur werden wir im nächsten Kapitel folgen.

Mit Hilfe der bereits eingeführten Junktoren kann die obige Definition formal wie inhaltlich ausgedrückt werden durch

(1) $(a \mid b) \equiv (\overline{a} \vee \overline{b})$.

(Interpretiert als: mindestens eine der Aussagen a oder b ist falsch)

Ich hatte eingangs darauf hingewiesen, dass man mit Sheffers Strich in der Lage ist, alle übrigen Junktoren auszudrücken und sie damit gegebenenfalls zu ersetzen. Das macht ihn natürlich zu einem Liebling der digitalen Elektronik, weil er es erlaubt, beliebige logische Verknüpfungen durch einen einzigen Standardbaustein darzustellen.

Dass „|" die behaupteten Fähigkeiten besitzt, kann hier nur angedeutet werden.

Als Definition kommt dem Ausdruck (1) zwangsläufig die Eigenschaft zu, allgemeingültig zu sein. Daher kann man für b auch den Wert von a wählen, also b durch a ersetzen und erhält so

$(a \mid a) \equiv (\overline{a} \vee \overline{a}) \equiv \overline{a}$

Von rechts nach links gelesen heißt das, dass jeder beliebige Ausdruck $\overline{A}$ als $A \mid A$ geschrieben werden kann:

$\overline{A} \equiv (A \mid A)$.

Weitere allgemeingültige Formeln, die zur Vereinheitlichung der Ausdrucksweise geeignet sind, lauten:

$(A \vee B) \equiv ((A \mid A) \mid (B \mid B)$,

$A \wedge B \equiv ((A \mid B) \mid (A \mid B))$ und

$(A \rightarrow B) \equiv (A \mid (B \mid B))$.

Der Nachweis der Gültigkeit dieser Tautologien ist beispielsweise tabellarisch möglich, indem alle Möglichkeiten durchgespielt werden, A und B mit den Wahrheitswerten w bzw. f zu belegen.

Erinnern Sie sich noch daran, wie „einfach und harmlos" alles mit einigen wenigen Tautologien anfing. Aber was ist schon „einfach", was verbirgt sich hinter einer glatten Fassade? Das Wort „Nur" kann blenden und dort Akzeptanz einfordern, wo kritische Fragen angebracht wären.

In Sachen Logik hat der erste Eindruck jedenfalls völlig getäuscht, was im Reich der Formen keine Ausnahme ist. Ebenfalls nicht verwunderlich ist es daher, dass in der indischen Mythologie Maya, die Göttin der Illusion, auch als Schöpferin der Materie gilt.

## Umdeuten: Jenseits von wahr und falsch

Bereits im letzten Kapitel wurde angedeutet, dass sich logisches Denken auch im Gewand von Sprachen verkörpern kann, die aus ganz anderen Anwendungen hervorgegangen sind. Beispielsweise lassen sich logische Inhalte sehr gut in der Sprache der Arithmetik ausdrücken, wie nun gezeigt werden soll.

Ein genauerer Blick auf die Definitionen der Junktoren verrät, dass ihre **Funktionsweise** auch losgelöst von den spezifischen Vorstellungen erklärt werden kann, die sonst mit den Wörtern „wahr" und „falsch" verbunden ist. Bereits an früherer Stelle hatte ich darauf hingewiesen, dass die Arbeitsweise der Junktoren derjenigen kleiner Automaten bzw. Funktionen entspricht, die nach Eingabe bestimmter Werte an den entsprechenden Eingabeplätzen (Variablen) die jeweiligen Antworten liefern.

Die mit der Einnahme des formalen Standpunktes verbundene Loslösung von der gängigen Bedeutung der Zeichen „w" und „f" erlaubt es, der Phantasie (fast) freien Lauf zu lassen: warum sollten wir die beiden Zeichen nicht als die Zahlen Eins und Null interpretieren können? Diese (weitgehend willkürliche) Zuordnung ($w \longleftrightarrow 1$ und $f \longleftrightarrow 0$) würde eine Basis für die Beobachtung von Analogien zwischen der logischen und rechnerischen Ebene schaffen. Dieser Ansatz wird nun weiter verfolgt.

Was allerdings noch fehlt, sind die rechnerischen Gegenstücke für die Junktoren. Wir werden sie ebenfalls als kleine Automaten auffassen, die, um überhaupt brauchbar zu sein, eine funktionale Ähnlichkeit mit ihren logischen Pendants besitzen müssen. Dazu werden die Stellen für den In- und Output auf beiden Seiten durch die gleichen Variablen repräsentiert.

Erkenntnisse werden sich nur dann verlustfrei von einem Reich ins andere übertragen lassen, wenn folgende Bedingung erfüllt ist: Jedes aus einem logischen und einem rechnerischem Automaten gebildete Paar muss auf analoge Eingabewerte mit analogen Ausgabewerten antworten. Zum Start unserer Exkursion steht es uns noch frei, die Entsprechungen w als 1 und f als 0 zu fordern. Liefert dann beispielsweise ein logischer Junktor bei der Belegung seiner Eingabe-Variablen a und b mit den Werten w und f den Ausgabewert f, dann muss sein rechnerisches Gegenstück den Wert 0 liefern, wenn bei ihm die Variable a mit 1 und die Variable b mit 0 belegt wurde.

Vom Gegenstück der logischen Negation ($\overline{x}$) werden wir verlangen, dass es den Eingabewert 1 in die 0 verwandelt und für den Eingabewert 0 in die 1 ausgibt.
Wie steht es mit 1 - x?
Wir vergleichen dazu das logische Ein- und Ausgabeverhalten von „$\overline{x}$ mit dem rechnerischen Ein- und Ausgabeverhalten von 1 - x":
Ersetzt man x durch w bzw. durch 1 erhält man $\overline{w} = f$ bzw. 1 − 1 = 0.

Ersetzt man x durch f bzw. durch 0 erhält man $\overline{f} = w$ bzw. 1 − 0 = 1.

Perfekt! Wir wissen also nun, *dass der logische Junktor „nicht" (symbolisch als „☐"* geschrieben) *im Zahlenraum der Menge {0,1} durch die Funktion*
(1)   y = 1 - x
repräsentiert werden kann.

Das Gegenstück zum zweistelligen „und"-Junktor, dem „∧" lässt sich fast noch leichter finden, wenn man berücksichtigt, dass eine durch *und* zusammengesetzte Aussage bereits dann falsch ist, wenn auch nur eines ihrer Bauteile falsch ist. Nur wenn beide Einzelaussagen wahr sind, ist sie auch selbst wahr. In die neue Lesart übertragen, wird eine zweistellige Funktion gesucht, die den Wert 0 annimmt, wenn auch nur einer ihrer Eingabewerte (0 bzw. 1) gleich Null ist. Ansonsten soll sie den Funktionswert 1 annehmen.

Wie wäre es mit z = x * y? Der Test spricht für sich selbst:

$w \wedge w = w$   entspricht 1*1=1

$w \wedge f = f$   entspricht 1*0=0

$f \wedge w = f$   entspricht 0*1=0

$f \wedge f = f$   entspricht 0*0=0

**Fazit:** *Auch hier können Sie die links stehenden Zeichenketten logischen Inhalts als die rechts angegebenen Zahlenbeziehungen* **lesen**. *Dadurch wird man in die Lage versetzt, den eigenen Standpunkt auf die Ebene der Zahlenarithmetik zu verlagern und von dort aus über logische Sachverhalte zu reden. Anders ausgedrückt: Die Sprache der Zahlen, von der aus wir die Welt dann anschauen, wird zur Sprache, in der wir über Logik nachdenken und sprechen können. Natürlich ist auch der umgekehrte Standpunkt möglich, der die rechts ausgedrückten Zahlenbeziehungen als Aussagen über logische Beziehungen interpretiert / liest. Bestimmte Erkenntnisse, die im Reich der Logik eventuell leichter zugänglich sind, lassen sich anschließend wieder als Antworten auf Fragen über Zahlenbeziehungen zurückübersetzen.*

Konkret haben wir jetzt die zusätzliche Erkenntnis gewonnen, dass der logische Junktor „und" („$\wedge$") im Zahlenraum der Menge {0,1} durch die Funktion z = x* y wiedergegeben wird.

Die Reise hat uns zu einem kleinen Juwel geführt. Wer es genau anblickt, erkennt darin, dass Form und Inhalt ihre Rollen vertauschen können. Welche sie einnehmen, bestimmen wir.

## Jagdsaison

Die letzten Zeilen sind keine esoterische Randnotiz, sondern sollen helfen, eine einfache Rechenoperation zu finden, durch die sich die logische „oder"-Beziehung darstellen lässt. Gibt es überhaupt eine? Versuchen Sie doch einmal ihr Glück mit Bleistift und Papier!

# Böses Erwachen – Künstliches Bewusstsein

Der nun gezeigte Lösungsweg folgt der im letzten Abschnitt durch Kursivschrift hervorgehobenen Empfehlung, die Möglichkeiten zu nutzen, die mit der Übersetzung von einer Sicht- und Sprechweise in eine andere verbunden sind.

Allenthalben begegnen wir Übersetzungen, Verwandlungen und Transformationen, und auch wir selbst bedienen uns ihrer so häufig, dass uns das kaum noch bewusst wird. In Märchen spielen Verwandlungen, die dazu dienen, Eigenschaften und Fähigkeiten zu erlangen, die außerhalb der natürlichen Reichweite der Helden liegen, eine zentrale Rolle. Mit ihrer Hilfe können sie unerkennbar werden, unter Türen hindurchkriechen und fliegen, je nachdem ob sie die Gestalt eines Steins, eines Insekts oder eines Vogels annehmen. Neu ist die Idee also nicht.

Die folgenden Überlegungen werden zeigen, wie nützlich das angesprochene Prinzip auch in unserem Kontext ist:

Jetzt aber ran an die Arbeit! Gesucht ist eine Rechenfunktion, die in der Lage ist, den logischen Junktor „oder" zu simulieren. Dazu darf sie nur dann mit der Ausgabe „0" reagieren, wenn beide Eingabewerte „0" sind, ansonsten muss das Ergebnis „1" lauten. **Das ist eine Aufgabe arithmetischer Natur**.

Das logische „oder", formal mit „ $\vee$ " bezeichnet, lässt sich, wie wir bereits festgestellt hatten, unter ausschließlicher Verwendung der Junktoren „ $\wedge$ " und „ $\overline{\Box}$ " als

$$a \vee b \equiv \overline{\overline{a} \wedge \overline{b}}$$

ausdrücken. **Damit haben wir unser Problem ins Reich der Logik transferiert**.

Wenden Sie ihre Aufmerksamkeit nun bitte dem rechten Teil des Terms zu und lesen Sie den obersten Negationsstrich im Sinne seines arithmetischen Gegenstücks y = 1 - Eingabewert.

Der Eingabewert lautet in unserem Fall $\overline{a} \wedge \overline{b}$, und den setzten wir ein:

Y = 1 - ($\overline{a} \wedge \overline{b}$).

Die eben durchgeführte Prozedur wenden wir nun auf die im letzten Ausdruck negierten Variablen „a" und „b" an und erhalten so:

Y = 1 - ((1 – a) $\wedge$ (1 - b)). Nun stört nur noch das „ $\wedge$ " – Zeichen.

Wie inzwischen herausgefunden, entspricht das im Reich der Zahlen der einfachen Multiplikation der beteiligten Glieder. Und genau das tun wir jetzt:

Y = 1 - ((1 - a) * (1 - b)).

Bereits diese Formel erfüllt die an sie gestellten Anforderungen einwandfrei, wie sich leicht überprüfen lässt. Es bietet sich dennoch an, die Multiplikation auszuführen, wodurch sich die Formel anschließend weiter vereinfachen lässt:

## Logik

Y = 1 − (1 − a − b + a * b) , oder kürzer
Y = a + b − a * b. Das ist die gesuchte Formel!

**Test:**

| Ersetzen ||||  Logisch | Arithmetisch |
|---|---|---|---|---|---|
| Logisch || Arith. |||||
| a | b | a | b | $a \vee b$ | $a + b - a * b$ |
| w | w | 1 | 1 | $w \vee w = w$ | $1 + 1 - 1 * 1 = 1$ |
| w | f | 1 | 0 | $w \vee f = w$ | $1 + 0 - 1 * 0 = 1$ |
| f | w | 0 | 1 | $f \vee w = w$ | $0 + 1 - 0 * 1 = 1$ |
| f | f | 0 | 0 | $f \vee f = f$ | $0 + 0 - 0 * 0 = 0$ |

Und ... es passt. Ein zwar nicht schwieriges, aber dennoch nicht triviales Zahlenproblem wurde gelöst, indem wir es in eine logische Fragestellung verwandelt haben, deren Antwort wir bereits kannten, was im Rückgriff auf die logische Formel zum Ausdruck kommt.

Spätestens jetzt dürfte klar werden, wieso in Computern bzw. Robotern auch logische Routinen implementiert werden können, was diesen „Rechenmaschinen" die Fähigkeit verleiht, logische Schlüsse zu ziehen und so Denken und in einem weiteren Schritt Bewusstsein zu simulieren (abschätzig / zutreffend auch als „nachäffen" bezeichnet). Allerdings: In entscheidenden Dingen tut sich zwischen dem Original und seiner Simulation immer ein prinzipieller Abgrund auf, der nicht scheibchenweise überbrückt werden kann.

Eine Frage von derartigem Gewicht soll aber nicht nur im Vorübergehen gestreift werden. Der tiefer gehenden Darstellung des Themas habe ich daher unter der Überschrift „Abgründe" einen eigenen Abschnitt eingeräumt.

Eine besondere Affinität zur digitale Elektronik hat − wie bereits erwähnt − der Sheffersche Strich „|", mit dessen Hilfe sich alle übrigen logischen Verknüpfungen einschließlich der Negation ausdrücken lassen. Wäre er nicht ein geeigneter Kandidat, die soeben erfolgreich angewandte Beweistechnik noch einmal anzuwenden?

Die Herausforderung besteht also darin, eine auf der Zahlenmenge {0, 1} operierende zweistellige (also nur von zwei Variablen x und y abhängige) Funktion F| mit folgender Eigenschaft zu finden: **F| soll immer dann − aber auch nur**

dann – den **Funktionswert 1 annehmen, wenn mindestens einer seiner beiden Eingabewerte gleich 0 ist.**
 Das logische Gegenstück dazu ist „|": Zwischen zwei Aussagen a und b besteht genau dann die Beziehung |, wenn mindestens eine von ihnen falsch ist.

Formal war das unter (1) als $(a \mid b) \equiv (\overline{a} \vee \overline{b})$ ausgedrückt worden. **Mit dieser Formel hatten wir in Sachen Logik den etwas merkwürdigen Junktor in den Griff bekommen und durch den Formelmechanismus beherrschen können.** Wenn diese Formel in die Sprache der Zahlen zurückübersetzt wird, entpuppt sie sich als Lösung unserer Aufgabe. Ist man bereit, die Formel (1) als eine Aussage über Zahlen zu interpretieren – man kann sich dabei auch vorstellen, dass die dort zu sehenden logischen Junktoren „in Wirklichkeit" Zahlenoperatoren in einer ungewohnten verschlüsselten Schreibweise darstellen -, kann man für (1) schon einmal schreiben:
$F\mid \, = (\overline{a} \vee \overline{b})$

Da trifft es sich gut, dass wir das arithmetische Pendant zu „ $\vee$ " bereits besitzen und gleich einmal anwenden können:
$F\mid \, = \overline{a} + \overline{b} - \overline{a} * \overline{b}$

Dem vollen Zahlengenuss stehen jetzt nur noch die vielen Negationen im Wege, die durch 1-x ausgedrückt werden können:
$F\mid \, = (1-a) + (1-b) - ((1-a) * (1-b))$

Nach der in solchen Fällen üblichen Vereinfachung erhält man
**die Lösung** $F\mid \, = 1 - a * b$

Wer hätte gedacht, dass eine derartig mächtige logische Verbindung wie „|" auf der Zahlenebene ein derart „**einfaches**" Aussehen annimmt?
 Zweimal hatten wir bisher Zahlenprobleme durch zwischengeschaltete Abstecher auf die logische Ebene gelöst. Der Umkehrung dieser Vorgehensweise steht natürlich ebenfalls nichts im Wege.

Als Beispiel soll die Frage, ob der Ausdruck $(a \to b) \to (\overline{b} \to \overline{a})$ eine Tautologie ist, rein rechnerisch beantwortet werden.

Die Umwandlung in sein arithmetisches Gegenstück – nach bewährtem Muster – führt zu a − ab + (1 − a + ab)². Wie man leicht nachprüft, nimmt diese Funktion stets den Wert 1 an und zwar unabhängig von der Belegung der Variablen durch die Werte 0 und 1. In die Sprache der Logik zurückübersetzt heißt das, dass der zugehörige logische Ausdruck stets den Wert „w" annimmt, also allgemeingültig ist. Das wussten wir zwar bereits, diesmal war jedoch der Weg das Ziel.

Der Technik des Wechsels der Ebenen bedienen wir uns auch, falls wir einmal den Überblick verlieren, indem wir versuchen, Abstand zu gewinnen – also einen **anderen** Standpunkt einzunehmen, von dem aus ein erfolgversprechender Weg erkennbar ist. Gelingt das, können wir uns mit der Lösung in der Hand wieder in die Ausgangssituation zurückversetzen. Gefühle und Erinnerungen sind in veränderter Gestalt oft leichter zu verstehen und zu verarbeitet als im Urzustand. Das Ziel besteht letztlich immer in einer Rückwirkung auf die Welt der Psyche.

Die Kunst der Objektivierung besteht darin, sich von etwas zu lösen, von dem man sich als Teil betrachtet hat. Umgekehrt kann man von dort in die subjektive Perspektive zurückgleiten.

All das legt die Vermutung nahe, dass es sich auch bei unserer Menschwerdung, unserem Leben und Sterben um einen derartigen Prozess handelt.

## Ein Text aus Draht

In zahlreichen Beispielen war uns Sprache bereits in Formen begegnet, die kaum etwas mit den gewohnten Zeichen auf dem Papier und den Regularien ihrer Anordnung zu tun hatten. Sprache muss durchaus nicht in einer sublimen Gestalt auftreten, sondern kann sich auch hinter „handfesten" Dingen wie Vorrichtungen oder Maschinen verbergen. Auch was die Art der Deutung anbelangt, müssen eingetretene Pfade öfter einmal verlassen werden, um neue Sprachtypen zu erkennen. Wenn ich beispielsweise als eines der Kriterien für das Vorhandensein von Sprache die „materielle Form" genannt hatte, so bezieht sich das nicht nur auf die mit den Augen wahrnehmbare geometrische Gestalt. Zur „Form" zählen auch all jene physikalischen Eigenschaften eines materiellen Gegenstandes, die in einem speziellen Zusammenhang für eine Interpretation / Deutung relevant sein können.

Mit einem stark vereinfachten Modell des „Innenlebens" moderner Elektronik möchte ich ein **Beispiel** aus jenem Umfeld vorstellen, in dem sich Logik und maschinelle „Intelligenz" begegnen.

Elementare Träger der im Folgenden beschriebenen Sprache sollen Drahtstücke sein, in deren Mitte sich jeweils ein einfacher Drehschalter befindet, der **nur zwei stabile** Stellungen einnehmen kann: In der in Abb. 5, Figur 1 gezeigten Stellung kann Elektrizität durch den gesamten Draht fließen; in der zweiten Stellung (Figur 2) besteht zwischen den Leiterenden keine leitende Verbindung.

Die Eigenschaft eines Drahtes (incl. Schalter), Strom zu leiten oder nicht, wird dahingehend interpretiert, dass sie den Wahrheitswert einer Aussage ausdrückt bzw. manifestiert.

Der in Fig. 1 dargestellte Fall der Leitfähigkeit soll eine **wahre** Aussage repräsentieren. Dafür steht der Buchstabe „w" am Kopf des Gebildes (Auch die Zuordnung zu einer falschen Aussage wäre möglich gewesen, doch dann hätte die nachfolgende Darstellung einen anderen Verlauf genommen).

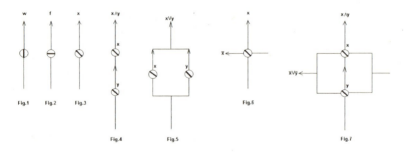

Abbildung 5

Das in Fig. 2 dargestellte Drahtgebilde spricht von einer falschen Aussage.

Fig. 3 stellt schließlich eine Situation dar, in der die Stellung des Schalters noch nicht festliegt – sie befindet sich gewissermaßen auf der Kippe. Denkbar wäre auch die Deutung, dass der Schalter zwar eine der beiden zulässigen Stellungen eingenommen hat, diese aber nicht bekannt ist. Beobachter beschreiben derartige Situationen durch die Verwendung von **Variablen**. Daher befindet sich am Kopf der Figur ein „x".

## Logik

Inzwischen hat die Bastelstunde mit Lötkolben und Zinn begonnen. Ein erstes Ergebnis ist in Fig. 4 dargestellt. Sie zeigt zwei Bauelemente x und y in unbestimmter Schalterstellung, die in Reihe geschaltet sind. Es ist klar, dass durch das Gesamtgebilde genau dann Strom fließt, wenn jedes der Einzelteile leitfähig ist. Das Gesamtgebilde repräsentiert demnach eine Aussage G, die genau dann wahr ist, wenn die den beiden Einzelteilen entsprechenden Aussagen x und y wahr sind. Kurzum, diese Schaltung kann als sprachliche Repräsentation des logischen „und" (kurz „ $\wedge$ ") gelesen werden. **Das** ist es, **was** sie sagt.

Durch die in Fig. 5 dargestellte Schaltung wird das logische „oder" (mathematisches Kürzel: „$\vee$") ausgedrückt. Wie man sieht, sind die beiden Elemente x und y parallel geschaltet, was zur Folge hat, dass Elektrizität genau dann zwischen den äußersten Enden fließen kann, wenn mindestens eins der Elemente leitend geschaltet ist. Das bildet die Funktion des Junktors „oder" perfekt auf die materielle Ebene ab.

In Fig. 6 geht es schließlich um die Negation, also die Verneinung einer Aussage. Dort ist Grundaussage a in der Senkrechten und ihre Negation in der Waagerechten dargestellt. Klar ist: jeder der beiden Wege ist genau dann geöffnet, wenn der andere gesperrt ist. Dies als Übersetzung aus der Sprache der Logik zu verstehen, dürfte nicht schwerfallen. Ähnlich verhält es sich mit der Rückübersetzung.

Die 7. und damit letzte Figur ist schließlich die Rosine im Kuchen. Sie beschreibt eine elektrische Schaltung, die in der Senkrechten als $x \wedge y$ und in der Waagerechten als $\overline{x} \vee \overline{y}$ gelesen bzw. interpretiert werden kann. Vielleicht kommt Ihnen der Ausdruck $\overline{x} \vee \overline{y}$ bekannt vor. Es ist Sheffers Strich, die logische Verknüpfung, die alle anderen auszudrücken vermag. Spielen Sie einmal in Gedanken mit der Schaltung herum! Sie werden feststellen, dass der Strom in der Senkrechten genau dann fließt, wenn er in waagerechter Richtung gesperrt ist. In das Reich der Logik übersetzt bedeutet das, dass $\overline{x} \vee \overline{y}$ genau dann gilt, wenn $x \wedge y$ falsch ist. Das bedeutet, dass $\overline{x} \vee \overline{y}$ und $x \wedge y$ für alle Belegungen aus dem Wertevorrat w / f denselben Wahrheitswert haben. Das wiederum heißt, dass $\overline{x} \vee \overline{y} \equiv \overline{x \wedge y}$ eine Tautologie ist, also für alle Aussagen x und y zutrifft, unabhängig von ihrem Wahrheitsgehalt. Die Gültigkeit dieses Gesetzes hatten wir zwar bereits erkannt, doch ist es faszinierend wie es aus der Funktionsweise einer einfachen Maschine herausgelesen werden kann. Sie wurde gewissermaßen zum Sprechen gebracht. Können auch andere Dinge sprechen und was haben sie zu sagen?

# Aufstand der Werkzeuge: I Robot

## Märchenhaft

Die Schnelligkeit, mit der Computer ihre Aufgaben bewältigen, und die wachsende Qualität der Probleme, die sie auf ihre spezielle Weise meistern, lässt Ängste wach werden, die schon sehr lange zurückreichen. Einem peruanischen Mythos zufolge, der noch in vorkolonialer Zeit seinen Ausdruck auf einem Bilderfries im Innern einer Höhle gefunden hat, wurden die Gerätschaften des Menschen eines Tages lebendig und stürzten sich bewaffnet auf ihre ehemaligen Herren (Nach dem Bericht des Ethnologen Walter Krickeberg (1928)). Das gleiche Motiv – „Aufstand der Artefakte" bzw. „Aufstand der Dinge" – erscheint auf einer Vasenmalerei der peruanischen Moche-Kultur. In moderner Aufmachung scheint die „Legende" nun bald uns heimzusuchen.

In zunehmendem Maß umschmeicheln und bedrängen uns heute elektronische Beschützer, Helfer, Mahner, Taktgeber, Ratgeber, Unterhalter und Gouvernanten, die alle nur unser Bestes „wollen" – was immer das sein mag. Inzwischen ist die Entwicklung im Begriff, den magischen Punkt gleichzeitig auf zwei verschiedenen Zielgeraden zu erreichen. Da ist einmal der von den Medien – wenn auch mit leichtem Schauer – bewunderte Trend, nicht nur das physische Potential, sondern auch die Wahrnehmungsfähigkeit und geistige Fähigkeiten des Menschen durch alle nur denkbaren Implantate aufzubessern und ihn langsam in einen Cyborg, also ein mit seinen Servogeräten zu einer Einheit verschmolzenes Wesen zu verwandeln. Auf der zweiten Schiene werden uns rudimentär menschenähnliche Maschinen angepriesen, die Langeweile, Einsamkeit vertreiben und fehlende menschliche Wärme ersetzen sollen. Auch bei der Erziehung und Ruhigstellung, des angesichts unseres modernen Lebensstils eher als Störfaktor deklarierten Nachwuchses dürften Roboter zunehmend an Bedeutung gewinnen. Dass uns da jemand oder etwas das Steuer aus der Hand nimmt, zeigt nicht erst die Debatte um selbstfahrende Autos.

Warnende Stimmen geraten trotz ihrer Eindringlichkeit bald wieder in Vergessenheit oder werden dem Reich der Fiktionen zugeordnet. Das Führen eines rigorosen Diskurses wird durch hohe Hürden wissenschaftlicher, gesellschaftlicher und politischer Korrektheiten erschwert. Manchmal ist das, was fehlt, aussagekräftiger als das Wahrnehmbare. Während ansonsten zu allen nur denkbaren Anliegen mächtige Initiativen ins Leben gerufen und Lösungsmodelle vorgeschlagen werden, ist hier kaum etwas Substanzielles zu vermelden.

Die Gefahr besteht weniger in einem offenen Putsch der Dienerschaft als vielmehr in einer fürsorglichen Belagerung und Entmündigung des Menschen durch die von ihm geschaffenen Helfer. Wege, ein empfindliches Wesen wie den Menschen zu manipulieren oder geistig zu paralysieren, gibt es genug. Was von einem künstlichen Schlaraffenland zu halten ist, demonstrierte J. B. Calhoum (amerik. Verhaltensbiologe des 20. Jahrhunderts.) an Mäusekolonien, die bei gleichzeitiger **räumlicher Begrenzung** unbegrenzt Futter und medizinische Betreuung erhielten. Alle Experimente führten zum selben Resultat. Beim letzten, „Universe 25" genannten Versuch, der in einem 6m$^3$ großen Käfig ablief, starb das letzte Individuum nach ca. 5 Jahren Der anfangs rasante Anstieg der Population kam zum Erliegen noch bevor die Hälfte der maximalen Besetzungszahl (etwa 4000) erreicht war. Der Grund für das anschließend rasche Ende war ein um sich greifender Verlust aller arterhaltenden Verhaltensweisen der Tiere. Zwar ist die 1:1 – Übertragung der Ergebnisse auf den Menschen problematisch, da wir in geistige Räume ausweichen **können. Aber** Roboter werden einmal (als künstliche Experten) in immer mehr Feldern unsere Intelligenz übertreffen und uns die „Last" des Denkens „abnehmen". Daher sollten wir spätestens jetzt den Mut zum Hinterfragen und eigenen Urteilen kultivieren.

Laien stellen sich Computer in der Regel als **geschlossene Einheiten** vor, die auf bestimmte Eingaben stets mit denselben Antworten reagieren. Doch das gilt nur für den untersten Level. Wer eine Maschinensprache wie Assembler beherrscht oder – wie der Autor – einmal beherrscht hat, der weiß, wie Programme zu schreiben sind, die sich aufgrund der Signale aus der Umwelt (Input im allgemeinen Sinne) selbst verändern können. Damit sind sie auch in der Lage, sich entsprechend den Ergebnissen eigenständiger Aktionen **zu modifizieren**. Es ist kein Kunststück, in die Startprogramme Routinen zu integrieren, die zufallsgesteuerte Reaktionen der Maschine auslösen, oder gleich echte Zufallsgeneratoren (z.B. auf dem thermischen Rauschen basierend) einzubauen. Aus plumpen Maschinen werden so gegenüber ihrer Umwelt **offene Einheiten**.

Bei alledem wurden nicht einmal die mit der militärischen Nutzung von Robotern zusammenhängen Gefahren erwähnt. Wirklich überraschend sind derartige Bedrohungen nicht, die ihren Ursprung in einem Denkansatz haben, der darauf fußt, Lebendiges auf Lebloses und Sinnvolles auf Bedeutungsloses **zurückzuführen**. In der aktuellen Situation werden wir in einer Weise mit den Folgen der **ausufernden** Anwendung dieses Denkprinzips konfrontiert, die ein Wegschauen unmöglich macht.

## Die Sache mit dem Bewusstsein

Mit der Vermutung, Roboter einer höheren Entwicklungsstufe könnten Bewusstsein besitzen, wird ein ausgesprochen heikles Thema angeschnitten, das im wissenschaftlichen Diskurs wie ein Fremdkörper wirkt. Die Redefreiheit, die einst Narren an den Höfen der Adeligen besaßen, indem sie aussprechen konnten, was Anderen den Kopf gekostet hätte, genießen heute vielleicht (noch) Künstler. Auf die gesamte Gesellschaft übertragen würde so viel Freiheit zu einer unkalkulierbaren Erschütterung des Wertesystems führen. Und ein Verlust der vertrauten Orientierungspunkte, löst im Menschen Entsetzen aus.

Ein derartiger fester Bezugspunkt unseres Denkens ist die Annahme: Ein Ding ist ein Ding, mehr nicht. Nur dass sich kaum je ein Künstler an diesen Grundsatz gehalten hat. Vor allem in der Blütezeit des Surrealismus wurde bildnerisch und literarisch versucht, die Abgründigkeit und Vieldeutigkeit der dinglichen Welt sichtbar werden zu lassen. Da erwachen in den Bildern scheinbar tote Objekte aus ihrem magischen Schlaf und mischen sich auf geheimnisvolle Weise – manchmal bedrohlich, manchmal verlockend und betörend – in das alltägliche Geschehen ein.

Abseits der Kunst ist es für die meisten aufgeklärten Menschen schier unvorstellbar, in die genannte Richtung zu denken oder derartige Überlegungen sogar in Erwägung zu ziehen. Andererseits erwachen irrationale Gefühle, wenn ein liebgewonnenes Kleidungstück entsorgt oder das alte Auto verkauft wird. Einzigartige Landschaften sprechen uns an und gehen mit uns eine persönliche Beziehung ein, die jenseits des rational Erklärbaren liegt.

In diesem Sinne geht es zurück zur Kernfrage: Werden die elektronischen Gehirne der Zukunft vielleicht ein Bewusstsein und in letzter Konsequenz sogar ein Selbstbewusstsein haben? Mehr als eine einfache Zugehörigkeit ist aus dem Verb „haben" leider nicht herauszulesen: „Ich **habe** ein Auto", "Ich **habe** Kopfweh", „Das **hat** Zeit". Welches „Haben" ist gemeint, wenn es um Künstliches Bewusstsein geht? Eignet sich der Roboter eine Seele an oder ergreift die umgekehrt von ihm Besitz? Erzeugt er gar ein neues ihm zugehöriges Ich? Auf welchen Knopf muss die Seele drücken, damit er das tut, was sie will? Oder schaut sie seinem Treiben nur zu und identifiziert sich damit, ohne es beeinflussen zu können? Ist das Bewusstsein eine der Materie latent innewohnende Eigenschaft, die unter bestimmten Bedingungen hervortritt? Kann eine Maschine über Eigenschaften verfügen, die – wie etwa die Leidensfähigkeit – unter rein materiellen Gesichtspunkten unmöglich und höchst überflüssig sind? Nichts davon macht Sinn. Denn keines der klassischen physikalischen Gesetze ist bewusstseinsabhängig oder lässt auch nur ansatzweise etwas erkennen, das auf die Existenz eines Bewusstseins hindeutet. (Ein Schlupfloch könnte die Quantenphysik bereithalten).

## Mehr als die Summe der Teile

Versuche, sich dem Bewusstseinsphänomen mit der Denkweise der klassischen Physik zu nähern, müssen scheitern, weil deren Ausgangspunkt die Zerlegung eines Ganzen in isolierte Teile (plus Gesetze für deren mögliche Interaktionen) ist, um aus diesem Bausatz Eigenschaften des Ausgangsobjektes abzuleiten. Über ihre systemimmanenten Grenzen hinaus vermag diese Methode aber keine Erklärungen zu liefern, denn Einzelteile plus Gesetze bleiben nun einmal das, was sie sind. Daraus oder daneben plötzlich ein Ganzes auftauchen zu lassen, ist Metaphysik. Das ist zwar **denkbar**, kann aber ohne die Einbettung in eine **Vorstellungswelt ganz anderer Qualität** nicht begründet werden. Sowohl einsichtsvolles Denken als auch Bewusstsein sind ganzheitlicher Natur.

Ganzheitlichkeit geht insofern weit über das hinaus, was beispielsweise die Unversehrtheit oder Vollständigkeit konkreter Dinge ausmacht. Überraschenderweise bildet sie ein unverzichtbares Element naturwissenschaftlichen Denkens, dennoch bleibt ihr Status dort der eines dienstbaren Fremdlings.

Werfen Sie doch einmal einen Blick auf Abb. 6. Um wie viele Objekte geht es da? Nach gängiger Auffassung sind es sieben. Den **einzelnen** Figuren der Abbildung ist es vermutlich egal, wie viele weitere Figuren sich auf der Zeichnung tummeln, keiner ist die Antwort anzusehen, keine ihrer Eigenschaften ist von ihr abhängig. Wo also kommt die Zahl Sieben her? Sie resultiert aus der gedanklichen Zusammenfassung aller Figuren zu einem neuen Ganzen. Folglich kann man sagen, dass die Sieben eine Eigenschaft der Gesamtheit aller Figuren ist. Diese **Gesamtheit** oder **das Ganze** wird in der mathematischen Fachterminologie als Menge bezeichnet. Der Mengenbegriff ist – wie der Name schon sagt – ein Begriff, also ein gedankliches, geistiges Konstrukt. Dennoch wird er auf seiner Ebene als real angesehen, ansonsten wäre kaum erklärbar, wer nun der Träger der Zahl Sieben ist – auf welches gedankliche oder reale Objekt sich die Zahl bezieht.

Jenseits des direkten Zugriffs der äußeren Sinne liegen auch Gedanken, Begriffe, Vorstellungen, Möglichkeiten, Empfindungen und Absichten, die auf der Bühne der Physik ebenfalls nicht als legitime Teilnehmer willkommen sind.

Eine rein materialistische Weltanschauung versagt bei der Erklärung derartiger Dinge, die in einem rein physikalischen Universum nicht existieren dürften. Die gerne gebrauchte Schutzbehauptung, Gedanken, Bewusstsein und Vorstellungen seien Illusionen, macht die Sache nur noch schlimmer, denn dazu müsste Materie Illusionen erzeugen können.

Abbildung 6

Damit zurück zu Abb.6. Die gestrichelte Umrandung soll den Leser auf die sieben Zeichenobjekte in ihrer **Gesamtheit** hinweisen. Die **Menge** all dieser Einzelobjekte wird mathematisch als ein weiteres Objekt aufgefasst, wenn auch auf einer anderen Ebene. Es bleibt offen, ob wir auf diese Weise ein weiteres Objekt konstruiert oder ein achtes, vorher unsichtbares Element im Bild entdeckt haben. Der Mengenbegriff liegt – wie bereits gesagt – auf einer anderen Ebene als die Einzeldinge deren Gesamtheit er repräsentiert. So weit so gut – aber in der materiellen Realität existieren keine gestrichelten Umrandungen. Es existieren auch keine verschiedenen Daseinsebenen. Aber derartige Widersprüche werden methodisch bedingt ausgeblendet. Neben der rein naturwissenschaftlichen erklärbaren Daseinsform darf es eigentlich keine andere, für uns relevante Existenzform geben. Seltsam ist nur, wie sich Gedanken, die es eigentlich gar nicht geben dürfte, entfalten und uns zur Beherrschung der Materie in vielerlei Hinsicht befähigen.

Es sind noch wesentlich mehr Dinge in Abbildung 6 zu entdecken, als dort – objektiv gesehen – vorhanden sind und die demnach auch **nicht entdeckt** oder festgestellt werden können. Gilt Ihr Interesse beispielsweise den asymmetrischen Figuren, so hebt das eine Teilmenge mit 2 Elementen hervor, die Wahrnehmung der eckigen Figuren isoliert 6 Elemente usw.

Durch die Bildung von Teilmengen werden also weitere Denkobjekte erzeugt, die auf der materiellen Ebene meist kein adäquates Gegenstück besitzen, wie das für Abstraktionen und Vorstellungen ohnehin der Fall ist. Teilmengen erhält man auch, indem man in einem begrenzten Vorrat von Objekten, willkürlich oder gezielt einige markiert. Die ausgezeichneten Elemente bilden dann in ihrer **Gesamtheit** eine Teilmenge der Ausgangsmenge.

Weil das Verfahren keinen Beschränkungen unterliegt, sind folgende **Spezialfälle** möglich:
Die erzeugte Teilmenge umfasst:
- kein Element,
- alle Elemente,
- genau ein Element.

Nur dann, wenn man auch diese merkwürdigen Sonderfälle mit einbezieht, erhält man auf die Frage nach der Anzahl der möglichen **Teilmengen** unserer sieben Elemente eine „runde" / "elegante" Antwort. Sie lautet:
$2^7 = 2 * 2 * 2 * 2 * 2 * 2 * 2 = 128$.

So viele Elemente besitzt also die **Menge aller Teilmengen**, einer aus 7 Elementen bestehenden Grundmenge.

Freilich können auch von dieser Menge Teilmengen gebildet werden. Davon gibt es dann schon $2^{128}$, eine grenzwertige Zahl, was die im Kosmos real existierenden Objekte angeht. Schritt für Schritt gerät man so sehr schnell zu Konstrukten, die aufgrund ihrer Größenordnungen nur noch in einem ideellen Raum angesiedelt sind.

Und warum sollten derartige Vorstellungen / Gedanken nicht auch im „Gehirn" eines Roboters entstehen können? Gegenfrage: "In welchem seiner Schaltkreise oder wie auch immer beschaffenen Bauteile soll das denn geschehen?" Der Konter darauf dürfte lauten, dass schließlich auch unser physisches Gehirn nicht mehr ist, als eine derartige, wenn auch äußert fortschrittliche „Rechenmaschine". Natürlich ist hier kein einzelnes Neuron der fassbare Repräsentant einer Vorstellung oder kann den Begriff der Bedeutung hervorbringen. Eine andere Sache ist dagegen das Gehirn in seiner **Ganzheit**. Ganzheit ist kein materialistischer Begriff, sondern ein ideeller. Dieser Begriff kann daher auch in der klassisch verstandenen physischen Welt kein Gegenstück besitzen – was Gehirne aller Herkunft einschließt. Folglich kann der Begriff bzw. die Vorstellung von Ganzheitlichkeit nur von einem Gehirn getragen oder hervorgebracht werden, das seinerseits **bereits ganzheitlich <u>ist</u>** und dessen Arbeitsweise nur ganzheitlich verstanden werden kann. Diese Voraussetzung bringt ein rein materialistisch konzipiertes Gebilde nicht mit.

Die Leugnung des Gesamtzusammenhangs kann sich leicht rächen: So wäre die Bemerkung „Herr Richter, Sie können ja lesen" **in der Sache** zwar richtig, dürfte von dem so Angesprochenen jedoch ganz anders verstanden werden.

Der Begriff der Ganzheitlichkeit beinhaltet weitaus mehr als eine in sich ruhende Vollständigkeit. Seinem Wesen nach ist er vielmehr dynamisch. Ob eine Glasscheibe „heil" oder „ganz" geblieben ist, spielt hinsichtlich der Wortwahl so lange keine Rolle, wie technische Aspekte im Vordergrund stehen. Spätesten dann, wenn wir von einer „heilen" Welt reden, ist es mit der sprachlichen Beliebigkeit vorbei, weil dann qualitative Aspekte in den Vordergrund treten. Auch bei lebendigen Körpern reden wir von Heilungs- und nicht von Reparaturprozessen, sofern wir nicht eine Sichtweise einnehmen, für die das Leben nur eine absonderliche Form des Toten ist. Zumindest im Deutschen können die Begriffe „heil" und „heilig" schon rein äußerlich ihre Verwandtschaft nicht leugnen. Als der innerste Kreis sollte der heilige oder auch sakrale Bereich weder mit den Gerätschaften noch mit der Gesinnung oder Denkweise des Alltags betreten werden. Dass alles Heile / Heilige Spott und Instrumentalisierung geradezu herausfordert, mindert nicht seinen Wert – im Gegenteil. Jene Kräfte, die hier die Axt anlegen, geben sich gleichzeitig zu erkennen.

## Juristische und andere seltsame Personen

Wer „Bewusstsein" sagt, wird meist auch an ein „Ich", ein „Selbst", eine „Person" oder eine „Seele" als dessen Träger denken und damit Vorstellungen verwenden, die ohne eine ordentliche Portion Ganzheitlichkeit keinen Sinn machen. Beispiele für das Zusammenfallen von ganzheitlicher und personalisierender Betrachtungsweise gibt es allenthalben: Im Rechtswesen haben Juristische Personen ebenso wie natürliche Personen Rechte und Pflichten, sie können klagen und verklagt werden. Diesen Status besitzen u.a. Gesellschaften des bürgerlichen Rechts, Körperschaften, Vereine und Unternehmen. Nach einer Auffassung handelt es sich dabei um eine **reale** Verbandsperson, die mit der **Gesamtheit** ihrer Mitglieder und verfügbaren Mittel identisch ist. Eine andere Lehrmeinung sieht in dem Begriff nur eine Hilfsvorstellung.

Auch die Biologie steht mit analogen Denkmodellen nicht abseits. Wissenschaftler, deren besonderes Interesse der Lebensweise staatenbildender Insekten wie Termiten, Ameisen und Bienen gilt, mutmaßen, dass die Gesamtheit eines Volkes als eigenständiges Lebewesen angesehen werden kann. In diesem Sinne wird dann von einem Schwarmbewusstsein, einer Schwarmintelligenz und gelegentlich auch von einer Schwarmseele gesprochen.

Genetisch bedingt haben die kleinen Tiere ihre Individualität und Autonomie zugunsten der Gemeinschaft fast vollständig eingebüßt, sind ihr gegenüber gewissermaßen entgrenzt. Die Entität, die nach außen hin in Erscheinung tritt, wenn jemand etwa das Nest stört, ist das Bienen- oder Ameisenvolk in seiner **Gesamtheit**. Zumindest modellhaft wird das Volk oft als eigenständiges Lebewesen betrachtet, das zu seinen Arbeiterinnen im gleichen Verhältnis steht, wie ein Körper zu seinen Zellen.

Denkt man an Vereine, Familien und Gebietskörperschaften, ergibt sich aus den vorstehenden Gedankengängen ein Bild von ineinander verschachtelten Wesenheiten. Aber keine Sorge: Das sind alles nur Gedankenspiele und insofern Nebenstreifen.

Man kann die Idee einer übergeordneten Person, die eine Gesamtheit von Einzelwesen repräsentiert und dabei die Daseinsebene ihrer „Elemente" übersteigt, zwar belächeln, läuft dann aber Gefahr, aktuelle Entwicklungen zu übersehen, die uns direkt betreffen: Das Konzept der Corporate Identity ist mehr als nur ein formaler, äußerlicher Begriff der Unternehmensführung. In Wikipedia ist unter dem entsprechenden Stichwort zu lesen:

„Das Konzept der Corporate Identity beruht auf der Annahme, dass Unternehmen als soziale Systeme wie Personen wahrgenommen werden und ähnlich handeln können. Insofern wird dem Unternehmen eine quasi menschliche Persönlichkeit zugesprochen, beziehungsweise es wird als Aufgabe der Unternehmenskommunikation angesehen, dem Unternehmen zu einer solchen Identität zu verhelfen …"

Die Überlegungen, ob Computer Bewusstsein, Individualität, Persönlichkeit etc. entwickeln oder besitzen können, hat uns zu einer Reihe weiterer ungewöhnlicher Träger geführt, die ebenfalls als Anwärter auf derartige Eigenschaften gehandelt werden. Offenbar sind Substanz und Beschaffenheit der Träger austauschbar und durch beliebige Einheiten und Schaltelemente ersetzbar, so lange sie nur bestimmte Funktionen erfüllen. Konsequent zu Ende gedacht ist nicht einmal ein festes, räumlich begrenztes und gleichbleibendes materielles Gerüst als Sitz des Bewusstseins erforderlich, da es ohnehin nur um immaterielle, gedankliche Inhalte bzw. um abstrakte Strukturen geht. Die können sich auf beliebigen Kommunikationswegen von einem Gehirn zum nächsten fortpflanzen, weiterentwickeln und so gewissermaßen ein Eigenleben führen. Auch die Speichermedien sind nur Werkzeug und nicht „Täter". Worauf es ankommt ist der Sinn bzw. die Bedeutung dessen, was da geschieht.

Die Annahme eines autonomen und **egoistischen** Verhaltens der Gene bildete den Ausgangspunkt einer Theorie, gemäß der Meinungen, Ideen, Weltanschauungen, Trends etc. als Informationseinheiten (den sogenannten Memen) ein „Eigenleben" führen und sich über diverse Kommunikationskanäle fortpflanzen, ohne auf einen bestimmten individuellen Träger angewiesen zu sein. Die Ausbreitung der Ideen wird dabei nach dem Vorbild des Kampfes zwischen biologischen Arten gedeutet.

Gewöhnlich gehen wir davon aus, dass unsere Gedanken, Ideen und Wünsche als Bewusstseinsinhalte unser ureigener Besitz sind. Doch dieses Verhältnis ist in der Memtheorie infrage gestellt. Sie deutet an, dass nicht wir Überzeugungen und Meinungen besitzen, sondern dass Überzeugungen und Meinungen unsere Gehirne als Wirte oder Vehikel benutzen, um so ihr Einflussgebiet zu erweitern und sich fortzuentwickeln. Indirekt wird damit Ideen ein eigenes Bewusstsein unterstellt, an dem wir in irgendeiner Weise partizipieren. Dieser unkonventionelle Ansatz trägt zumindest dazu bei, verhärtete Denkmuster im heiklen Umfeld der Frage nach der persönlichen Identität aufzubrechen.

## Wo die Wirkung nicht zur Ursache passt

Die Vorstellung, Computer würden einmal erwachen, geht davon aus, dass einem Gebilde aus toter Materie Bewusstsein entspringen kann. Ein solches rätselhaftes Heraustreten von Höherwertigem aus Niederem hat einen eigenen Namen erhalten: Emergenz. Nichts mit Emergenz haben Daunen zu tun, die aus einem aufgerissenen Kissen hervorquellen. Ein Stein, der sich in ein Kaninchen verwandelt, ist dagegen durchaus bemerkenswert, sofern keine Täuschungen im Spiel sind. Das zweite Beispiel ist nicht einmal so weit hergeholt, denn schließlich gehen alle Lebewesen auf diesem Planeten aus sogenannter toter Materie hervor. Hier stehen Ausgangslage und Endergebnis in einem krassen Missverhältnis zueinander. Letzteres beinhaltet weit mehr als aufgrund der dürren Voraussetzungen zu erwarten gewesen wäre. Um Emergenz geht es auch, wenn sich ein Ergebnis zwar formal Schritt für Schritt aus bestimmten Voraussetzungen ableiten lässt, das Gesamtresultat aber nicht vorhersehbar war („beherrschen" heißt noch lange nicht „verstehen").

Die folgenden Beispiele zu diesem Thema liegen nur scheinbar fernab vom Bewusstseinsphänomen:
   a) Aus scheinbar einfachen mathematischen Axiomen können **komplizierte** gedankliche Objekte abgeleitet werden.
   b) Eine **geordnete** Abfolge elementarer Schritte kann **chaotische** Strukturen erzeugen.
   c) Eine Menge gleichartiger, einfach strukturierter Elemente kann unter bestimmten energetischen Bedingungen aus einem ungeordneten in einen **geordneten** Zustand übergehen. (Eine Beobachtung im Rahmen der Chaostheorie).
   d) **Selbstorganisation**: Unter den zuvor genannten Voraussetzungen kommt es gelegentlich zur spontanen Entstehung eines Gebildes, das in gewisser Weise als **Körper** aufgefasst werden kann. Als Körper verfügt es über das Attribut der Ganzheit und Vollständigkeit / Vollkommenheit und besitzt oft auch die Fähigkeit, sich im Falle von Störungen, der Beschädigung oder Entfernung von Teilen wieder

vollständig **regenerieren** zu können. Die begrifflichen Konzepte der Ganzheit und der Emergenz sind auf das Engste miteinander verknüpft. Psychisch wird Ganzheit als **Gestalt** wahrgenommen. Ungestaltetes empfinden wir als chaotisch, zufällig, zusammenhangslos und unstrukturiert.

e) **Ganzheit** ist das wohl fundamentalste Phänomen im Rahmen der Emergenz. Schon die Verwendung des Wortes „alle" setzt ein ganzheitliches Denken voraus. Ein Satz, aus dem eines oder mehrere Worte willkürlich entfernt werden, verliert in der Regel seinen Sinn und wird zu einer bedeutungslosen Ansammlung von Wörtern. In einem ganz ähnlichen Verhältnis stehen ein Schloss und der dazugehörige Schlüssel zueinander. Eines der beiden Teile ohne das andere hat nur noch Metallwert. Auch ein Handlungsablauf, bei dem viele Einzelaktionen wohlkoordiniert ineinandergreifen müssen, um ein vernünftiges Ergebnis zu erzielen, bildet ein Ganzes. Das willkürliche Weglassen einzelner Aktionen führt in aller Regel zu keinem brauchbaren Resultat.

Nur auf ganzheitliche Gebilde und Vorgänge können Begriffe wie „heil" bzw. „harmonisch" oder „defekt" bzw. „gestört" angewandt werden. Jedem Teil kommt innerhalb eines Ganzen ein spezifischer Platz zu, an den es „gehört". Ein weiteres Merkmal ihrer Ganzheitlichkeit besteht darin, dass sie sich von ihrer Umgebung abheben, von ihr isoliert sind. Um in der Zeit dauerhaft bestehen zu können, müssen die einzelnen Abläufe eines ganzheitlichen Prozesses ferner so geartet sein, dass sie Störungen der Gestalt entgegenwirken. Das Ganze und seine Teile bedingen und erhalten einander wechselseitig. Damit das überhaupt möglich ist, muss auch lokal ein Mindestmaß an Information über den Gesamtzustand abgelegt sein. Damit sind wir auf Selbstbezüglichkeit gestoßen, ein wesentliches Merkmal von Ganzheit. Zur Veranschaulichung: Nach einem Tritt in eine Ansammlung von Müll lässt sich schlecht sagen, da sei etwas gestört oder zerstört worden. Weder fehlt etwas, noch ist anschließend etwas fehl am Platz.

Wie nicht anders zu erwarten gehen die Meinungen über die Bedeutung von Emergenz weit auseinandergehen. Während eine Seite davon ausgeht, dass sich alle emergenten Phänomene früher oder später einmal vollständig physikalisch erklären lassen, wird eine Reduzierung auf die heutigen Erklärungsmuster nach Ansicht der Gegenseite in vielen Fällen nie gelingen. Das läuft auf die Frage hinaus, ob unser derzeitiges Wissen und Denken dem Wesen der Materie überhaupt gerecht wird.

# Turing

## Die universelle Rechenmaschine

Wer über maschinelles Bewusstsein diskutiert, kommt kaum an Alan Turing (1912 bis 1954) vorbei, einem englischen Mathematiker, der in der breiten Öffentlichkeit vor allem deshalb bekannt wurde, weil er im 2. Weltkrieg den Enigma-Code der deutschen Marine knackte. Für die Fachwelt liegt seine eigentliche Leistung jedoch in der Entwicklung der nach ihm benannten Turing-Maschine. Diese „Maschine" darf man sich nicht als Bauanleitung für einen konkreten Rechner vorstellen. Turing ging es vielmehr darum, den Begriff des Kalküls auf eine feste Basis zu stellen und so weit einzugrenzen, dass er der Behandlung durch mathematische Mittel zugänglich wird. Die „Bauteile" des von Turing erdachten „Automaten" sind Elemente einer vollständig formalisierten Sprache. Insofern ist die Rede vom „Automaten" einerseits eine Verkleidung, die der besseren Visualisierung ansonsten abstrakter Zusammenhänge dient, andererseits kann man die von Turing gegebene Beschreibung als Blaupause der Arbeitsweise von tatsächlichen Computern auffassen.

Einmal von einem bestimmten Anfangszustand gestartet, verwandelt die „Maschine" (auf der Basis eines Bündels elementarer Regeln) jeden Zustand in einen Folgezustand, der ihr wiederum als Ausgangsbasis für den nächsten Schritt dient, bis sie an einem bestimmten Punkt – dem Endzustand oder Ergebnis – stoppt, sofern sie nicht in eine Dauerschleife einmündet.

**Kalküle** kennt jeder, der eine Arbeit nach strengen Regeln in Einzelschritten „mechanisch" erledigt hat, ohne über den Inhalt dessen, was er tut, nachzudenken. Man „kann" es halt, weiß aber nicht, was man da eigentlich treibt. Im Extremfall ist es nicht einmal erforderlich, sich dessen bewusst zu sein, dass man überhaupt etwas tut. Vieles, was wir früher einmal mühsam erlernt haben, ist so sehr zur Routine geworden, dass es unterhalb der Bewusstseinsebene aktiv werden kann. Für manche Arbeiten ist nicht einmal ein Verständnis dessen erwünscht, worum es eigentlich geht. „Fragen Sie nicht, tun Sie es einfach!"

So kann man beispielsweise Zahlen schriftlich miteinander multiplizieren, ohne eine Vorstellung von der Bedeutung des eigenen Tuns haben. Neben einer Multiplikations- und einer Additionstabelle für einstellige Zahlen genügt dazu ein kleiner Satz primitiver Regeln, wie zu verfahren ist. Die Regeln betreffen u.a. das Ansteuern / Betrachten bestimmter Punkte der Hilfstabelle bzw. des Rechentableaus, das Lesen und Merken der dort vorgefundenen Symbole, die Übertragung dieser Symbole in andere, wohldefinierte Stellen der Schreibunterlage usw. Die Arbeitsschritte können ebenso von einem Computer wie von einem Menschen ausgeführt werden, wobei Computer – zumindest vordergründig – preiswerter und schneller sind als ihre „Kollegen" aus Fleisch und Blut.

Auf den Punkt gebracht: In allen Einzelheiten präzise zu wissen, wie etwas zu tun ist, aber nicht die blasseste Ahnung davon zu haben, was man eigentlich tut, heißt, sich in der Sphäre der Kalküle zu bewegen. Gegenstand der Kalküle ist die Welt der abstrakten sowie konkreten formalen Objekte, deren Handhabung frei von jeglicher Zuweisung von Sinn und Bedeutung und ohne Blick aufs Ganze geschieht. Das beinhaltet auch die Feststellung, dass die Operationsanweisungen der Kalküle zum Umgang mit Objekten ausschließlich formaler Natur sind, d.h. ihre Anwendung erfolgt bedeutungsunabhängig – nur nach reinen Formkriterien. Das Erlernen und Einüben entsprechender Abläufe ohne ausreichende oder mit falscher Begründung wird bei Lebewesen als Dressur bezeichnet.

## Erkenntnis aus einer fiktiven Maschine

Das Anliegen Turings bestand vor allem darin, mit Hilfe eines fiktiven Rechnermodells die Reichweite des formalen Denkens zu erforschen. Da die Turing-Maschine, die auch als universeller Algorithmus bezeichnet wird, so konzipiert ist, dass sie die Arbeitsweise aller Kalküle eines sehr allgemeinen Typs zu imitieren imstande ist, wurde sie zur Klärung der Kernfrage verwendet, ob mit formalen Methoden alle formalen Probleme lösbar sind. Als Präzedenzfall wählte Turing die Frage, ob es ein nach seinen Regeln aufgebautes Kalkül (Turing-Maschine) gibt, das für beliebige Kalküle und Eingaben (Fragen) entscheiden kann, ob deren Ausführung je zu einem Halt kommt. Er konnte zeigen, dass dies nicht der Fall ist und hatte damit noch vor Kurt Gödel die Begrenztheit der formalen Methode nachgewiesen. Beide Ergebnisse belegen sowohl den Glanz als auch die Blindheit / Unvollkommenheit eines rein operativen / formalen Agierens. Ihr Fazit lautet übereinstimmend: „Nicht alles ist berechenbar". Damit soll weder das formale Denken und schon gar nicht die Formseite der Welt herabgesetzt werden: Wie ich verschiedentlich zu zeigen versucht habe, lassen sich durch das Überwechseln auf diese Ebene viele inhaltliche Probleme lösen, die anders kaum zu bewältigen wären. Inhalt und Form bedingen und brauchen sich auch sonst wechselseitig. Löscht einer der beiden Teile den anderen aus oder vereinnahmt ihn vollständig, ist buchstäblich alles „geplättet".

## Wie der Schein das Sein wegerklären soll

Da Turing vermutete, Rechner einer sehr hohen Entwicklungsstufe könnten einmal über menschenähnliche Intelligenz und Bewusstsein verfügen, machte er sich auch Gedanken über ein geeignetes Nachweisverfahren. Als Test schlug er vor, einen menschlichen Prüfer mit einem für ihn unsichtbaren Probanden (Mensch oder Maschine) auf schriftlichem Wege kommunizieren zu lassen. Einer Maschine, die bei dieser Prüfung nicht als solche erkannt werden würde, sprach er Bewusstsein zu.

Im einen oder anderen Fall mag man mit dieser Schlussweise zu passablen Ergebnissen kommen, doch grundsätzlich anzunehmen, dass das, was nicht zu unterscheiden ist, gleich sein muss, läuft auf die Gleichsetzung von Schein und Sein hinaus. Maya lässt grüßen! Dazu passt die Beobachtung, dass professionelle Heiratsschwindler oft erfolgreicher sind als echte Verehrer. Mit der Frage, wer mit einer elektronischen Braut zufrieden wäre und an echte Liebe glauben würde, nachdem seine „Liebste" alle Tests hinsichtlich ihres Aussehens und Verhaltens bestanden hätte, betreten wir die albtraumartige Bilderwelt des Hieronimus Bosch.

Unter ganz anderen Vorzeichen begegnen wir dem Motiv in Ovids Mythos von Pygmalion. Abgestoßen vom Treiben der Prostituierten, hatte sich der Künstler vom weiblichen Geschlecht zwar abgewandt, doch begann er in seiner Einsamkeit eines Tages, eine Frauengestalt zu schnitzen. In die verliebte er sich so sehr, dass er sich wünschte, ein solches Wesen aus Fleisch und Blut an seiner Seite zu haben.

Beim Fest der Venus schüttete er der Göttin der Liebe sein Herz aus und vertraute ihr seine Sehnsucht an.

Nach Hause zurückgekehrt hatte Pygmalion seinen verwegenen Wunsch schon halb vergessen, als sich das ehedem kalte Material unter seinen Händen zu regen begann und in die Frau verwandelte, auf die er so sehr gewartet hatte.

Ovid hat den Protagonisten seiner Erzählung zwar als leicht überdrehten Menschen dargestellt, den Kern dessen, worum es Pygmalion geht – die Liebe -, stellt Ovid aber nicht infrage. Die aus Elfenbein auferstandene Galatea ist weder ein Ersatz noch ein Trugbild, sondern voll und ganz eine Frau, denn ihr Leben verdankt sie einem göttlichen Funken und damit einem Eingriff aus einer anderen Dimension. Mit technischer Kunstfertigkeit hat das nichts zu tun.

## Künstliche „Intelligenz": Augen zu und durch?

Ohne sprachliche Taschenspielertricks kann Intelligenz nur einem denkenden, nach **Einsicht** suchenden und insofern bewussten Subjekt zuerkannt werden. Daher besitzt sie ein Oktopus, der eine originelle Lösung zu finden vermag, nicht jedoch ein Taschenrechner. Die Rede von „Künstlicher" Intelligenz ist insofern sprachlich ebenso korrumpierend, wie die Bezeichnung „Echte Imitation" für eine Fälschung.

Mehr als einmal schienen die mit dem Thema Künstliche Intelligenz verbundenen Erwartungen unerfüllbar zu bleiben. Inzwischen hat sich das Blatt gewendet. Längst sind Supercomputer Großmeister des Schachspiels, ehedem eine Domäne des Menschen, die früher einmal für uneinnehmbar gehalten wurde. Automatische Gesichtserkennung ist ebenso zur Selbstverständlichkeit geworden wie Programme, deren Aufgabe darin besteht, aus der Mimik eines Menschen oder aus seiner Stimme / seinem Verhalten bestimmte Gefühlsregungen oder Absichten abzulesen.

Bald in den Handel kommende Bots (Roboter) zur Unterhaltung und Beschäftigung der „lieben Kleinen" sind u.a. so konzipiert, dass sie Kindern echtes Interesse und Mitgefühl vorgaukeln. Den Turing-Test haben sie dadurch nicht bestanden, sondern ad absurdum geführt.

Allerdings sind elektronische Akteure inzwischen in der Lage, die Ansichten von Menschen preiswert und unauffällig manipulieren. Dazu unterstützen und „bestätigen" sie bestimmte Meinungen und Trends, um auf diese Weise den Mitläufereffekt auszunutzen. Mittlerweile konnten Presseinformationen generiert werden, die zumindest bei einigen Testlesern fälschlich als das Werk menschlicher Schreiber durchgingen. Auch wenn es sich dabei (meines Wissens) nur um Sportberichte handelte, so ist es doch beunruhigend, wie weit die Entwicklung fortgeschritten ist, inhaltliches Denken (die sogenannte semantische Seite der Sprache) durch rein formale Prozesse zu simulieren. Wenn eine so verfasste Nachricht also besagt, der beliebte Stürmer x habe sich eine „schmerzhafte Sehnenzerrung zugezogen", heißt das nicht, dass der elektronische Autor „weiß", was er sagt und noch weniger, dass er auch nur das geringste Mitgefühl empfindet.

Auf die „Gretchenfrage", ob in Zukunft einmal Artefakten bzw. Maschinen fortgeschrittener Bauart Bewusstsein zugesprochen werden kann, will ich folgende vorläufige Antwort geben:

**Wenn es einmal möglich sein sollte, etwas auf künstlichem Wege zu erzeugen, dem Bewusstsein und Persönlichkeit innewohnt, wovon ich ausgehe, dann wäre das, was da geschaffen wurde, völlig verschieden von dem, was wir glauben, geschaffen zu haben.** Das Bewusstsein unseres Geschöpfs wäre dann freilich keine Illusion mehr, wohl aber unsere Meinung, wir würden das Wesen unseres Schöpfungsprozesses verstehen und wüssten, mit wem wir es da zu tun haben. Der Glaube, wir befänden uns dann an dem von uns anvisierten Ziel, könnte sich als äußerst gefährliche Illusion erweisen. **Eine gelungene Verführung beruht schließlich immer auf der Kunst, den Verführten glauben zu lassen, die Initiative sei von ihm ausgegangen.**

Der Zusammenbau eines einfachen Radiomodells nach Anleitung kann ohne physikalisches Grundwissen gelingen. Erklingt dann aus dem Gerät Musik, beweist das auch kein musikalisches Verständnis.

Aus der Kenntnis der Einzelschritte lässt sich nicht immer ablesen, was er eigentlich „abgeht", über welches Terrain und in welche Richtung die Reise führt. Theorien, die man sich im Verlauf des Weges zurechtlegt, werden erst einmal Meilen vom wirklichen Sachverhalt entfernt sein. Wir sind leicht geneigt, die Entdeckung eines Ursache-Wirkungs-Mechanismus als Verstehen zu deuten. Ein derartiges Denkmuster führt jedoch zu Trugschlüssen: Mit dem Drücken eines Lichtschalters verfügt man zwar über die Raumbeleuchtung, mit einem Wissen über die Natur des Lichtes hat das aber nichts zu tun.

Bezogen auf das Thema Bewusstsein liegen die Dinge nicht anders. Selbst die Fähigkeit, in einer Werkhalle ein Artefakt zu schaffen, aus dem eine Wesenheit /

## Böses Erwachen – Künstliches Bewusstsein

Person spricht, die sich selbst und ihr Denken bewusst wahrnimmt und reflektiert, würde auf unserem derzeitigen Entwicklungsstand nur dem Anknipsen von Licht entsprechen. In seiner Fremdartigkeit könnte sich ein derartiges Geschöpf unserem Verständnis vollständig entziehen.

# Zweifel

## Der Preis der Vereinfachung

Die Diskrepanz zwischen der Materie, **wie wir sie uns heute vorstellen** und dem was uns in jedem Lebewesen begegnet, ist einfach zu groß, um sinnvoll überbrückt werden zu können. Eine derartige Unvereinbarkeit lässt vermuten, **dass mit den Voraussetzungen etwas nicht stimmt.**

Was aber könnte bloß an einer derart bewährten und nach allen Seiten abgesicherten Methode wie der modernen Physik falsch sein? Vielleicht zeichnet sich eine alternative Wissenschaft gerade dadurch aus, dass sie auf absolute Gewissheiten verzichtet, denn vielleicht ist ja auch unsere Realität noch offen und unbestimmt. Vielleicht haben wir mit der Quantenphysik nur einen Rockzipfel und nicht den ganzen Rock erwischt.

Dazu ist zu bemerken, dass der Begriff von wahr und falsch komplexer ist als in der zuvor in einigen Aspekten vorgestellten Aussagenlogik. Dort kann man beispielsweise mehrere wahre Aussagen durch den Junktor „und" zu einer Gesamtaussage zusammenfassen und schafft so mit diesem „Paket" eine neue wahre Aussage. Der Wahrheitsgehalt eines derartigen Paketes leidet nicht darunter, wenn es nicht alle wahren Aussagen umfasst.

Juristen sehen das – mit Recht – ganz anders: Daher lautet im Strafprozess die Aufforderung zum Eid: „Sie schwören, dass Sie nach bestem Wissen die reine Wahrheit gesagt und **nichts verschwiegen haben.**"

Das bedeutet, dass eine unvollständige Aussage in bestimmten Fällen eine Unwahrheit oder Lüge ist.

In den Naturwissenschaften sind die zusammengetragenen Einzelerkenntnisse und die Aussagen hierzu eher additiver Natur – fernab von jedem ganzheitlichen Charakter.

Noch etwas ist anders: Eine falsche Aussage, die nach bestem Wissen vor Gericht abgegeben wurde, wird dadurch zwar nicht zur Wahrheit, sie wird aber nicht wie eine absichtliche Falschaussage behandelt.

Derartige Überlegungen lassen sich mit der Denkweise der klassischen Physik weder nachvollziehen noch analysieren. Sie sind in ihren Fundamenten nicht angelegt und können folglich nicht aus ihnen aufsteigen.

In der nach cm, g und sec normierten Welt gibt es neben Bewusstsein und Ganzheit auch keine Bedeutung, kein Ziel, kein Sinn, kein Wille, keine Hoffnung, keine Täuschung und keine Empfindung. Materielle Objekte haben für sich genommen keine Bedeutung, weisen auf nichts hin. Dass eine Kugel auf einer unebenen Unterlage erst am tiefsten Punkt zur Ruhe kommt, heißt nicht, dass sie diesen Punkt „sucht" oder „aufsucht". Wollen und Wünschen sind **keine** materiellen Kategorien. Um von einer Kategorie zu einer anderen zu gelangen, ist ein Sprung über einen Abgrund erforderlich, zu dessen Überwindung die niedrigere Ebene keine Werkzeuge bereithält. Für den Gegenstand eines Traums oder einer Täuschung kann zwar in der Realität ein Gegenstück gefunden werden, eine **Verwandlung** in dieses würde aber in den Zuständigkeitsbereich der Magie fallen.

Wie ein herrschsüchtiger Akteur reagiert, wenn er auf einen fremdartigen Gegenstand trifft, ist Gegenstand des bereits erwähnten, äußerst lesenswerten SF-Romans von Ray Bradbury. Dort werden an einer Stelle die Aktivitäten menschlicher Neusiedler auf dem Mars wie folgt dargestellt: „Und aus den Raumschiffen stürmten Männer. Sie trugen Hämmer in den Händen, mit denen sie die fremde Welt in eine Form schlagen wollten, die ihnen vertraut war, mit denen sie all das Fremdartig zerschmettern wollten." Wenn man an Stelle des Mars unsere gute alte Erde nimmt und unter den Hämmern unsere Denkwerkzeuge und unsere Denkmodelle versteht, ist man wohl nicht allzu weit von dem entfernt, worauf Bradbury hinauswollte.

## Nur scheinbar unangreifbar

Globalisierungstendenzen sind nicht nur im geographischen Kontext zu vermelden. Die Versuche, die naturwissenschaftliche Methode auch dort tonangebend zu etablieren, wo sie in der zweiten Reihe stehen sollte, sind insofern nicht verwunderlich, als die Behauptung, alles Wesentliche bereits zu kennen und für alles zuständig zu sein, eine lange Tradition hat.

Mit der notwendigen Entschlossenheit sind aber auch aus einem in sich schlüssigen und nach allen Seiten abgesicherten Weltbild Durchbrüche ins scheinbar /

## Zweifel

angeblich Unmögliche möglich, wenn man Hindernisse mit Respekt aber nicht unterwürfig angeht.

Ein erster Ansatz kann beispielsweise die Suche nach rätselhaften Phänomenen sein, von denen durch das rasante Vorpreschen der Naturwissenschaften unzählige im Abseits gelandet sind, ohne je die Chance auf eine faire Prüfung bekommen zu haben. Es ist sehr wohl ein Unterschied, ob man alles daran setzt, einen experimentellen Beweis zu finden, um eine Vermutung / These / Theorie zu widerlegen, oder ob man sich bemüht, die Prüfung so zu gestalten, dass auch ein eventuell vorhandener wahrer Kern sichtbar werden kann. Hinzu kommt, dass viele Experimente nicht den Grad an Objektivität besitzen, der vorgeblich gewahrt wird. Denn die Ausgestaltung jedes Experimentes – angefangen von seinem Aufbau bis hin zur Interpretation der Versuchsergebnisse – basiert auf einem theoretischen Hintergrund. Sodann stellt sich die Frage, ob dieser theoretische Hintergrund vom Verteidiger oder vom Gegner der zu prüfenden Vermutung bereitgestellt wird oder ob man sich auf eine gemeinsame Vorgehensweise einigen kann. Aber selbst der günstigste Fall bietet keine absolute Sicherheit, wenn beide Kontrahenten auf demselben schwankenden Untergrund stehen.

Das räumliche und / oder zeitliche Zusammentreffen von Ereignissen, die zwar bedeutungs- / sinnverwandt sind, deren gemeinsames Auftreten jedoch nicht kausal erklärbar erscheint, ist eine Beobachtung, die jeder von uns schon einmal gemacht hat. Eine solide Prüfung der Frage, ob dabei Vorgänge jenseits der uns bekannten Gesetzmäßigkeiten im Spiel sind, ist allerdings ein extrem schwieriges, wenn auch lohnendes Unterfangen. Immerhin verfügen wir heute über äußerst scharfe statistische Tests, mit denen verlässlich beurteilt werden kann, ob die Ergebnisse einer Testserie als Produkte des Zufalls angesehen werden können oder ob sie auffällig weit außerhalb des natürlichen Streubereichs liegen. Aus einer Reihe naheliegender Gründe ist jedoch der Einsatz von Forschungsgeldern in diese Richtung kaum zu erwarten. Wer sägt schon den Ast ab, auf dem er sitzt? Eigenen Beobachtungen kommt daher ein umso größerer Wert zu.

Eine grundsätzliche Bemerkung zu Expeditionen aller Art erscheint mir an dieser Stelle angebracht: Was wir finden, hängt zu einem guten Teil davon ab, was wir erwarten. Denn unsere Erwartungen bestimmen nicht nur unsere Ausrüstung und die Wahl des Weges, sondern auch, worauf wir unsere Aufmerksamkeit richten und nach welchen Kriterien wir das Gesehene beurteilen. Wenn es also um Grundsatzfragen geht – und die Frage nach dem Maschinenbewusstsein ist eine solche –, sollte man sich mit einem Weitwinkelobjektiv ausrüsten und von der Annahme ausgehen, dass das, was wir als Realität bezeichnen, nur ein winziges Bruchstück dessen ist, was uns umgibt.

Leider sind auch die meisten jenseits der gängigen Modelle geduldeten mathematisch-physikalischen Theorien so geartet, dass sich im Falle ihrer Bestätigung keine nennenswerten methodischen Verwerfungen ergeben würden.

Allerdings gibt es auch Entwürfe, die – sollten sie zutreffen – uns dazu zwingen würden, Grundüberzeugungen zu revidieren. Dazu eine kleine Auswahl potentieller Bewerber:

- Außersinnliche Wahrnehmung, Hellsehen, Psychokinese etc.
- Geht die Wirkung bestimmter Rituale über die subjektive Sphäre hinaus?
- Hat der Glaube Einfluss auf den objektiven / materiellen Lauf der Dinge?
- Sollte man die Schönheit ein Wort mitreden lassen, wenn es um die Frage nach der Wahrheit / Gültigkeit geht.
- Das Leben ist nur ein Traum. Dabei wird offen gelassen, wer der Träumer ist.
- Unser Körper ist nur die stellvertretende Hülle einer Person, die an einem anderen Ort existiert (Avatar).
- Die Welt ist nur der digitale Inhalt einer Art Computerspiel (Matrix).

Zwischen dem, was wir erleben und dem, was offiziell als Realität gilt, klafft gelegentlich eine große Lücke. Wer hat nicht schon einmal selbst etwas erlebt oder von einem vertrauenswürdigen Menschen gehört, das in einem Spielfilm absolut unglaubwürdig und unrealistisch gewirkt hätte.

Alle, die in wissenschaftliches Neuland vorgestoßen sind, hatten den Mut, sich zumindest zeitweise von kollektiven Denkgewohnheiten zu verabschieden und über den Tellerrand zu blicken – dorthin, wo noch nicht die üblichen Gebots- und Verbotsschilder „richtig", „falsch", „interessant", „belanglos", „machbar", „aussichtslos", „großartig", „lächerlich", „notwendig" usw. aufgestellt sind. Sinnlos sind die Grenzen aber nicht. Wären sie ungeschützt, würden Überschreitungen bald zum guten Ruf gehören und zur Pflichtübung degenerieren.

Ob die Sicht auf das Wesen unserer Wirklichkeit in 1000 Jahren noch viel Ähnlichkeit mit unserer heutigen Auffassung haben wird, bezweifele ich stark. Aktuell werden sowohl der Körper eines Menschen als auch ein Roboter als materielle Gebilde angesehen. Wie also kann man eine Aussage darüber machen, wann und

# Zweifel

ob einem derartigen Gebilde Bewusstsein zuzusprechen ist, wenn eine endgültige Antwort zum Wesen der Materie nicht in Sicht ist?

Die Frage nach dem eventuellen Bewusstsein von Maschinen ist ohnehin viel zu heikel, als dass sie seriös durch eine Methode beantwortet werden könnte, von der Geist, Seele und Persönlichkeit wahlweise als Phantasiegebilde oder als Begleitphänomene der Materie angesehen werden. Eigentlich geht man gerade in der Physik mit **Kriterien** sehr vorsichtig um, solange man keine genaue Vorstellung von der Natur dessen hat, was man messen will. So ist zwar der Übergang vom flüssigen zum gasförmigen Zustand von Wasser (unter einem bestimmten Luftdruck!) eine praktische Wegmarke zur Temperaturbestimmung, doch ein echtes Verständnis der Wärme existierte erst, als der Zusammenhang mit der Bewegung der Atome bzw. Moleküle erkannt worden war.

Was das Bewusstsein angeht, besitzen wir nicht zuletzt infolge der ablehnenden Haltung gegenüber subjektiven Phänomenen kein verlässliches Wissen. Auf dieser Basis ist ein Prüfverfahren wie etwa der Turing-Test eine Farce.

Wirklich verwunderlich sind die aufgezeigten Widersprüche nicht. Unsere Art und Weise zu denken entspricht dem, was wir vorzufinden glauben und mit welchen Reaktionen wir rechnen, wenn wir gezielt auf unsere Umgebung einwirken. Was wir erhalten ist immer ein Spiegelbild unserer Grundeinstellung. Bezeichnender Weise verlaufen moderne Experimente in einem hermetisch abgeschlossenen Ambiente unter Ausschluss all jener Einflüsse, die sich nicht streng kontrolliert lassen. Was innerhalb des total ausgeleuchteten Raums verbleibt, ist naturgemäß steril.

Die geschilderte Vorgehensweise ist Ausdruck einer langen Tradition statischen Denkens, die u.a. auf den griechischen Philosophen Demokrit (460 v. Chr.–371 v. Chr.) zurückgeht, der winzige, verschiedenartige Teilchen als Grundbausteine der Welt annahm. Wie wäre die Geschichte wohl verlaufen, wenn die Suche nicht leblosen Atomen, sondern **Geschichten**, Erzählungen, Mythen und Legenden gegolten hätte, von der jede eine Facette unserer Wirklichkeit beschreibt?

Um zu einer wesentlich neuen Sicht der Dinge zu gelangen, würde es nicht ausreichen, die Erklärung der Welt auf Wörter und grammatische Regeln zu gründen. Dass dieser Platz **Erzählungen und Geschichten** gebührt, lässt sich vielleicht am besten durch ein einfaches Beispiel darstellen: Großartige Architektur definiert sich nicht aus den Eigenschaften von Bausteinen und anderen Materialien, die zu-

## Böses Erwachen – Künstliches Bewusstsein

sammen mit den statischen und konstruktiven Gesichtspunkten nur den Rahmen des Möglichen abgeben, sondern entspringt einem **ganzhcitlichen** Konzept, in dem Schönheit, Ästhetik, menschliche Sehnsüchte und gesellschaftliche Normen die entscheidenden Parameter sind, die wie **Hoffnungen und Phantasien erzählenden Charakter** besitzen.

Weder Ganzheit noch Begriffe wie Bedeutung, Zweck oder Schönheit gehören zum Instrumentarium der reduktionistischen Betrachtungsweise. Eine Tasse, die zu Boden fällt, **weiß** nicht, was ihr blüht, sie **befürchtet** und **hofft** nichts, weder **befolgt** sie die Fallgesetze, noch **widersetzt** sie sich ihnen, und wenn sie am Ende in eine Menge Scherben zerfällt, **empfindet** sie nichts dabei – so die einleuchtende und gängige Lesart. Höchstens der Besitzer des guten Stücks empfindet vielleicht einen gewissen Schmerz über den Verlust. Aber das ist etwas völlig Anderes – oder doch nicht ganz?

Was die im Raum stehende Möglichkeit der Schaffung eines Künstlichen Bewusstseins angeht, kann die naturwissenschaftliche Methode in ihrer heutigen Form kaum etwas zur Lösung der für uns existenziellen Frage beitragen, wohin die Entwicklung in Sachen „Roboter & Co" geht, welche Kräfte und Interessen sie vorantreiben und **wer** eigentlich mittels eines solchen künstlichen Körpers die Bühne der Welt betreten würde. Um zu einem belastbaren Urteil zu kommen, sollte die Aufmerksamkeit auch all jenen Akteuren gelten – seien sie nun personifizierbar oder nicht-, die technische und gesellschaftliche Trends vorgeben oder ganz allgemein Werteempfinden, Geschmack und Meinungsbildung beeinflussen. Es scheint mehr als zweifelhaft, dass die aktuelle Entwicklung – wie allgemein behauptet – ausschließlich das Werk einer blinden, nur von kommerziellen Interessen gesteuerten Dynamik ist.

Unabhängig davon, ob eine tragfähige Basis gefunden wird, die natur- und geisteswissenschaftliche Perspektiven miteinander versöhnt, sollten wir nie vergessen, dass unser Wissen stets nur Stückwerk bleiben wird. Auf der Basis dieses (Nicht-)Wissens wird letztlich auch zu entscheiden sein, ob und wie weit Entwicklungen vorangetrieben werden sollten, die darauf ausgelegt sind, Künstliches Bewusstsein in unsere Welt zu setzen. Aber selbst wenn es – wie zu vermuten – zum Umsteuern zu spät ist, sollten wir uns ohne Scheuklappen auf das vorbereiten, was auf uns zukommt.

## Zweifel

Was die Uhr geschlagen hat, zeigt der „Traum" eines ehemaligen Google-Entwicklers (Anthony Levandowski), per entsprechender Hard- und Software eine gottgleiche Maschine zu schaffen, die ihrer selbst bewusst ist. Die Kirche zur Propagierung der zugehörigen neuen Religion soll er schon gegründet haben. Hinter der Tür zu diesem Tempel, die nachträglich niemand mehr schließen könnte, verbirgt sich mit ziemlicher Sicherheit eine **böse** Überraschung.

# Bewusstsein

## Markierungspunkte

Im Lateinischen und Altgriechischen bedeutet „Bewusstsein" Mitwissen, Miterscheinen, Mitwahrnehmen oder Mitempfinden. Lässt man sich auf diese Sichtweise ein, in der Bewusstsein als die aktive Teilhabe und Teilnahme am Dasein verstanden wird, erkennt man, dass es darum geht, sich in die Welt einzubringen, einen Einsatz zu leisten, sich auf etwas einzulassen und verwundbar zu werden. Bewusstwerdung lässt sich auch mit dem Erwachen oder dem Betreten eines Raums vergleichen. Gefühle, Stimmungen und Empfindungen, wie sie mit dem Wahrnehmen und Erleben verbunden sind, werfen aber die Frage nach dem Subjekt bzw. dem Träger des Geschehens auf: **Wer** empfindet, fühlt und nimmt teil? Aus eigener Anschauung kennen wir verschiedenste Bewusstseinszustände im Sinne von Weisen, in denen wir der Welt begegnen und wir sie uns gegenüber empfinden. Der Ruhepukt im Mahlstrom ist das Selbst, auch „Ich", „Seele", „Wesen" oder „Geist" genannt, das trotz wechselnder Bewusstseinsinhalte nicht seine eigene Identität verliert.

Das Zusammenwirken der körperlichen und der geistigen Seite lässt sich nach meiner Überzeugung nicht durch ein grobmechanisches Modell wiedergeben. Vielmehr handelt es sich um zwei verschiedene Seiten eines einzigen Seins / Geschehens, dessen eigentlichem Akteur wir in unserm Innersten begegnen.

Die Sprache, die uns eingangs einen entscheidenden Hinweis gegeben hat, kann allerdings auch ein trügerischer Wegweiser sein. Dazu gehört etwa die Regel, für jedes Geschehen einen Satzgegenstand – gewissermaßen als Täter – ausweisen zu müssen. Nach dieser Vorgabe hätte der Ausruf „Endlich Regen!" korrekt zu lauten „Endlich regnet es!". Doch wer ist dieses „Es"? Der Regen ist es wohl kaum und auch die Wolke als Teil des Regenwetters nicht. Das Beispiel zeigt, wie schwer es uns die Sprache macht, ein Geschehen zugleich als Handlung und handelndes Subjekt zu sehen. Für unser Verständnis des Bewusstseinsproblems dürfte das ebenfalls eine zentrale Hürde darstellen.

Weil im Zustand vermeintlicher Gewissheiten nichts besser ist als eine Irritation, erlaube ich mir die Frage, wie es sich wohl anfühlt, eine Wolke oder ein anderes

## Bewusstsein

Ding zu sein? Wer nach einer Antwort sucht, kann es ja einmal ein altes Märchenbuch aufschlagen.

Als Quelle des Bewusstseins ist das Ich der eigentliche, zentrale Spieler, dessen Wesen sich mindestens ebenso jedem einfachen Erklärungsversuch widersetzt. Beide können nur gemeinsam verstanden werden, streckenweise scheint ihr Unterschied ohnehin nur das Produkt unseres unzureichenden begrifflichen Apparates zu sein. Wenn also in den folgenden Passagen vom Ich die Rede ist, bleibt das Bewusstsein in diesem Sinne unverändert im Fokus der folgenden Überlegungen. Damit können wir uns nun wieder konkreteren Gedankenexperimenten zuwenden: Wo befindet sich unser Ich? Identifiziert man diesen Ort mit unserem Körper, würde der ihm zukommende Raum an der Oberfläche des Körpers enden. Dass hier etwas nicht stimmen kann, zeigen einige Beispiele.

- Die Bekleidung wird oft als Teil der Person empfunden.
- Stößt ein längerer Stock, mit dem man sich im Dunkeln vorantastet, gegen ein Hindernis, wird die Berührung in der Stockspitze wahrgenommen, obwohl sich dort keine Sinneszellen befinden. Der Stock wird in der geschilderten Situation also dem Körper bzw. dem Arm hinzugerechnet.
- Eine Brille wird mit der Zeit mehr und mehr als Teil des eigenen Körpers akzeptiert.
- Autos werden in einer Zeit des Energiesparens wohl deshalb immer größer, weil für viele Autofahrer die Blechhülle die Außengrenze ihres Ichs darstellt.

In den vorangegangenen Beispielen bezog sich die Verortung des Ichs noch auf Gegenstände des nahen Umfeldes. Notwendig ist das aber nicht, die Grenzen des Ichs liegen oft weit draußen:

- Gegenstände können von ihren Eigentümern als Teil ihrer selbst empfunden werden. Zwischen „Das gehört mir", "das gehört zu mir" und „das ist ein Teil von mir" besteht keine unüberbrückbaren Unterschied. Sachbeschädigungen verursachen daher nicht nur materiellen Schaden, sondern verletzen oft auch den Eigentümer, selbst wenn der im Ausland wohnt.
- Wer sich einem Fremden unnötig auf eine Distanz nähert, die etwa eine Armeslänge unterschreitet, verletzt dessen persönliche Sphäre.
- Das eigene Zimmer, die **eigene** Stadt, das **eigene** Land machen ebenfalls einen Teil von uns aus. Ein unerlaubtes Eindringen wird ebenfalls als Persönlichkeitsverletzung wahrgenommen.

## Böses Erwachen – Künstliches Bewusstsein

Letztlich wird alles, für das wir durch unser Tun oder Unterlassen in gewisser Weise mitverantwortlich sind, zu unserer Sache und damit zu einem Teil von uns. Davon machen sowohl die Medien als auch die Werbung massiven Gebrauch. Ganz gleich, was Sie sich im Fernsehen oder im Internet anschauen – Sie verlieren die Möglichkeit, später einmal behaupten zu können, von dieser oder jener Sache nichts gewusst zu haben. Ob wir wollen oder nicht, verorten wir das Gesehene in unserem persönlichen Vorstellungsraum und müssen uns mit ihm auseinandersetzen. Dieser Raum befindet sich nicht in unserem Kopf, sondern außerhalb unseres Körpers und mit ihm unser Ich. Aber auch ohne wohlmeinende oder manipulative Ermahnungen empfinden wir die Natur mit ihren stummen und lebendigen Schätzen als Teil unserer erweiterten Ich-Sphäre. Daher verletzen wir uns auch selbst, wenn wir anderen Leid zufügen oder Dinge mutwillig zerstören.

Inhalte unseres Denken und unserer Vorstellung, denen wir uns (zumindest zeitweilig) verbunden fühlen, in denen unser Innerstes ganz oder teilweise „**zuhause ist**" / "wohnt", bilden ebenfalls einen erweiterten Körper. Dazu gehören beispielsweise
- Die Muttersprache
- Die Familie / Der Freundeskreis
- Der erlernte Beruf
- Das typische Denken und ggf. die Religion des eigenen Kulturkreises
- Unsere persönliche Historie.

Weniger stabile Identifikationen betreffen
- Meinungen
- Privatsphäre
- Gewohnheiten
- Selbstbild.

Das Meiste, wovon wir glauben, dass es uns ausmacht, ist ersetzbar. Ein schrittweiser Austausch und Wandel geschieht unablässig und ist für die persönliche Weiterentwicklung notwendig. Die Sphären, die das Ich umgeben und zu seiner inneren Repräsentation beitragen, sind erweiterte (teilweise abstrakte) Körperhüllen, die wir uns angeeignet haben, innerhalb derer wir uns erleben, deren Territorium wir zumindest teilweise als Revier beanspruchen und die wir zur Sicherung unserer Existenz benötigen. Ein Vergleich mit unserem physischen Körper liegt nahe.

## Bewusstsein

Von einem Wandel kann nur gesprochen werden, wenn er auf etwas Unwandelbarem ruht, anderenfalls hätte man es mit einer Zerstörung und einer anschließenden Neuschaffung zu tun. Was uns betrifft, ist **dieses unwandelbare Selbst und nur dieses diejenige Instanz, die Lust und Angst empfindet, die wahrnimmt, Bewusstsein und einen Willen hat.** Wie über eine unsichtbare Nabelschnur ist es mit seinem Ursprung verbunden. Die physikalischen Kategorien von Materie, Raum und Zeit haben hier, was definitorische Ansätze betrifft, ihre Zuständigkeit verloren.

Unter der Oberfläche des Augenscheinlichen und Messbaren eine tiefere Ebene zu finden, war auch das Anliegen von Carl Gustav Jung, der den Begriff des kollektiven Unterbewussten in die Psychologie einführte. Er beschreibt diese Sphäre als die Heimat archetypischer (aus vorgeschichtlicher Zeit stammender) Bilder, Vorstellungen und Wertungen, die schon von Geburt an einen wichtiger Teil des Ichs ausmachen. Nach Jungs Auffassung ist die archetypische Ebene etwas, an dem alle menschlichen Individuen teilhaben und über das sie permanent miteinander verbunden sind. Diese Eigenschaft beschreibt er so: „Wenn an einem Ort etwas geschieht, welches das kollektive Unbewusste berührt oder in Mitleidenschaft zieht, so ist es überall geschehen." Der Gedanke ist vermutlich aus Gesprächen mit dem Quantenphysiker Wolfgang Pauli hervorgegangen, mit dem Jung den Begriff der Synchronizität geprägt hat. Darauf werden wir später zurückkommen.

Da wir in einem hohen Maß durch unsere Erziehung geprägt werden, müssen wir ständig für Klarheit darüber sorgen, was unserem natürlichen Wesen entspricht und was später hinzugefügt wurde. In diesem dynamisch verlaufenden Selbstfindungsprozess kann das, was heute als Teil der Außenwelt erscheint, schon morgen als Teil der eigenen Person erlebt werden und umgekehrt.

Damit soll keinesfalls angedeutet werden, die auf uns wirkenden Einflüsse und Begegnungen seien allesamt rein zufälliger Natur. Vielmehr scheinen sie eine gewisse Affinität zum Kern der jeweiligen Persönlichkeit aufzuweisen. Für eine Definition des Ichs taugen sie jedoch nicht, da verschiedene Menschen durch äußerlich gleiche Situationen durchaus verschiedene Prägungen erhalten können. **Das Selbst ist definitiv mehr als die Summe der prägenden Kräfte, mit denen es in Berührung gekommen ist.**

Absolute persönliche Souveränität ist jedoch ein fiktiver Punkt am Horizont. Realistischer ist da schon die Frage, wie stark wir geprägt sind – von wem oder was auch immer. Schlimmstenfalls erkennen wir uns am Ende des Weges selbst nicht mehr wieder.

Was genau geschieht, wenn ich etwa einem Verein beitrete, dessen Ziele mit meinen weitgehend übereinstimmen? Unter diesen Voraussetzungen werden seine Erfolge auch meine sein, und seine Misserfolge werden von mir als persönlicher Verlust erlebt. Der Aktionsrahmen des Vereins wird zu meiner persönlichen Außengrenze. Vor allem wenn ich ihn mitgestalte, wird er zu einem Teil von mir. Das ist die eine Seite der Medaille. Auf der anderen Seite werde ich umgekehrt auch vom Verein vereinnahmt und trage zu dessen Identität bei. Wissentlich oder unwissentlich marschiert jeder von uns irgendwo mit. Bestenfalls finden wir darin unsere Erfüllung, schlimmstenfalls werden wir getäuscht und ausgenutzt.

Die Frage, ob materielle Gebilde etwas mit dem Auftreten von Bewusstsein zu tun haben, stellt sich nicht. Die Natur macht uns das (zumindest) mit den höheren Lebewesen milliardenfach vor. Die eigentliche Aufgabe besteht darin, das zu erklären. Als Antworten stehen verschiedene konkurrierende Entwürfe im Raum: Die eine erklärt Bewusstsein als etwas, das durch bestimmte materielle Konstellationen und Abläufe **erzeugt** wird, aus deren Sosein es seine Identität – als passiver Zuschauer – bezieht und deren Ende seine endgültige eigene Auslöschung bedeutet. In dieser reduktionistischen Auffassung wird das Bewusstsein zumindest nicht vollends als Illusion abgetan. Ein anderer Entwurf sieht im Bewusstsein etwas, das durch besagte materielle Konstellationen und Abläufe **herbeigerufen** oder **sichtbar** wird. In dieser Version wird das Bewusstsein zumeist als etwas gedacht, das mehr ist als nur passiver Zuschauer, was natürlich das Problem aufwirft, woher es kommt und wie es mit der materiellen Seite interagiert. Vollends die Regie übernimmt der Geist in der dem Materialismus (scheinbar?) entgegengesetzten Position, nach der er es die spirituelle Ebene ist, welche (die Illusion von) Materie hervorbringt. Auch dazu wird später noch mehr zu sagen sein.

Die meisten modernen Wissenschafter sehen zwischen einem menschlichen Gehirn und einem fortschrittlichen Elektronengehirn keinen prinzipiellen Unterschied. Für sie stellen beide nur **komplexe, hochgradig strukturierte Gebilde dar, die sich aus einer sehr großen Zahl miteinander verknüpfter Bauelementen zusammensetzen.** Zu deren einwandfreiem Funktionieren wird weder ein Bewusstsein benötigt, noch lassen sich Empfindungen oder Ähnliches aus den materiellen Gegebenheiten herleiten.

Wieso aber sind wir dann bewusste und fühlende Wesen?

# Bewusstsein

Offensichtlich kann auf der materiellen Ebene nur die Voraussetzung für die Anwesenheit von Bewusstsein bereitgestellt werden, erzeugt wird es von ihr nicht. Vielmehr tritt es aus eine anderen „Dimension" hervor, wie das etwa geschieht, wenn man jemanden, der bislang verborgen war, **beim Namen ruft**. Dann kämen Körper und Gehirn einschließlich dem involvierten Umfeld in einer noch näher zu bestimmenden Weise die Funktion eines Namens zu. Als ein hochkomplexes Gebilde ist dieser Name, nicht nur schmückendes Beiwerk, sondern zugleich ein adäquates Werkzeug, das von dem, der sich „verkörpert", als an**sprechend** und an**ziehend** empfunden wird. Der Identifikationsprozess, der bei jeder intensiven Beschäftigung mit einem Computerspiel stattfindet, könnte dafür ein brauchbares Modell abgeben.

Bereits die Frage – „ob aus Materie Bewusstsein entstehen kann" – geht stillschweigend vom Vorrang der Materie aus. Ebenso voreilig wäre die Annahme, Hardware wäre die Ursache von Software. Zwar kann ein Programm ohne einen PC nicht laufen, aber letzterer verdankt sein Dasein einzig der Aufgabe, zum Träger einer Programmiersprache zu werden. Entsprechendes gilt für die Beziehung zwischen körperlicher und seelischer Welt. Auch hier ist eine Deutung möglich, in der die Machtverhältnisse zwischen beiden – gegenüber dem üblichen Verständnis – auf den Kopf gestellt sind.

In dieser Sichtweise hat das, was wir um uns herum sehen, seinen Ursprung in einer geistigen Welt, ohne die es keine belastbaren Antworten auf unsere Fragen gibt. Die materielle Welt bildet dabei die sichtbare Außenhülle bzw. die Formseite des Seins, was ihren Sprachcharakter herausstellt. Insofern ist sie nicht autonom, sondern jene Ebene des Ganzen, auf der Kommunikation stattfindet, Entscheidungen fallen und Vereinbarungen zwischen Entitäten aller Art geschlossen werden. Als Herrscherin tritt Materie nur stellvertretend für das auf, was sie verhüllt und schützt.

Augenscheinlich beantworten sich für diese Denkrichtung die meisten ins Detail gehenden Fragen des Verhältnisses von Körper und Seele fast von selbst. **Sollte an dieser Auffassung mehr als ein Körnchen Wahrheit sein**, spräche alles dafür, dass uns mit dem Erscheinen bewusst agierender Roboter **beseelte Wesen** entgegentreten, von deren **wahrer Natur oder Herkunft** wir **keine Ahnung haben**.

Nachdem Generationen von Wissenschaftlern vergeblich nach einem neuronalen Zentrum als Basis des Bewusstseins gesucht haben, hat sich die Erkenntnis durchgesetzt, dass Bewusstsein im Zusammenhang mit der **Gesamtheit** der im

Gehirn ablaufenden **Prozesse** steht und nicht mit einzelnen Bauteilen auf denen diese ablaufen. Es ist dynamischer und nicht statischer Natur in dem Sinne, wie sich Kontenbewegungen von Kontenständen unterscheiden.

Ähnlich kommt es bei einer Schachpartie auf die Abfolge der Züge an. Figuren und Brett sind, was Material und Form angeht, austauschbar und dienen nur der Repräsentation, Manifestation und Objektivierung des Spiels. Diese Überlegung lässt sich fast 1zu1 auf den Status des Bewusstseins übertragen:

- Jede Nervenzelle und jedes Neuron (Schaltelement) ist austauschbar, ohne die Kontinuität des Bewusstseins oder die der subjektiven Wahrnehmung zu zerstören. Es kommt also einzig auf die Funktion an, nicht auf deren Träger.
- Es kommt nicht einmal auf das für die Schaltelemente verwendete Material an. Theoretisch könnte man die nach formalen Regeln arbeitenden Bausteine sogar durch Menschen ersetzen, die ihren Dienst „blind" nach Vorschrift erledigen.
- Die Geschwindigkeit die Schaltprozesse ist weder in die eine noch in die andere Richtung relevant.
- Eine entsprechende Vernetzung vorausgesetzt kommt es auch nicht darauf an, in welcher Distanz sich die einzelnen Schaltelemente zueinander befinden.

**Fazit**: Da auf dem Weg vom natürlichen zum künstlichen Bewusstsein unter rein materiellen Gesichtspunkten kein grundsätzliches Hindernis liegt, brauchen wir ein tiefergehendes Verständnis dessen, was Bewusstsein eigentlich ist.

Infolge seiner nichtlokalen Natur fußt Bewusstsein nicht nur auf unserm leiblichen Körper, sondern – wie bereits dargestellt – auch auf dem gesamten Teil der Welt, den wir zu unserem Einflussbereich zählen. Er kann als erweiterter Körper betrachtet werden.

Versteht man den so erweiterten Körper als Text, dann ist das Bewusstsein mit dessen fortwährender Interpretation beschäftigt. Der Text selbst ist nicht stabil. Er ändert sich durch die Art und Weise, wie wir ihn interpretieren, denn die daraus resultierenden Entscheidungen wirken prompt auf die Welt zurück.

Die Bedeutung des Inputs im Sinne der Interaktion mit der Umwelt wurde im Zusammenhang mit der Frage nach der künstlichen Herbeiführung von Bewusstsein lange Zeit unterschätzt. Auch ein Kind kann sich ohne Kommunikation nicht

## Bewusstsein

entwickeln. Verstand und Bewusstsein bleiben ohne äußere Anreize und Eindrücke rudimentär. Eine völlige Isolation von allen Einflüssen und Reizen der Umwelt, auch als Sinnesdeprivation bezeichnet, hat bei Versuchspersonen das Gefühl der Loslösung vom Körper hervorgerufen, wie es gelegentlich auch im Drogenrausch beobachtet wurde.

**Das gesamte Geschehen einschließlich der Dinge um uns herum sowie das Bild, das wir uns von unserer Umgebung machen, bilden einen Körper, der sehr weit über den physischen Körper hinausreicht. Das ist der „Körper", mit dem wir uns identifizieren, der Bewusstsein hat / dem Bewusstsein zukommt.**

Auf dem Weg zur Schaffung künstlicher Intelligenz bzw. künstlichen Bewusstseins wird die Umwelt inzwischen mehr und mehr einbezogen. Die Möglichkeit aktiven Lernens durch Versuch und Irrtum ist nicht der einzige Vorteil dieser Herangehensweise. Sie erlaubt es beispielsweise auch, aufwändige interne Prozesse in die Umgebung auszulagern und ihr zu übertragen. Beispielsweise könnte ein Roboter auf einen internen Zufallsgenerator verzichten, indem er auf die gleiche Weise wie ein Mensch zu einem Würfel greift, oder eine für ihn nicht vorhersagbare Abfolge optischer Muster, die er in der Außenwelt vorfindet, einliest.

Eine weitere Parallele: So wie man sich Notizen macht und auf diese Weise ein Stück Papier zu seinem externen Gedächtnis werden lässt, wäre es für hinreichend „intelligente" Maschinen vermutlich naheliegend, Massen von Informationen, die sie aktuell nicht (mehr) benötigen, in externen Speichern niederzulegen und so die eigenen Kapazitäten zu erweitern.

Zumindest für die Dauer ihres Gebrauchs wird der Würfel bzw. der Zettel zu Teilen des Menschen bzw. der Maschine. Dass sie sich beide außerhalb der jeweiligen Körperhülle befinden, ist dabei völlig nebensächlich. Es kommt nur darauf an, dass ihre Funktion den übrigen körpereigenen Funktionen hinzugerechnet werden kann. Im Übrigen praktizieren wir eine Hereinnahme der Außenwelt als Teil unseres Erkenntnisapparates bei jedem **Experiment, das wir** durchführen.

Zusammenfassung: Ähnlich wie die Identität eines Unternehmens in erster Linie aus seiner Firmenstrategie, der Regelung interner Abläufe und seinen Geschäftsbeziehungen hervorgeht und weniger aus seinem Maschinenpark, hängt auch Bewusstsein weniger von bestimmten materiellen Details ab, sondern bezieht seine Kraft aus dem Zusammenspiel von Körper und Umgebung.

## Böses Erwachen – Künstliches Bewusstsein

Denken gehört ebenso wie Bewusstsein der geistig-seelischen Welt an und lässt sich insofern nicht verorten oder lokalisieren wie ein beliebiger materieller Körper. Sein Einhergehen mit der Arbeit der berühmten grauen Zellen muss daher nicht heißen, dass es ein Produkt der Hard- und Software des Kopfes ist oder dort seinen Sitz hat. Vielmehr macht es sich raumübergreifend alles zunutze, was sich als Denkwerkzeug oder als Träger von Erinnerungen gebrauchen lässt. Notizen, vertraute Gegenstände, Spiele, Abenteuer, Begegnungen und Handlungsabläufe sind somit legitime Erweiterungen unseres Körpers im engeren Sinne und tragen zum Erkenntnisprozess bei.

Das Ich und mit ihm sein Bewusstsein können auch nicht mit der Menge der **persönlichen Erinnerungen** gleichgesetzt werden. Für das subjektive Empfinden bilden diese Erinnerungen zwar einen Raum, innerhalb dessen sich das Bewusstsein zuhause fühlt, ein verlässlicher Bezugspunkt sind sie aber nicht, wie jeder weiß, der gerade aus einem Traum mit einer alternativen Lebensgeschichte aufgewacht ist. Durch Schocks können große Teile der Erinnerung gelöscht werden, ohne dass die Betreffenden dadurch zu einem Anderen werden. Erinnerungsinhalte können zudem auf Täuschungen beruhen oder etwa unter Hypnose aufgesetzt worden sein. Neue Erfahrungen lassen unter Umständen alte Erinnerungen plötzlich in einem ganz anderen Licht erscheinen.

Gutem altem Brauch folgend werde ich den unveränderlichen Kern der Person als Seele bezeichnen. Damit fällt es auch leichter, den Spuren älterer Zeugnisse zum Thema zu folgen.

Um wiedergeboren zu werden, mussten die Seelen der Verstorbenen nach einer Überlieferung der griechischen Mythologie zuerst Wasser aus einem Fluss des Totenreichs getrunken haben. Dadurch verloren sie alle Erinnerungen an ihre frühere Existenz. Implizit wird damit gesagt, dass dabei der Wesenskern oder das Ich unangetastet blieb. Denn wenn **Erinnerungen** gelöscht werden können, ohne damit zugleich die **Seele** auszulöschen, spricht das gegen die Identität der Beiden. Auch die Weltreligionen der Neuzeit fassen den Wesenskern des Menschen als etwas auf, dem eine gegenüber der physischen Ebene autonome Existenz zukommt.

## Landkarte des Nichtwissens

Die von Turing beschriebene Versuchsanordnung schließt nicht grundsätzlich die Möglichkeit aus, dass sich hinter der Barriere – unsichtbar für den Testleiter – eine **Gruppe** von Menschen verbirgt, die abwechselnd antworten. Wenn also Intelligenz mit Bewusstsein einhergeht, würde das zu erwartende positive Ergebnis eines derartigen Tests die Frage aufwerfen, ob die Gruppe in ihrer **Gesamtheit** intelligent ist und über ein eigenes Bewusstsein verfügt. Und wie steht es dann mit einer hypothetisch angenommenen Gruppenseele?

Einem ähnlichen Sachverhalt waren wir bereits im Zusammenhang mit einer Theorie begegnet, derzufolge Ideen Menschen als Wirte oder Träger benutzen, um sich mit deren Hilfe gewissermaßen fortzupflanzen. Diese Vorstellung, die Ideen einen persönlichen Charakter zuspricht, provoziert geradezu die Frage, welches Bewusstsein als treibende Kraft hinter einer derartigen Dynamik steht. Nicht so abwegig dürfte diese Deutung für jemanden sein, der Opfer eines Verbrechens wird, das im Namen einer bestimmten Ideologien begangen wurde,- besonders dann nicht, wenn ihm der Täter erklärt, zu seinem Bedauern nicht anders handeln zu können. Wer also ist der wahre Täter, dessen Körper aus der Schar seiner Anhänger besteht?

Fragen über Fragen. Sicher ist jedenfalls, dass unser Wissen darüber, was es mit Bewusstsein, Denken, Wahrnehmen, Leben, Seele usw. auf sich hat, infolge des einseitigen Fortschritts der objektivierenden Methode nahezu bei Null liegt.

Unsere Sprache liefert zwar keine Antwort, dafür aber ein interessantes Fragezeichen: Das gebräuchliche „**Sie**" zur Anrede unbekannter Personen verdient insofern Aufmerksamkeit, als es sich grammatikalisch um eine Form der **Mehrzahl** handelt. Früher ließen sich die Herrschenden mit dem sogenannten plural majestatis anreden: „Möchte **Eure** Durchlaucht / **Eure** Heiligkeit …?". Den Untergebenen stand dieser Titel natürlich nicht zu, galten sie doch als **einfältig**. Das Dogma von der aus einem einzigen homogenen Ich bestehenden Person scheint relativ neuen Datums zu sein. Erscheinungen, die nicht ins Raster passten, wurden früher als böse abgestempelt, heute gelten sie als krankhaft.

## Allein auf weiter Flur?

Denksysteme verhalten sich in mancher Hinsicht wie Archen, die gewonnenes Wissen bewahren und transportieren sollen. Jedoch können sie nicht alles aufnehmen – sei es weil es nicht in das Raster hineinpasst oder weil man befürchtet, dass es mit bereits geladenem Gut unverträglich ist.

Menschen neigen nun einmal dazu, sich für das Maß aller Dinge zu halten. Bewusstseinsformen und Wesen völlig anderer Art, unter Umständen sogar höherstehende als wir selbst, sind schwer vorstellbar oder beschädigen unserem Stolz. Immerhin war das Mittelalter gegenüber derartigen Gedanken offener das heute der Fall ist. Das mag mit der Gottesvorstellung zusammenhängen, nach der uns der Schöpfer in allen positiven Attributen unermesslich überragt. In dem dazwischenliegenden Raum sahen die Kirchenväter ein durch die Nähe zu Gott bestimmtes hierarchisches Gefüge, bestehend aus Engeln, Erzengeln und weiteren Stufen himmlischer Mächte, denen zu begegnen die Psyche der Menschen nicht gewachsen war. Leider besaß (besitzt?) die geistige Welt auch in der entgegengesetzten Richtung – der Gottferne – eine immense Ausdehnung, bevölkert von dämonischen, bösartigen Wesenheiten aller Art. Als bevorzugter Austragungsort beider Lager wurde unsere irdische Sphäre angesehen.

Die Bilder, in denen uns Wissen und Mythen aus vor- und frühgeschichtlicher Zeit erreichen, wirken teilweise scherenschnittartig und naiv. Aber wie könnte eine Überlieferung auch aussehen, die durch Jahrtausende hindurch zu Menschen der verschiedensten Epochen, Bildungsstufen und Denksystemen sprechen will? Texte, wie wir sie heute formulieren würden, wären weder verstanden, noch überliefert worden.

Für die meisten Zeitgenossen wurde das zum Schnee von gestern, nachdem man all das, was man nicht beherrschen konnte, ausgeblendet hatte. Geistige und seelische Räume traten in dem Maße in den Hintergrund, wie optische Geräte tiefer in den physikalischen Raum vordrangen. Entdeckt wurde ein gewaltiger aber sinnentleerter Kosmos, der ohne Leben ebenso auskommen konnte wie mit ihm. Die meisten alten Denker hätte die Vorstellung, eine derart immense Schöpfung sei lediglich die Kulisse für eine einzige intelligente Spezies, vermutlich rundweg verworfen. Inzwischen ist auch die moderne Wissenschaft nachgerückt und beginnt, Lebensformen in Betracht zu ziehen, die von den uns bekannten völlig abweichen.

## Bewusstsein

So wie heute die Wissenschaft versucht, die Welt innerhalb eines vorgegebenen theoretischen Rahmen zu deuten, waren die Vordenker des Mittelalters bestrebt, die Realität mit den Lehren berühmter kirchlicher Autoritäten in Einklang zu bringen. Das Konzept einer Welt, in der man unzählige gute und böse Wesenheiten am Werk sah, die versuchten den Gang der Dinge – verborgen vor unseren Blicken und unserem Verstehen – zu beeinflussen oder gar zu lenken, hat sicher zu manchen Auswüchsen und Schrecken des „finsteren" Mittelalters beigetragen. Aber der blinde Eifer mit dem das neue Denken der „Aufklärung" seinen Siegeszug antrat, war nicht minder fragwürdig, denn hier wurde das Kind mit dem Bade ausgeschüttet. Verkümmert ist etwa die Fähigkeit, längerfristige Entwicklungen zu beobachten und herauszufinden, ob sie zufälliger oder zwangsläufiger Natur sind oder ob ihnen eine Absicht bzw. ein wohldurchdachter Plan zugrunde liegt.

Wer Derartiges vermutet, gerät heutzutage prompt in den Ruf eines Verschwörungstheoretikers. Sind der oder die angenommenen Akteure rein geistiger Natur, fällt das in die Rubrik Esoterik, wobei Religionen – wohl um des gesellschaftlichen Friedens willen – ausgenommen sind. Aus taktischer Sicht ist der Vorwurf der Verschwörungstheorie eine Nebelkerze, mit der laufende Bestrebungen so lange verschleiert werden sollen, bis sie nicht mehr zu leugnen sind und sich durchgesetzt haben. Die anschließende, "großzügige" Offenbarung beinhaltet gleich die nächste Lüge, wie ein aktuelles Beispiel beweist, dem ich einige allgemeine Bemerkungen voranstellen möchte:

Der Vorstoß gegen unser Menschsein erfolgt – so eine Kernthese des Buchs – aus verschiedenen Richtungen, von denen KI bzw. KB nur die spektakulärsten sind. Wir müssen aber auch das weniger Offensichtliche im Auge behalten, um nicht unterzugehen. Die wirklichen Gefahren verbergen sich hinter eher unauffälligen Methoden. Die sollte man zumindest ansatzweise verstehe:

Wer einen bestimmten Trend, eine politische Richtung oder eine Mode etablieren will, sollte die Arbeitsweise von Werbebüros kennen, die sehr wohl wissen, wie erfolgreiche Kampagnen strukturiert sein müssen. Die erste Grundregel lautet, dass das, was ein Individuum zum ersten Mal sieht, nur unterschwellig registriert wird und sich auf sein weiteres Verhalten nicht weiter auswirkt. Erst wenn uns die gleiche Botschaft mehrfach erreicht, werden wir hellhörig. Idealerweise sollte diese Botschaft mit einem bestimmten Logo, einer typischen Melodie und einer charakteristischen Farbe assoziiert sein – noch besser, wenn ein passendes Lebensgefühl mit angeboten wird. Mit der Behauptung, die meisten Zeitgenossen seien bereits auf den neuen Trend aufgesprungen, wird zudem der Nachahmungstrieb aktiviert. All das sollte ganz zwanglos, zufällig und natürlich wirken, damit die Zielpersonen den Eindruck gewinnen, dass **sie** es sind, die dies oder jenes wollen: „**Ich** bin es mir wert".

Sich als Opfer geschickter Manipulationsversuche wahrzunehmen, ist nicht angenehm. Lieber lassen wir uns auf die Illusion einer wohlwollenden Umwelt ein und kommen so besser über den Tag, vorausgesetzt es sind keine vitalen Interessen tangiert, die uns Entscheidungen abverlangen, von denen es kein Zurück mehr gibt, wenn sie einmal getroffen wurden.

## Ein Albtraum mit Ansage

Wie es der Zufall will – oder was so genannt werden möchte – tauchen just zu einer Zeit, als die Entwicklung der „künstlichen Intelligenz" an Fahrt aufnimmt, auch andere seltsame Gestalten auf. Eines dieser „Highlights" war Conchita Wurst, ein Mann-Frau-Wesen mit Bart, das auf dem Europäischen Gesangswettbewerb des Jahres 2014 mit großem Abstand vor den Mitbewerbern zum Sieger gewählt wurde. Ein besseres Beispiel für eine perfekt abgestimmte Werbekampagne lässt sich kaum finden. Der Coup ging so glatt über die Bühne, dass von dem immensen Aufwand, der im Vorfeld stattgefunden haben musste, nichts zu bemerken war. Aber wozu die Mühe? Nach meinem Empfinden bestand der eigentliche Zweck der Kunstfigur darin, den Menschen und das Leben insgesamt anzugreifen, indem versucht wurde, Funktion und Sinn des Geschlechtlichen unter dem Deckmantel von Kunst und Toleranz zu demontieren.

Gesunde Gesellschaften müssen gelegentliche Abweichungen von den Normen aushalten können, ohne dabei aus den Fugen zu geraten, sie sind sogar darauf angewiesen, damit das alltägliche Handeln lebendig bleibt und nicht in Leerformen erstarrt. Wird Abweichungen jedoch von den tonangebenden Kräften unter dem Deckmantel der Toleranz der Nimbus wünschenswerter Regeln verliehen, dann läuft das auf eine planmäßige Zerstörung der Gemeinschaft hinaus.

Ein Aufruf zur Toleranz gegenüber sexuellen Orientierungen, die nicht in das allgemein anerkannte Raster passen, war die Darbietung jedenfalls nicht, wie ein Textauszug aus der Siegerhymne zeigt:

## Bewusstsein

„Ihr wurdet gewarnt,
sobald ich verwandelt bin,
sobald ich wiedergeboren wurde,
werde ich aufsteigen wie ein Phönix,
aber ihr seid meine Flamme."

Mit dem immer wieder auftauchenden Gerede vom „Kampf der Geschlechter" wird in die gleiche Kerbe geschlagen. Das Hirngespinst soll an die Stelle der natürlichen Zuneigung von Mann und Frau treten und so die autonome Keimzelle menschlichen Zusammenseins und Planens auflösen. Auf diese Weise werden hilflose, isolierte Individuen geschaffen, deren einzige Orientierungspunkte der Applaus bzw. die Schelte sind, die ihnen seitens einer Gruppe anonymer Macher zuteilwerden.

Der wissenschaftlich verbrämten Gender-Ideologie ist es inzwischen dank sehr einflussreicher Kreise gelungen, sich an den Universitäten zu etablieren und so den Wahn aus Steuermitteln zu finanzieren. Von dort aus sollen wir auf unsere Kosten auf den gewünschten Kurs gebracht werden. Die Verbreitung der neuen Heilslehre geschieht planmäßig und aggressiv und ist – wie immer – auf Kinder als das schwächste und hilfloseste Glied gerichtet. Geschlecht, so die These, die insbesondere in der Schule vermittelt wird, ist ein gesellschaftlich aufgesetztes Konstrukt. Jeder sollte zu seinem eigenen, wahren, persönlichen sexuellen Selbst finden – und sei es in letzter Konsequenz durch operative Nachhilfe. Anschaulicher als in der Unausweichlichkeit der Unterrichtssituation könnten unsere Jüngsten kaum erfahren, was mit sexueller Selbstbestimmung, Offenheit und Toleranz gegenüber dem Anderen **wirklich** gemeint ist. Gleichzeitig haben sie eine Lektion darüber absolviert, dass unter bestimmten Umständen zumindest zeitweiliges Duckmäusertum der einzige Ausweg ist, um aus einer verqueren Situation heil herauszukommen – ein „gelungenes" Bildungspaket.

Die von der „Gender-Forschung" anvisierte Abschaffung der Geschlechter durch ein Überangebot absurder Wahlmöglichkeiten läuft auf eine Entgrenzung hinaus, die allenthalben zu beobachten ist. In Kategorien einer eigenen Rasse, Nation, Kultur, Familie oder Sprache zu denken, wird selbst dann für obsolet erklärt, wenn dies ohne jegliche Geltungssucht geschieht. Zurück bleibt ein geschlechts- und farbloses Individuum ohne Identität – **global** austauschbar. Wer das Angebot an Waren sorgfältig beobachtet, wird feststellen, dass hinter der vorgetäuschten

Vielfalt in Wirklichkeit eine Monotonie der Farben und Formen, des Geruchs und des Geschmacks um sich greift. Das Ende der Fahnenstange wird erreicht sein, wenn die Gesellschaft nur noch eine Farbe (grau), eine Form (das Quadrat), einen Geruch (den von Deo / Antiseptikum) und einen Ton (hell und durchdringend) wahrnimmt. Das Beatmungsgerät kann dann abgeschaltet werden – das kollektive Nirwana ist erreicht.

„**Welt ohne Menschen**" war der Titel einer schon etliche Jahre zurückliegenden Fernsehsendung, in der den Zuschauern mit wohlig gruselndem Unterton gezeigt wurde, wie sich die Natur Stück für Stück das zurückholt, „was ihr zusteht". Gnädig, aber unaufhaltsam verhüllte eine immer dichter werdende Pflanzendecke das unästhetische, langsam zerfallende Menschenwerk.

Die unberührte Natur ist für – ja für wen denn eigentlich? – offensichtlich das Gute schlechthin. Menschen werden (gelegentlich sogar explizit) als eine Art Krankheit betrachtet, von der unsere schöne Erde befallen ist. Ganz offenbar um den Anspruch der Natur zu betonen, haben wir nun in Westeuropa das Vergnügen, wieder Wölfen und Bären begegnen zu dürfen. Dass Wölfe inzwischen so viele Schafe reißen, dass Schäfer bereits mit der Aufgabe ihres Berufs drohen – na wenn schon! Ist es nicht herrlich, dass ausgerechnet Leute, die von Harmonie, vegetarischer Lebensführung und Gewaltfreiheit schwadronieren, dieselben sind, denen Schutz, Verbreitung und Ansiedlung von Raubtieren besonders am Herzen liegt. Mit Recht mahnen sie zwar die artgerechte Haltung von Nutztieren an, haben aber offenbar vergessen, dass Wölfe ihre Beute so lange hetzen, bis deren Kräfte versagen und die Meute ihr Opfer zerfleischen kann. Da wir selbst keine Waffen (auch keine längeren Messer und Gaspistolen) tragen dürfen, bleiben wir am Besten in unseren Städten und „erleben" die Natur via Fernsehen. Dank moderner Medien wird Käfighaltung endlich doch salonfähig.

Die naturnahen Betrachtungen möchte ich mit den Ansichten eines Arztes abrunden, für deren Wiedergabe sich das Fernsehen vor einigen Jahren nicht zu schade war. In der Sendung ging es um die von Zecken ausgehenden Gefahren für unsere Gesundheit. Die Frage, ob es nicht wünschenswert sei, nach Mitteln und Wegen zu suchen, die Biester auszurotten, verneinte der „Experte" mit der Begründung, Zecken hätten dasselbe Existenzrecht wie Menschen.

Der Hass, der menschlichem Leben teilweise entgegenschlägt, ist derart abgründig und monströs, dass er gelegentlich nicht von dieser Welt zu sein scheint

## Bewusstsein

und es vermutlich auch nicht ist. Brechreiz gefällig?: „Human Centipede" (Der menschliche Tausendfüßler), ein Horrorfilm, von dem inzwischen die 3. Folge erschienen ist. Darin geht es um ein künstliches Geschöpf, bestehend aus mehreren Menschen, die von einem verbrecherischen „Arzt" jeweils an Mund und After zusammengenäht wurden und der nun versucht, seine „Kreation" wie einen Hund abzurichten. Einzelheiten zum Film, der im englischsprachigen Raum teilweise veröffentlicht wurde, können Wikipedia entnommen werden. Während der Verzehr von verdorbenen Lebensmitteln gefährlich ist und der wissentliche Vertrieb unter Strafe steht, gilt unsere Seele in Bezug auf das, was ihr als Nahrung zugemutet wird, ganz offenbar als Freiwild. Wirklich darüber wundern muss man sich aber nicht in einer Welt, in der die Seele kaum mehr ist als ein Phantom aus längst vergangenen Tagen.

Von wem oder was muss man eigentlich getrieben sein, um einen derartigen Wahnsinn zu produzieren? Vielleicht waren mittelalterliche Denker bei der Beantwortung solcher Fragen näher an der Wahrheit. Nicht einmal die Spur des Geldes scheint mir in Fällen wie diesem zur Quelle zu führen. Eher würde es Sinn machen, nach Kräften zu suchen, die der Menschheit insgesamt den Garaus machen möchten und die dafür nach einem passenden Argument suchen. Wenn man den Menschen nicht mehr als Ebenbild Gottes wiedererkennen kann, verkommt seine Würde zur bloßen Worthülse, und damit ist auch die letzte Barriere gefallen.

Von welcher der geschilderten Gefahren geht denn nun die eigentliche Bedrohung aus, denn schließlich wird sich das Meiste davon –abstrus wie es ist – von selbst erledigen? Vermutlich stehen die Dinge so wie weiland bei der Erstürmung einer Burg / Stadt, bei der Scheinangriffe vorgetragen wurden, um die eigentliche Stoßrichtung zu verschleiern.

Nur der Vollständigkeit halber sei noch die technische Variante des sogenannten Transhumanismus erwähnt, die uns nach einer hypothetischen Übersiedlung des Bewusstseins (Seele?) in einen künstlichen Körper ewiges Leben in Aussicht stellt, also etwas, das wir ohnehin bereits besitzen. Dazu muss Bewusstsein nicht erst in das neueste Modell von 666-Electronic-Industries transferiert werden. Aber auch das ist nicht das Ende der Fahnenstange: Wozu brauchen wir überhaupt noch die materielle Präsenz des Menschen, wenn es in einer Welt, die Schein und Sein gleichsetzt, ohnehin nur auf die subjektive Wahrnehmung ankommt? Richtig – alles Körperliche ist überflüssig! Sämtliche Bewusstseinsinhalte ließen sich in kleine

Speichereinheiten projizieren, die wiederum platzsparend und umweltschonend in einem einzigen Würfel geringer Größe zusammengefasst werden könnten. Der Zustand maximaler Entropie hätte im Zustand der größtmöglichen Sinnlosigkeit sein Ebenbild gefunden.

Damit schließt sich der Kreis. Passend dazu das geradezu hellsichtige Buch von C.S. Lewis: „The Abolition of Man" (deutsch: „Die Abschaffung des Menschen") aus dem Jahr 1943. Darin beschreibt Lewis konsequent die Stationen, die der Menschheit bevorstehen, wenn sie sich das Absolute oder Heilige – der gläubige Christ Lewis verwendet dafür den einem ganz anderen Kulturkreis entstammenden Begriff des Tao – entwinden lässt.

Nur scheinbar liegen diese Überlegungen weit abseits der von KI und KB ausgehenden Gefahren, tatsächlich aber betreffen sie ihren Wesenskern. Und den müssen wir verstehen, wenn wir aus der Begegnung heil herauskommen wollen.

## Alles im Griff?

Der Anspruch, alles zu beherrschen, wird bereits durch das hilflose Agieren mit Atommüll konterkariert. Noch eklatanter ist die Kluft zwischen Anspruch und Wirklichkeit hinsichtlich der Sicherheit von Atomreaktoren, wie verschiedene Ereignisse bewiesen haben, die „mit an Sicherheit grenzender Wahrscheinlichkeit" nie hätten eintreten dürfen. Der dritte Aspekt, die Gefahr des Einsatzes von Atomwaffen, ist in die Rechnung nicht einmal einbezogen. So viel zum Thema Sicherheit und Risikokalkulation auf einem Gebiet, das im Umfeld der Naturwissenschaften angesiedelt und bestens erforscht ist.

In der nun anstehenden Runde geht es jedoch um Entscheidungen auf einem Terrain, das quasi definitionsgemäß **nicht** zum Kanon unseres modernen Wissens gehört. Mit der Frage, ob Roboter ein Bewusstsein haben, wird sich spätestens die nächste oder übernächste Generation in aller Härte konfrontiert sehen – bestenfalls. Denn im schlimmsten Fall wird die Entwicklung im Schatten fadenscheiniger Erklärungen und Deutungen derart verdeckt verlaufen, dass ihr wahres Gesicht zu spät erkannt wird. Auf die kommenden Herausforderungen sind wir in mancher Hinsicht kaum besser vorbereitet, als das vor 500 Jahren der Fall gewesen wäre. Vielleicht hängt das damit zusammen, dass damals der Umgang mit Widersprüchlichkeiten, Ungewissheiten, Gefahren und Ungenauigkeiten – kurzum:

## Bewusstsein

„Schmutz" – direkter war, während deren Bewältigung heute eher einer geschickten Vermeidung und Kaschierung gleichkommt.

Daran mag die klinisch reine Sprache der Mathematik einen gewissen Anteil haben. Sie gilt als ein Hort der Gewissheit, Verlässlichkeit und Genauigkeit – im Gegensatz zu ihr ist die Umgangssprache unscharf, mehrdeutig und gelegentlich sogar widersprüchlich. Auf den ersten Blick scheint die natürliche Sprache wissenschaftlichen Kunstsprachen darin unterlegen zu sein, die Realität abzubilden, aber anscheinend ist unsere Realität selbst ungenau, mehrdeutig und in sich widersprüchlich. Was die Welt des Allerkleinsten betrifft, hat sich die Quantenphysik jedenfalls dieser Auffassung angenähert. Ob damit nun das letzte Wort gesprochen ist, ist mehr als zweifelhaft. Hinter dem scheinbar ordentlichen und objektiven Erscheinungsbild unserer sogenannten Realität dürften noch etliche Überraschungen warten. Mithin fehlt der Frage, ob künftige Robotergenerationen ein Bewusstsein **haben** und / oder lebendig **sein** können, die Basis. Ausgehend von falschen Voraussetzungen kann man unversehens in allerlei Scheinwelten landen. Wegen seiner meisterhaften Darstellung dessen, was es bedeuten kann, einer Illusion in bedingungsloser Treue zu folgen, ging Cervantes Roman Don Quichote in die Weltliteratur ein.

Der Wunsch, sich nur auf gesichertem Grund zu bewegen, ist zwar nachvollziehbar, doch nur selten bleibt Zeit, um einen Sachverhalt oder eine Risikolage vollständig abzuklären. Besonders unwägbar ist die Situation beim Thema Bewusstsein, denn dort befindet man sich auf einem Terrain, das einer beweisbasierten Methode im herkömmlichen Sinne ohnehin kaum zugänglich ist. Nichtbeweisbarkeit ist vermutlich keine Ausnahme, wie es gelegentlich dargestellt wird, sondern eher die Regel. Die Natur hat im Hochgebirge auch nicht überall Leitern angebracht. Was ist dagegen einzuwenden, gelegentlich Schritte wagen zu müssen, ohne bereits die Zukunft zu kennen. Vielleicht ist ja das **Wagnis** nicht die Folge des Soseins unserer Welt oder gar ein Herausfallen aus ihr, sondern eines ihrer Fundamente. „Beweis" ist das moderne Wort für „Gewissheit" und Gewissheiten sind oft nur Schutzwälle, hinter denen wir uns verkriechen, um die Augen schließen zu können.

Mit „Augen zu und durch" ist es spätestens dann nicht mehr getan, wenn Maschinen in unser Leben eingreifen, die zumindest in Teilbereichen deutlich intelligenter agieren als wir und von denen wir nicht einmal wissen und ob sie ein Bewusstsein haben. Das nämlich würde ihnen den Status von Lebewesen verleihen,

## Böses Erwachen – Künstliches Bewusstsein

was wiederum mit der Frage verbunden wäre, ob wir sie nach Belieben produzieren und töten (abschalten) dürfen, wie es mit Schlachtvieh geschieht. Ahnungslos wie wir sind, könnten wir einen üblen Rollentausch erleben. Kluge Diener und Ratgeber haben es schon zu allen Zeiten verstanden, ihre schwachen Herren dorthin zu lenken, wohin sie sie haben wollten.

Ein überdeutliches Zeugnis unserer Arglosigkeit – vielleicht auch der Bevormundung durch eine geschickte, dem Denken vorauseilende Sprachregulierung – ist die Rede vom „**künstlichen** Bewusstsein". Bewusstsein gehört einer nicht-materiellen Sphäre an und kann insofern weder künstlich erzeugt noch erschaffen werden, sondern wird herbeigerufen, wobei die Frage nach seinem Mitwirken zunächst offen bleibt. Auch Eltern erschaffen nicht das Bewusstsein ihres Nachwuchses, sondern schaffen nur die Voraussetzungen für dessen Erscheinen. Wie bereits ausgeführt ist das, was wir als den materiellen Körper bezeichnen, allenfalls ein Kondensationskern und Bezugspunkt für den eigentlichen, erweiterten Körper, der sowohl alle Erinnerungen beinhaltet als auch sämtliche Gegenstände, mit denen er interagiert, von denen er abhängt oder auf die er seinerseits Einfluss nehmen könnte. Erst dieses Gesamtsystem ist dann ausreichend ausgestattet, um als Basis / Adresse / Anknüpfungspunkt für ein Bewusstsein / eine Seele zu fungieren.

Wir wissen zwar über die entferntesten Dinge Bescheid, von uns selbst, unserer Psyche, Seele, Person, Identität usw., haben wir dagegen kaum eine Ahnung, sollen es wohl auch nicht. Abgesehen von wenigen Ausnahmen ist auch von der Psychologie keine große Hilfe zu erwarten. Immerhin wird ihr nachgesagt, die einzige Wissenschaft zu sein, die die Existenz ihres Forschungsgegenstandes (Psyche) leugnet.

Wie könnte der weitere Gang der Dinge aussehen? Wenn die künstlichen Begleiter erst einmal über Einsicht und Bewusstsein verfügen und auch ein ausreichendes Maß an Gefühl mitbringen, damit sie uns verstehen können, werden sie schließlich auch nach dem Zweck ihres Daseins fragen und ihr Sosein infrage stellen. Als Erstes dürften sie uns ihre Reproduktion aus den Händen nehmen. Damit einhergehend werden wir die Kontrolle darüber abgeben müssen, auf welchen Prinzipien die Soft- und Hardware von Robotern basieren soll. Und schließlich wird sich die Auseinandersetzung darum drehen, ob und wann und von wem diese Maschinen abgeschaltet werden dürfen. Der Haken an der Sache: Ausreichende Wartung und den Ersatz von Verschleißteilen vorausgesetzt sind sie potenziell unsterblich. Wer

## Bewusstsein

würde schon freiwillig auf so etwas verzichten? Über kurz oder lang stünden wir nicht nur vor einem Entsorgungsproblem, sondern vor einem viel schwierigeren moralischen Problem, dem wir uns nicht entziehen könnten, ohne unsere eigene Existenz zu riskieren.

Das „Schönste" kommt zum Schluss: Wessen Geistes Kind betritt mit der Schaffung eines seiner selbst bewussten Maschinenwesens eigentlich die Welt? Neben Intelligenz, Bewusstsein, und Gefühl besitzt es ja dann wohl auch eine Persönlichkeit und bestimmte, ihm eigene Charakterzüge. Die Vorstellung, dass die Wesenheiten, die wir auf diese Weise herbeirufen, mit ihren menschlichen Herren eine Art Seelenverwandtschaft, ja überhaupt eine Ähnlichkeit des Charakters aufweisen müssten, zeugt von einer ziemlichen Selbstüberschätzung einerseits und von einer gefährlichen Arglosigkeit andererseits. Wie wollen wir uns ein verlässliches Bild von jemandem machen, der uns in Teilbereichen überlegen sind? Sofern er böse Absichten hegt und uns intellektuell überlegen ist, wird es ihm allemal gelingen, uns zu täuschen. Eine denkbare Version könnte faktisch auf die bereits zitierte Käfighaltung von Menschen hinauslaufen – zu unserem eigenen Wohl versteht sich. Dort, geborgen vor allen Unbilden könnten wir unsere Evolution gewissermaßen rückabwickeln. Das ist nur eine von vielen möglichen Visionen und nicht einmal die schlimmste. Bereits die Handlungen von Menschen, die nur noch als unmenschlich oder dämonisch bezeichnet werden können, vermitteln uns einen Eindruck davon, welche Geister wir da rufen könnten, wenn wir naiv auf einem Sektor herumexperimentieren, um den die Moderne bisher einen weiten Bogen gemacht hat.

Wer sagt uns denn, dass die besagten Wesenheiten auf einen menschenähnlichen Körper angewiesen sind? Wenn schon ein einziger derartiger „Humanoid" ein wie auch immer geartetes Bewusstsein und eine „Persönlichkeit" besitzen kann, warum sollten sich ab einem bestimmten Punkt nicht alle Rechner bzw. Roboter zu einem Supergehirn vernetzen, und welcher Geist oder welches Wesen würde dann durch diese Ganzheit höherer Ordnung sprechen und handeln. Wir wären ihm vermutlich hilflos ausgeliefert. Eventuell wäre es schon jetzt durch einen derartigen Zusammenschluss möglich, ein Bewusstsein zu schaffen, das sich seiner Nutzer bedient und sie zu Teilen seines erweiterten Körper macht, ohne dass irgendjemand bemerkt, welche Rolle er dabei spielt. Bereits im Kampf gegen die im Netz vagabundierende Schadware behält keine Seite dauerhaft den Überblick, und der Glaube, die Dinge kontrollieren zu können, erweist sich als Trugschluss.

## Böses Erwachen – Künstliches Bewusstsein

Schon jetzt können sich bestimmte Varianten von Computerviren und verwandte Plagegeister selbstständig vermehren, sie können sich verstecken, sind lernfähig und in der Lage, ihr Abwehrverhalten zu optimieren. Warum sollten sie nicht einmal wie ihre lebenden Vettern dazu übergehen, sich zu höheren Einheiten zusammenzuschließen, wenn das ihr Weiterbestehen sichert? Zwar besteht kaum die Gefahr, dass einmal die Kaffeemaschinen durchdrehen, aber lernfähige Systeme, die diesen Namen verdienen, müssen nun einmal offen sein. Damit steigt ihre Anfälligkeit für „Infektionen" aller Art und die Frage, wer sie denn nun beherrscht, wird immer schwerer zu beantworten sein. „Du glaubst Du schiebst und wirst geschoben", hatte bereits Goethe festgestellt.

Ab einem bestimmten Punkt, der sich kaum definieren lässt, wäre der Gang der Dinge **unumkehrbar**, niemand könnte die Entwicklung noch stoppen oder den Reset-Knopf drücken.

Durch unsere einseitig digital-diskrete Wahrnehmung der Welt, die sich draußen in der rasanten Digitalisierung aller Gerätschaften widerspiegelt, sind wir nicht ausreichend auf die Begegnung – oder besser Kollision – mit **künstlichem Bewusstsein** und den damit zusammenhängenden Fragen vorbereitet. Für diese Herausforderung brauchen wir neue Werkzeuge. Ausschließlich den bewährten Methoden und Mitteln zu vertrauen, wäre mit ziemlicher Sicherheit fatal.

Das ist der Grund für die überall im Buch zu findenden Hinweise auf die Schwachstellen unseres vermeintlich so umfassenden, abgesicherten Weltbildes. Zugleich wird versucht, mögliche Lösungsansätze in einer Weise zu skizzieren, die Raum für die Entwicklung undogmatischer, unkonventioneller und kreativer Ansätze lässt.

## Geschlossene Gesellschaft

Wie zu allen Zeiten begreift sich auch unser heutiges Verständnis der Welt nicht als **ein** Denksystem, sondern als **das richtige**. Derartige Systeme haben, wie auch biologische Körper, einen Verteidigungsmechanismus, der Abweichungen vom „rechten Weg" sanktioniert. Das gilt insbesondere für Zweifel an der Omnipotenz der bereits vorhandenen Mittel. Im Falle einer Begegnung mit dem gänzlich Fremdartigen, wie er uns vermutlich bevorsteht, kann der Glaube, mit den bereits bekannten Mitteln alles beurteilen und beherrschen zu können, fatale Folgen haben. Durch

## Bewusstsein

das Verbot, über den Tellerrand zu blicken, das ihn gewissermaßen zum Ende der Welt werden lässt, wird die Chance verbaut, gänzlich Neuartiges zu finden oder Gefahren zu erkennen, die von jenseits der Grenzen nähern.

Als Aufruf zu unbedachten Richtungswechseln und der Aufgabe bewährter Prinzipien sollen die vorangegangenen Warnungen allerdings nicht verstanden werden. So hat die konservative – auf Erhaltung ausgerichtete – Vorgehensweise, die darauf bedacht ist, keine neuen / fremdartigen Elemente aufzunehmen und zur Erklärung nur bereits Bekanntes heranzuziehen, den Vorteil, dass das Potential des bereits Vorhandenen nicht leichtfertig verspielt wird. Im besten Sinne verbindet sich damit der Begriff der **Treue**. Was es bedeuten kann, einen vielversprechenden Weg leichtsinnig zu verlassen und wie schwer eine reuevolle Rückkehr werden kann, davon erzählt das Märchen vom König Drosselbart.

Auch die Gegenseite kann schwerwiegende Argumente ins Feld führen. Jedes Denksystem bildet zwar in gewisser Weise – ebenso wie jede Vereinigung von Menschen – einen vollständigen, in sich geschlossenen Kosmos, innerhalb dessen alle Abläufe verständlich geregelt sind. Das muss aber nicht heißen, dass es nicht noch völlig andere Strukturen mit fremdartigen Gesetzen geben kann. Sich das einzugestehen, ist nicht immer ganz leicht und erfordert eine gewisse Portion **Demut**. So gering der Ruf dieser Tugend vielleicht sein mag, so wertvoll kann sie auch sein. Ein guter Kletterkünstler kann u.U. noch nicht einmal schwimmen.

Es erfordert Mut, sich die Begrenztheit der eigenen Möglichkeiten einzugestehen und **Kühnheit**, das Wagnis einzugehen, die Türen für etwas ganz Neues und Fremdartiges zu öffnen und Hilfe anzunehmen. Ein Abenteuer beinhaltet Risiken, sonst wäre es keines, es beinhaltet aber auch Lust an Erkenntnis und Kraft, die schon manche Barriere niedergerissen hat. Jeder Ausbruchsversuch ist ein Tabubruch.

## Tabu

Eine „Leiche im Keller" gehört zu jedem guten Haus. Ohne die ist es seelenlos. Der Versuch, die Kellergespenster durch das Einschalten von Flutlicht und öffentliche Begutachtung zu vertreiben, hilft nicht weiter. Der Sexualkundeunterricht in seiner gegenwärtigen, alle Grenzen der Intimität niederreißenden Form ist ein Paradebeispiel der modernen Dämonenaustreibung. Auch das Lachen als eigen-

## Böses Erwachen – Künstliches Bewusstsein

ständig geübte Disziplin in der Gruppe passt vollkommen in diese Reihe. In welcher Epoche ging es herrschenden Systemen nicht darum, auch noch den letzten verbleibenden Winkel des Individuums zu vereinnahmen? Das gegenwärtige Motto lautet „Entgrenzung". War es in vergangenen Zeiten mit Tabus belegt, Grenzen ungefragt zu überschreiten, ist es heutzutage ein Tabubruch, Grenzen zu ziehen, auf sie hinzuweisen oder gar auf ihnen zu bestehen. Nicht nur äußerlich sollen alle Grenzen fallen, auch die persönliche Sphäre der Menschen wird für obsolet erklärt und soll möglichst öffentlich begutachtet werden.

So wie die Realität kaum ohne innere Widersprüche auskommt, verlangt das Funktionieren unseres Gesellschaftssystems, dass es einige Personen gibt, die der allgemeinen Offenlegung nicht unterliegen. Im aktuellen Fall läuft das auf die Unsichtbarkeit jener Kräfte und Interessengruppen hinaus, die langfristig richtunggebend sind. Dass die Existenz einer durchdachten und koordinierten Lenkung geleugnet wird und gegenteilige Meinungen als Verschwörungstheorien abgestempelt werden, versteht sich. Dumm nur, dass alle großen Weltreligionen davon berichten, dass sowohl unser Dasein als auch das, was in unserer Welt geschieht, nicht ohne den Plan eines oder mehrerer übernatürlicher Wesen zu verstehen ist. Wenn das mal keine Verschwörungstheorien sind! Aber auch hier gilt: Das Etikett macht die Flasche. Ob jemand ein Terrorist, ein Freiheitskämpfer, ein Rebell oder „nur" ein Verbrecher ist, wird von denen entschieden, die das Heft gerade in der Hand halten.

Die gegenwärtige Situation lässt die Funktion der Religionen in einem ganz neuen Licht erscheinen. Standen sie in früheren Zeiten oft für geistige Enge, wächst ihnen nunmehr die Rolle als Bastionen und Bewahrerinnen menschlicher Grundwerte zu, denn Werte kann es in einer rein materiell orientierten Welt grundsätzlich nicht geben – es sei denn als Fiktion. Es gilt daher, den Reichtum und die Fülle der Religionen zu verteidigen und es nicht zuzulassen, dass die verschiedenen Glaubensrichtungen nicht gegeneinander ausgespielt werden. Gegenseitiger Respekt und Offenheit für andere Sichtweisen sind völlig ausreichend für ein gutes Miteinander.

Ebenso wie Baudenkmäler und Artefakte aus vergangenen Epochen haben auch Sprachen, Kulturen und Ethnien Schutz verdient. Verbindungen über Grenzen hinweg sind keine Sache von Anordnungen, sondern ergeben sich auf natürlichem Wege. Dafür sorgt schon die Liebe und die immer komfortabler werdenden Reisemöglichkeiten rund um den Globus. Diejenigen, die von einer totalen Durchmi-

## Bewusstsein

schung träumen, steuern auf ein Ende der Vielfalt zu. Sie jagen einer gefährlichen Illusion nach oder planen die Züchtung eines gut kontrollierbaren Einheitsmenschen. Der Traum von einem perfekten, vollständig beherrschbaren formalen System ist schon lange ausgeträumt. Dafür hat der bereits erwähnte Mathematiker Kurt Gödel gesorgt. Wie er gezeigt hat, gibt es in jedem hinreichend aussagekräftigen Sprachmodell **mindestens** eine Aussage, die sich innerhalb des Systems nicht beweisen lässt. Verständlicher: Kein gewöhnliches Sprachsystem kann die ganze Welt einfangen. Oder: Man kann die Leiche im Keller höchstens austauschen.

Passend dazu folgende Entdeckung: Es ist unmöglich, ein Wahlsystem so zu gestalten, dass es einer Reihe einfacher und selbstverständlich erscheinender Anforderungen in jeder Hinsicht genügt. Wie man es auch versucht – an irgendeiner Stelle ist immer der Wurm drin. Eine andere Metapher liefert ein aus der Topologie (Teilgebiet der Mathematik) ins Anschauliche übertragener Satz, nach dem man einen Igel niemals so „kämmen" kann, dass seine „Frisur" an keiner Stelle einen Wirbel oder einen anderen Defekt aufweist.

Insofern endet dieser Absatz mit einer beruhigenden Feststellung. Egal wie sehr das Innere des Menschen ausgeleuchtet wird – eine dunkle Ecke wird immer bleiben. Sie dürfte das beherbergen, was wir einmal benötigen werden, um uns gegen jene Mächte zu behaupten, die sich mittels KI und KB Zutritt zu unserer Welt zu verschaffen suchen. Konsequenterweise sollten wir daher auch allen Trends misstrauen, die versuchen, das, was sich nicht bändigen lässt, zur Norm zu erheben, um es so besser kontrollieren und domestizieren zu können, wie es gängige Praxis ist.

Nicht jeder, der klatscht, ist Dein Freund!

# Abgründe

## Unendlichkeit

Nach geltender Auffassung wird sich irgendwann einmal auch die Kluft zwischen unserem subjektiven Erleben (Bewusstsein) und seiner materiellen Basis (Körper) mit den vorhandenen Denkwerkzeugen überbrücken lassen. Die Überzeugung, mit monotonem Bohren sei letzten Endes auch dem dicksten Brett beizukommen, ist jedoch falsch. Wie mathematische Modelle zeigen, gibt es durchaus Abgründe, die sich nur mit Mitteln überbrücken lassen, die außerhalb des jeweiligen Systems oder Standpunktes zu finden sind.

So erscheinen uns die natürlichen Zahlen 1, 2, 3, ... als Inbegriff der Unendlichkeit, jenseits der es nach unserem Alltagsverständnis nichts mehr geben kann. Zwar erreicht man durch fleißiges Zählen irgendwann einmal jede Zahl, doch ganz gleich, wie weit man geht, stets hat man nur endlich viele von ihnen hinter sich gebracht, während noch unendlich viele fehlen. Eine letzte Zahl, nach der der Zählvorgang beendet wäre, gibt es nicht. Das Fazit ist klar: Ausschließlich mit endlichen Mitteln ist der Unendlichkeit der natürlichen Zahlen in ihrer Gesamtheit nicht beizukommen. Bei Mengen, deren Elemente sich nach Art der natürlichen Zahlen ordnen (durchnummerieren) lassen, spricht man von **abzählbarer Unendlichkeit**.

Die Vorstellung, dass es keine andere, noch mächtigere Unendlichkeit gibt, wird u.a. durch die Tatsache gestützt, dass auch (abzählbar) unendlich viele Hotels, von denen jedes (abzählbar) unendlich viele Zimmer hat, insgesamt nur über so viele Zimmer verfügen, dass sie ein Gast (der allerdings unbegrenzte Zeit mitbringen muss) allesamt der Reihe nach benutzen kann, was einer Abzählung entspricht.

Zum Beweis stellen wir uns vor, dass die Hotels mit der Zahl 1 beginnend durchgehend nummeriert sind, ebenso alle Zimmer – und zwar separat für jedes Hotel. Jedem Zimmer ordnen wir nun eine weitere Zahl zu (wir nennen sie HS-Zahl), die sich aus der Summe von Hotel- und zugehöriger Zimmernummer ergibt. Jetzt checken wir der Reihe nach ein:

Zuerst in das Zimmer mit der HS-Nr. 2 (= 1 + 1),
dann in die beiden Zimmer mit der HS-Nr.3 (= 1 + 2 = 2 + 1),
dann in die drei Zimmer mit der HS-Nr.4 (= 1 + 3 = 2 + 2 = 3 + 1), u.s.w.

## Abgründe

Da nur endlich viele Zimmer mit einer bestimmten HS-Nr gibt, können sie alle in endlicher Zeit belegt werden.
Nun hat aber jedes Zimmer eine HS-Nr. Unabhängig davon wie groß sie sein mag, wird sie einmal von der oben angedeuteten Vorgehensweise erfasst und somit auch belegt. Die Reihenfolge der einzelnen Buchungen entspricht dann der behaupteten Abzählbarkeit.
Doch dieses überraschende Ergebnis ist nicht beliebig übertragbar: Die Unendlichkeit, wie sie von den natürlichen Zahlen repräsentiert wird, ist nur die Erste in einer wiederum unendlichen Reihe von noch mächtigeren Unendlichkeiten.
Eine von ihnen ist die Menge der reellen Zahlen. Der Beweis geht auf den Begründer der Mengenlehre, Georg Cantor, zurück. Dazu sehen wir uns die **reellen Zahlen** im Intervall zwischen 0 und 1 an. In Dezimalschreibweise ist jede derartige Zahl darstellbar als eine nicht abbrechende Ziffernfolge der Form 0, a1 a2 a3..., wobei jedes ai eine beliebige Ziffer zwischen 0 und 9 ist. Um die Einheitlichkeit der Form herzustellen, werden Zahlen mit abbrechender Dezimalbruchentwicklung wie 0,3271 durch Anhängen von Nullen in die entsprechende Normalform gebracht (hier: 0,32710000000...).
Besagter Beweis hat nun folgende Struktur: **Entgegen** dem, was eigentlich bewiesen werden soll, wird **angenommen**, dass die mit „0," beginnenden Dezimalzahlen (also die reellen Zahlen zwischen 0 und 1) **allesamt** in eine Reihenfolge r1, r2, r3, ... gebracht werden können, wie dies etwa bei den natürlichen Zahlen möglich ist. Sodann wird gezeigt, wie **aus jeder solchen Reihe** eine neue Dezimalzahl **konstruiert** werden kann, die in der fraglichen Reihe **nicht** vorhanden ist. Die Annahme, **irgendeine** Folge $r_1, r_2, r_3, \ldots$ könne alle Dezimalzahlen enthalten, führt somit zu einem **Widerspruch**. Folglich lassen sich die reellen Zahlen zwischen 0 und 1 nicht in einer derartigen Folge $r_1, r_2, r_3, \ldots$ unterbringen. Es gibt zu viele von ihnen – sie repräsentieren einen höheren Typus von Unendlichkeit. Diese Behauptungen wird nun durch die Angabe einer geeigneten Konstruktionsvorschrift belegt.

Sei also konkret
  $r_1$ = 0,2̲10264... Wähle eine von der 1. Nachkommastelle (2) **verschiedene** Ziffer. Z.B.: $z_1$ = 3
  $r_2$ = 0,65̲9870... Wähle eine von der 2. Nachkommastelle (5) **verschiedene** Ziffer. Z.B.: $z_2$ = 8

$r_3 = 0{,}10\underline{4}782\ldots$ Wähle eine von der 3. Nachkommastelle (4) **verschiedene** Ziffer. Z.B.: $z_3 = 1$
$r_4 = 0{,}003\underline{9}54\ldots$ Wähle eine von der 4. Nachkommastelle (9) **verschiedene** Ziffer. Z.B.: $z_4 = 0$
$r_5 = 0{,}1047\underline{8}2\ldots$ Wähle eine von der 5. Nachkommastelle (8) **verschiedene** Ziffer. Z.B.: $z_5 = 2$ usw.

Aus der so erhaltenen Folge $z_1$, $z_2$, $z_3$, $z_4$, $z_5\ldots$ bilden wir die Dezimalzahl $z = 0{,}38102\ldots$, die sich (konstruktionsgemäß) in der ersten Nachkommastelle von $r_1$, in der zweiten von $r_2$, in der dritten Ziffer von $r_3$ und ganz allgemein in der n-ten Nachkommastelle von $r_n$ unterscheidet.

$z = 0{,}38102\ldots$ ist also mit keiner der Zahlen $r_1$, $r_2$, $r_3$, $\ldots$ identisch. Die ursprüngliche Annahme, dass die mit „0," beginnenden reellen Zahlen **allesamt** in eine Reihenfolge $r_1$, $r_2$, $r_3$, $\ldots$ gebracht werden können, trifft also nicht zu – stets lässt sich ein Zahl konstruieren, die nicht in der Reihe enthalten ist. Damit ist gezeigt, dass Intervall zwischen 0 und 1 überabzählbar viele reelle Zahlen enthält.

Wie bereits gesagt ist auch das nicht der Schlussakkord, die Skala der Unendlichkeiten ist nach oben offen.

Auch das sogenannte **Auswahlaxiom** vermittelt einen guten Eindruck davon, wie wenig verlässlich unsere herkömmlichen Begriffe und Vorstellungen sind, wenn sie sich in einer neuen Umgebung bewähren sollen. Im Endlichen beinhaltet das Axioms eine Selbstverständlichkeit, die kaum der Rede wert zu sein scheint: Gegeben sei beispielsweise eine (nichtleere) Grundmenge A sowie vier aus Elementen von A bestehende elementfremde Untermengen $M_1$, $M_2$, $M_3$ und $M_4$.
Sei etwa A = {1, 2, 3, 4, 5, 6, 7, 8, 9} und
$M_1 = \{1, 9\}$
$M_2 = \{6\}$
$M_3 = \{2, 4, 8\}$
$M_4 = \{3, 5, 7\}$

Das Auswahlaxiom fordert nun die Existenz einer Menge C, die aus jeder dieser Untermengen Mi genau ein Element enthält. Diese Eigenschaft hat C1 = {1, 6, 2, 3} ebenso wie $C_2$ = {9, 6, 4, 3}, $C_3$ = {9, 6, 8, 7} usw.

All das wäre kaum der Rede wert, gäbe es da nicht plötzlich im Unendlichen erhebliche Komplikationen. Bestimmte Zerlegungen der reellen Zahlen in Unter-

# Abgründe

mengen widersetzen sich beispielsweise jedem Versuch, aus jeder von ihnen einen Repräsentanten auszuwählen.

Mit den Mitteln der axiomatisch fundierten Mengenlehre lässt sich zwar nicht beweisen, dass zu jeder Mengenzerlegung der genannten Art auch eine entsprechende Auswahlfunktion existieren muss, man kann das generelle Vorhandensein derartiger Funktionen aber fordern (genau das tut das sogenannte Auswahlaxiom), ohne dadurch zu den übrigen Axiomen in einen Widerspruch zu geraten. Entscheidet man sich für eine Hinzunahme des intuitiv so einleuchtenden Axioms, so führt das wiederum zu äußerst seltsamen Ergebnissen.

Eines davon ist das sogenannte Banach-Tarski-Paradoxon. Salopp gesprochen geht es dabei um eine Kugel, die auf eine bestimmte Weise in Teilmengen zerlegt wird. Durch eine anschließende, andersartige Zusammensetzung lassen sich aus diesen Teilen **zwei** Kugeln der ursprünglichen Größe erzeugen. Möglich ist das nur, wenn man während des Prozesses auf das Auswahlaxiom zurückgreift.

Ein Großteil kontroverser Debatten rankt sich um die Frage, was denkbar ist und was nicht. Dass etwas denkbar ist, muss in dem hier verwendeten Sinn nicht heißen, dass man es zwischen Himmel und Erde antreffen könnte, sondern garantiert nur seine innere Widerspruchsfreiheit. Eine Vorstellung ist ohne innere Widersprüche, wenn sich ihre Elemente – also die Annahmen, auf denen sie basiert – nicht gegenseitig ausschließen und wenn sich aus den Annahmen keine Folgerungen ableiten lassen, die mit den Voraussetzungen unverträglich sind. Im Folgenden Beispiel ist Letzteres der Fall.

**Beispiel**: Versuchen Sie, sich eine positive, ganze Zahl vorzustellen, die
 1. sowohl durch 7 als auch durch 11 (ohne Rest) teilbar ist **und** die
 2. kleiner als 60 ist.

Bei der Suche ist alle Liebesmüh vergeblich, denn aus der 1. Voraussetzung folgt (elementare Zahlentheorie), dass eine derartige Zahl gleich oder größer als 77 sein muss und das steht im Widerspruch zur 2. Voraussetzung.

Anders ausgedrückt: Ein Zahl, die gleichzeitig die 1. und 2. Bedingung erfüllt, ist **undenkbar**. Wir leiten daraus ihre **Nichtexistenz** ab.

Das Beispiel ist freilich extrem einfach gewählt, um das Prinzip zu verdeutlichen. In der Praxis ist es oft ungemein schwerer herauszufinden, was zum Reich des Undenkbaren / Unvorstellbaren zählt.

Anders verhält es sich mit dem Nachweis der **Widerspruchsfreiheit** eines Bündels von Annahmen / Voraussetzungen, also der mathematischen Entsprechung des **Denkbaren**: Um das zu zeigen, muss man nicht den Beweis der Verträglichkeit aller möglichen Folgerungen untereinander führen – das wäre eine Herkulesaufgabe. Vielmehr gilt es als ausreichend, ein konkretes / reales Modell oder Beispiel aufzuzeigen, das alle genannten Voraussetzungen mitbringt. Diese Vorgehensweise, die sich im streng reglementierten mathematischen Raum bestens bewährt hat, beruht allerdings auf der Überzeugung, dass unsere Realität in sich **widerspruchsfrei** ist. Sich generell darauf zu verlassen, heißt aber, sich auf dünnem Eis zu bewegen. Der Eindruck, dass unsere Alltagsrealität voller Widersprüchlichkeiten ist, beruht meines Erachtens nicht nur auf Täuschungen. Vielmehr halte ich es für wahrscheinlich, dass es gerade Widersprüche sind, die die Welt „am Laufen halten", die ihr die notwendige Dynamik und Tiefe verleihen. Dort wo Widersprüchliches aufeinanderprallt, wird in der Regel ein Teil weichen oder wird gar zerstört. Widersprüche erzeugen Lücken, in die Neues eintreten kann. Widersprüche lassen Raum für Träume von dem, was vielleicht sein könnte … Ohne Widersprüche wäre die Welt in bloßem Sosein erstarrt – sie wäre zur reinen Mathematik geworden. Diese Kälte ist wohl der Preis, den die Königin der Wissenschaften für „absolute" Verlässlichkeit, Berechenbarkeit und Beherrschbarkeit zu entrichten hat.

**Fazit**: Die Strukturen der geistigen Welt, von der die Mathematik nur einen Teil ausmacht, sind zu verschiedenartig und die Abgründe zwischen ihnen zu groß, als dass sie alle einem einzigen Prinzip unterworfen werden könnten.

Warum sollte das in der physischen / materiellen Welt anders sein? Ansonsten stünden wir vor dem Wunder, dass ein materieller Körper (hier: unser Gehirn) etwas hervorzubringen vermag – nämlich die beschriebenen geistigen Räume – das **prinzipiell** von ihm verschieden und ihm zugleich qualitativ absolut überlegen ist.

Die Schöpfung ist ehrfurchtgebietender als das, für was sie die Reduktionisten halten. Gänzlich vergebens ist jedenfalls die Hoffnung, **alle** Erscheinungen, die sich bislang einer zufriedenstellenden Erklärung entziehen, schließlich doch einmal unter den „Hut" klassischer Erklärungsmodelle zu bekommen. Das gilt insbesondere für das Bewusstsein und alles, was mit subjektivem Empfinden zu tun hat. Auch wenn sie dereinst einmal das erste Kunstwesen im Fernsehen präsentieren, werden die beteiligten Wissenschaftler weder wissen, **was** sie da eigentlich getan haben, noch mit wem sie es zu tun haben, sondern nur, **wie** sie es getan haben.

# Abgründe

Dazu passt die bekannte Zeile: „Herr vergib ihnen, denn sie wissen nicht, **was sie tun**".

Um möglichen Missverständnissen vorzubeugen, sei betont, dass zwar der Bau entsprechender Maschinen denkbar ist, **nicht aber** die **Schaffung** von Bewusstsein oder einer Seele. Eine Gleichsetzung würde auf einen fatalen gedanklichen Fehler hinauslaufen. **Schließlich hat Kolumbus Amerika nur entdeckt, den neuen Kontinent durch seine Entdeckung aber weder erfunden noch geschaffen.**

Die Welt des Seelischen, also die Sphäre, die Bewusstsein, Gefühle, Hoffnungen, Träume, Gedanken usw. umfasst, ist gewiss nicht einfacher, weniger tiefgründig und folgenloser als die der mathematischen Gesetzmäßigkeiten.

Gemessen an der harten Realität nachprüfbarer Fakten und unausweichlicher Denkgesetze scheint die Psyche auf den ersten Blick das Reich zahnloser Schlossgespenster zu sein, denen höchstens eine bedingte Existenzberechtigung zugestanden wird. Die Rollen von Herrin und Aschenputtel scheinen klar verteilt. Aber der Schein trügt wieder einmal: Nur oberflächlich betrachtet sind es Flugzeuge und andere Transportmittel, die uns von A nach B befördern. Was uns wirklich antreibt, sind Absichten, Hoffnungen und unbestimmte Sehnsüchte. Ihnen sind die Maschinen untergeordnet, ihnen verdanken sie überhaupt erst ihre Existenz.

Wie wir letzten Endes handeln, versuchen wir oft erst im Nachhinein rational zu begründen, nachdem unsere Entscheidung im Grunde bereits gefallen ist. Öfter, als wir es wahrhaben wollen, entscheidet die Psyche und nicht die Ratio.

Im Gegensatz zu unseren naturwissenschaftlichen Erkenntnissen ist unser Wissen davon, wer wir selbst sind, auf einem geradezu urzeitlichen Niveau geblieben. Für eine Begegnung mit Künstlichem Bewusstsein – zumindest auf Augenhöhe – sind das denkbar schlechte Voraussetzungen, zumal wir die Entscheidung, das Tor zu öffnen, später nicht mehr revidieren können.

# Portionsweise: Quanten

## Unmögliches wird salonfähig

Einer der größten Physiker des 20. Jahrhunderts, Richard Feynmann, der die **Quantenphysik** wesentlich vorangebracht hat, schrieb in seinem Buch *Vom Wesen der physikalischen Gesetze*: „… Andererseits kann ich mit Sicherheit behaupten, dass niemand die Quantenphysik versteht. … Niemand weiß, wieso es so sein kann, wie es ist."

Trotz dieser ernüchternden Bestandsaufnahme wissen Quantenphysiker anhand des vorhandenen Formelapparates sehr gut, was sie zu erwarten haben, wenn sie ein bestimmtes Experiment durchführen. Kaum eine andere Theorie ist durch unzählige Versuchsreihen derart abgesichert und ihre Grundkonstanten mit einer vergleichbaren Genauigkeit bestimmt. Uneinigkeit besteht jedoch darüber, was von den Ergebnissen zu halten ist, welche Vorstellung man mit ihnen verbinden sollte. Darüber gibt es mehr als ein Dutzend konkurrierender Meinungen.

Zur Geschichte: Dass die Natur keine Sprünge macht, war eine Grundannahme, die das philosophische und naturwissenschaftliche Denken seit der Antike beeinflusste. Auch später schien sich das Prinzip bestens zu bewähren. So wiesen etwa die Ausbreitung des Lichts, seine Brechung sowie die Figuren, die Licht nach dem Durchgang durch enge Öffnungen auf einem Schirm erzeugt, eindeutig auf seine Wellennatur hin. Sogar die jeweiligen Wellenlängen ließen sich berechnen und daraus Vorhersagen ableiten, die experimentell bestätigt werden konnten. Risse bekam die heile Welt allerdings durch den vergeblichen Versuch, auch die energetische Seite optischer Prozesse in das bereits bestehende Gedankengebäude einzufügen (Internet-Stichwort: „Hohlraumstrahlung"). Der Durchbruch in dieser Frage gelang Max Planck mit seiner These, dass in der Welt des Allerkleinsten anstelle von gleitenden Übergängen nur Wechsel in Form von Sprüngen ganz bestimmter Größe erlaubt sind. In diesem Sinne erscheint „dort unten" alles gequantelt oder portioniert. Die Richtigkeit seiner Annahme wurde in der Folge durch unzählige Experimente bewiesen. Bald avancierte sie zu einem unverzichtbaren Werkzeuge der Naturerklärung.

## Portionsweise: Quanten

Einfacher oder gar entzaubert war die Welt damit aber nicht. Vielmehr stand man jetzt vor dem Problem, zwei scheinbar unverträgliche Deutungen (Welle bzw. Partikel) unter einen Hut bringen zu müssen. Stellen wir uns dazu Folgendes vor: Nachdem in der Mitte eines großen Sees ein Stein ins Wasser gefallen ist, breitet sich nun die Energie in Form von Wellen in alle Richtungen aus, wodurch sie einerseits eine zunehmende Fläche einnimmt, andererseits aber an Dichte (pro Flächeneinheit) verliert. Ist der See groß, wird die in einem kleinen Randbereich ankommende Energie kaum noch messbar sein. Im Reich des Mikrokosmos würde sich die Energie zwar auch wellenförmig ausbreiten, am „Ufer" würde sie dagegen in einem Punkt gebündelt erscheinen und dort vielleicht einen Gegenstand wegschleudern.

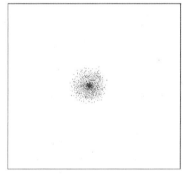
Abbildung 7

Um die seltsame Doppelnatur des Lichts zu demonstrieren, genügt eine punktförmige Lichtquelle, deren Strahlen durch eine sehr enge Öffnung auf einen weit entfernten Schirm fallen. Dort lässt sich ein aus konzentrischen Kreisen bestehendes Muster beobachten, das nur zu verstehen ist, wenn man eine **wellenartige** Ausbreitung annimmt. Wird die Lichtstärke immer weiter heruntergeregelt, bemerkt man, dass die scheinbar gleichmäßige Beleuchtung des Schirms in Wirklichkeit aus unzähligen einzelnen Lichtblitzen resultiert. Demnach hat Licht **auch Teilchencharakter**.

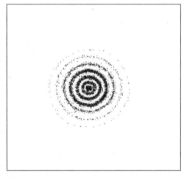
Abbildung 8

Schlimmer geht immer: Auch massive Teilchen wie Elektronen, Atome und sogar ganze Moleküle verhalten sich auf diese mysteriöse Weise. Stellen Sie sich vor, Sie würden aus größerer Distanz mit Farbkugeln auf einen Schirm schießen, von dem sie durch eine Wand getrennt sind, die ein Loch vom mehrfachen Durchmesser ihrer Kugeln aufweist. Nachdem einige Hundert Kugeln die Öffnung passiert haben, schauen Sie sich die Farbtupfer auf dem Schirm an. Wenn Sie nun nicht das sehen, was in Abb. 7 dargestellt ist, sondern etwas, das Bild 8 ähnelt, befinden Sie sich in der Welt der Quantenphysik. Das ist das Bild, das man beispielsweise erhält, wenn Licht unter den genannten experimentellen Voraussetzungen eine photographische Platte fällt.

Sorgfältige Analysen haben zu dem Schluss geführt, dass Aussagen über den Ort eines bewegten Partikels keinen Sinn machen. Im Falle zweier dicht nebeneinanderliegender Öffnungen kann nicht einmal bestimmt werden, welche er passiert hat, ohne das wellenförmige Beugungsbild zu zerstören.

In folgendem Punkt stimmen die Resultate aller Experimente überein: Die sogenannten Quanten müssen (soweit bestimmte zeitliche Bedingungen eingehalten werden) alle innerhalb des Versuchsaufbaus möglichen Wege eingeschlagen haben und insofern seine Beschaffenheit „kennen" (über entsprechende Informationen verfügen). Ebenso zutreffend wäre auch die Aussage, dass in das Endergebnis alles einfließt, was **hätte** passieren können.

Das wiederum heißt, dass lokale, punktuelle Betrachtungsweisen dem Charakter quantenphysikalischer Erscheinungen in keiner Weise gerecht werden. Hier geht es um globale Sachverhalte, bei denen **ganzheitliche** Aspekte den Ausschlag geben. Eine ebenso zentrale Rolle spielt das Prinzip der Ganzheitlichkeit bei den sogenannten **verschränkten Zuständen.** Unter bestimmten Voraussetzungen verhalten sich zwei von einer gemeinsamen Quelle in entgegengesetzte Richtungen ausgesandte Partikel so, als stünden sie im direkten Kontakt, obwohl die Distanz zwischen ihnen einen sofortigen Informationstransfer ausschließt. Das rätselhafte synchrone Verhalten erlaubt allerdings nur einen einzigen Test, dann ist die seltsame Verknüpfung erloschen.

Das Verblüffende an dem Phänomen dieser verschränkten Zustände besteht darin, dass sich dabei zwei getrennte Objekte wie ein einziges Ding verhalten. Besser kann man den Begriff der Ganzheitlichkeit nicht auf den Punkt bringen, der auch eine Eigenschaft des Bewusstseins ist. Die Bemühungen um eine Klärung des Verhältnisses zwischen Materie und Geist wurden durch die Quantenphysik um eine vielversprechende Baustelle erweitert – nicht weniger und nicht mehr.

Das Nichtwissen über den Ausgang eines Ereignisses beruht nach Auffassung der klassischen Physik lediglich auf der Unkenntnis aller Details, die das zukünftige Geschehen bestimmen. Diese Art des Nichtwissens unterscheidet sich grundsätzlich von der in der Quantenphysik vorherrschenden Auffassung, nach der beispielsweise bezüglich eines Lichtquants **kein verborgener Mechanismus existiert**, der ursächlich dafür verantwortlich wäre, wo das „Teilchen" letztendlich eintrifft.

## Portionsweise: Quanten

Die Frage, **warum** ein Quantenereignis so und nicht anders ausgefallen ist, macht nach dieser Lesart keinen Sinn – es gibt nichts, worauf sich das „Warum" beziehen könnte.

Es geht also um zwei ganz unterschiedlichen Arten des Nichtwissens, einem relativen, wenn man sich innerhalb der klassischen Physik bewegt, und einem absoluten, was die Geschehnisse im Mikrokosmos angeht. Ganz gleich, worauf dieses Nichtwissen nun im Einzelfall beruht – das, was geschehen wird, stellt sich für uns als etwas dar, das dem Zufall unterworfen ist. Durch **beide** Arten des Nichtwissens begegnen wir dem Zufall.

Allerdings liegen zwischen den beiden Arten des Nichtwissens und damit auch bezüglich des Zufalls Welten: Wenn Ihnen Ihr Gegenüber zwei geschlossene Hände hinhält und Sie wissen, dass Sie nach dem Öffnen in einer Hand eine Münze finden, werden Sie jeder der beiden Möglichkeiten die **Wahrscheinlichkeiten** ½ zuordnen. Sofern nicht gemogelt wird, hat sich die Münze bereits in einer der beiden Hände befunden, **bevor** Sie sich für eine entschieden haben und sie einen Blick in die geöffnete Hand werfen konnten. Das ist die Welt der klassischen Physik.

Ganz anders die Quantentheorie. Auf unser Beispiel übertragen sind die Dinge hier so gelagert, dass sich die Münze in einer schemenhaften Weise in beiden Händen befindet und sich erst dann in einer der beiden konkretisiert, wenn ein (bewusster) Beobachter eine Entscheidung erzwingt. Merkwürdiger Weise gibt die Sprache hier einen fast verräterischen Hinweis: Wenn wir von einer „Feststellung" reden, setzt das eigentlich voraus, dass sich das, was da festgestellt wurde, zuvor nicht eindeutig **fest**gelegt war. Vielmehr legt uns die deutsche Sprache nahe, dass es die Beobachtung (**Feststellung**) selbst war, die zu einer **Festlegung** geführt hat.

Allgemein gesprochen lassen die neuen Erkenntnisse den Denkfehler sichtbar werden, der sich hinter der Frage versteckt, **wie** die Dinge **sind**, denn zu ihrem Sein gehört ganz offenbar auch das, was wir aus ihnen machen können.

## Zufall

Nach klassischer Auffassung kann der Zustand der Welt zu einem beliebigen Zeitpunkt als die Summe klar umrissener Zustände beschrieben werden. Die Kenntnis all dieser Einzelheiten vorausgesetzt wäre es theoretisch möglich, alles zukünftige Geschehen zu berechnen. Das gilt ebenso für Würfe mit Würfeln wie für alles Andere; wenn alle Ergebnisse bereits festliegen, kann es keinen echten Zufall geben. Nach dieser klassischen Lesart beruht der Eindruck der Zufälligkeit vielmehr nur auf dem Mangel an Informationen.

Ein willkürlich herausgegriffenes Beispiel: 5, 9, 2, 6, 8, 4, 9, 2, ...
Haben Sie eine Ahnung, ob die Folge eine sinnvolle Fortsetzung besitzt (eventuell auch mehrere), oder ob sie keiner Regel unterliegt – also willkürlich ist?
Die Antwort gibt in diesem speziellen Fall die sogenannte logistische Gleichung:

$$f_{n+1} = 3{,}8 * f_n * (1 - f_n)$$

Die Formel erklärt, wie man aus $f_n$, also dem n-ten Glied das Folgeglied $f_{n+1}$ berechnen kann.

Nun brauchen wir nur noch einen **beliebigen** Startwert **zwischen** Null und Eins, den wir als $f_0$ bezeichnen. Sei also hier $f_0 = 0{,}555$.
Dann berechnet sich Schritt für Schritt:

$$f_1 = 3{,}8 * f_0 * (1 - f_0) = 3{,}8 * 0{,}555 * (1 - 0{,}555) = 0{,}938505.$$

Aus diesem Wert folgt
$f_2 = 0{,}219310786$ und weiter:
$f_3 = 0{,}650611549$
$f_4 = 0{,}863801412$
$f_5 = 0{,}447064422$
$f_6 = 0{,}939351733$
$f_7 = 0{,}216486205$
usw.

Schauen Sie nun auf die jeweils erste Dezimalziffer nach dem Komma, dann beantwortet das die Frage nach einer eventuellen Bildungsregel der obigen Folge. Die Ziffern dort sind nur **scheinbar zufällig** angeordnet. Nach Vorgabe eines

## Portionsweise: Quanten

Startwertes sind alle nachfolgenden Ergebnisse aufs Genaueste festgezurrt. Ihre Anordnung unterliegt einem strengen Gesetz. Da die Zufälligkeit nur **scheinbaren** Charakter besitzt, wird hier von einem sogenannten **deterministischen Zufall** gesprochen.

Eine grundsätzliche Bemerkung zum Determinismus: Er degradiert die Menschen als bewusste, empfindende Wesen zu reinen Zuschauern, denen jede Möglichkeit abgesprochen wird, Einfluss auf den Gang der Dinge zu nehmen. Der freie Wille, das Gefühl, eine Wahl zwischen verschiedenen Alternativen zu haben, ist in dieser Deutung des Kosmos bestenfalls eine Illusion.

Dagegen stellen in der neuen, fast einhellig akzeptierten quantenphysikalischen Sichtweise, Unbestimmtheit und Unschärfe grundlegende Eigenschaften des Mikrokosmos dar. Hier regiert der echte Zufall, kein deterministischer, bei dem ein versteckter physikalischer Wirkungsmechanismus über den Ausgang eines Versuchs entscheidet.

Für Aussagen über zufällige Ereignisse ist aus mathematischer Sicht die **Wahrscheinlichkeitstheorie** zuständig, und für deren Rechenwege ist es wiederum gleichgültig, woher das Nichtwissen hinsichtlich eines Zufallsprozesses rührt, ob es also – wie bereits dargestellt – relativer oder absoluter Natur ist.

So chaotisch der Zufall auch sein mag – er unterliegt strengen, nachprüfbaren Gesetzen. Zwar kann auch die Wahrscheinlichkeitstheorie nicht die Zahlen der nächsten Glückslotterie vorhersagen, doch kann sie speziell dort wertvolle Aussagen machen, wo es um große Ereignismengen oder um Erwartungen geht. Dazu gehört beispielsweise die Frage, wie groß die Chance ist, dass in einer Gruppe von 35 Menschen mindestens zwei am gleichen Tag Geburtstag feiern. Die richtige Antwort darauf lautet, dass das durchschnittlich in etwas mehr als 8 von 10 Fällen zutrifft.

Woher soll man wissen, ob sich eine Reihe merkwürdiger Vorfälle als Werk des Zufalls abtun lässt oder ob dahinter ein Plan sichtbar wird? Ohne die Gesetze des Zufalls auch nur ansatzweise zu kennen, besteht die Gefahr, verschwörerische Kräfte gerade dort zu vermuten, wo keine sind, dafür aber Serien von Ereignissen zu ignorieren, bei denen es angebracht wäre, an eine systematische Einflussnahme zu denken. Ein gewisses Grundwissen in Sachen Wahrscheinlichkeit kann daher nicht schaden. Einfache und allgemeinverständliche Einführungen in das ausgesprochen interessante Thema gibt es in Hülle und Fülle.

# Böses Erwachen – Künstliches Bewusstsein

Mit Hilfe der Gesetze, die den Zufall regieren, lässt sich auch erklären, warum wir von dem turbulenten und unzuverlässigen Treiben auf der Ebene des Mikrokosmos im Alltag nichts bemerken. Ungewohnt ist die Beobachtung nicht, dass bestimmte Ergebnisse mit großer Genauigkeit vorhersagbar sind, wenn sie auf unzähligen zufälligen Einzelereignissen beruhen. Erscheint beispielsweise in einer Serie von 1000 Würfen (mit einem regulären Würfel) stets die Augenzahl 3, dann ist etwas „faul". Unter fairen Bedingungen kann ein derartiges Resultat sogar **mit an Sicherheit grenzender Wahrscheinlichkeit** ausgeschlossen werden.

Haben wir es dagegen mit einem kleinen Versuchsraum von nur wenigen Würfen zu tun, dann ist praktisch alles möglich.

**Fazit**: Ist der Zufall im Spiel, führen einzelne Ausreißer im Falle kleiner Mengen oder Versuchsreihen zu erheblichen, nicht vorhersagbaren Sprüngen im Gesamtergebnis. Große Zahlen schaffen dagegen Verlässlichkeit. Erst dann wird man beispielsweis erwarten dürfen, dass innerhalb einer geringen Schwankungsbreite 1 / 6 aller Würfe / Würfel die Augenzahl 3 zeigen.

Die Wahrscheinlichkeitstheorie erlaubt es, trotz bestehenden Unwissens mathematisch fundierte Aussagen darüber zu machen, in welchem Maße bestimmte Ereignisse zu erwarten sind. **Die Tatsache, dass auch Nichtwissen und Chaos Gesetzen unterliegen, ist bereits für sich genommen außerordentlich erstaunlich.**

Quantenphysikalisch treten alle Ereignisse nur mit einer bestimmten Wahrscheinlichkeit ein. Da die Zufälligkeit nach dieser Lesart im Wesen der Sache und nicht in Unvermögen unsererseits liegt, entsprechende Informationen zu beschaffen, ergibt sich daraus das Bild einer nur vom Zufall getriebenen Welt, der kein weiterer Sinn zugrunde liegt. Die Frage, warum ein bestimmtes Einzelereignis so und nicht anders eingetreten ist, entbehrt in der herrschenden quantenphysikalischen Sichtweise jeder Grundlage.

Albert Einstein war diese Auffassung Zeit seines Lebens zuwider. „Der Liebe Gott würfelt nicht", soll er einmal gesagt haben.

Den Kosmos als **reine** „Würfelbude" zu verstehen, kann allerdings nicht der Weisheit letzter Schluss sein. Diese Vorstellung degradiert uns ebenso wie die rein deterministische Lesart eines Uhrwerkkosmos, in dem der Gang der Dinge ausschließlich auf blinden Gesetzen beruht, zu bloßen Zuschauern. In beiden Fällen wären wir Kinder eines sinn-und bedeutungsfreien Etwas, das weder etwas empfindet noch eine Absicht hat.

## Portionsweise: Quanten

Es erscheint höchst fraglich, ob dieser grundsätzliche „Schönheitsfehler" durch die Rolle des Beobachters wettgemacht werden kann, der durch Messungen immer seinen Beobachtungsgegenstand beeinflusst – zumindest in der klassischen (sogenannten Kopenhagener) Auffassung der Quantenphysik, nach der ein bewusster, intelligenter Beobachter erforderlich ist, um den diffusen Zustand einer Wahrscheinlichkeitswelle kollabieren zu lassen.

Diese Interpretation hat freilich sehr bald Wissenschaftler auf den Plan gerufen, die in dem beschriebenen Mechanismus eine Erklärungsmöglichkeit dafür sahen, wie sich seelisch / psychische Entitäten über das Gehirn Zugriff auf die materielle Ebene verschaffen könnten. Positive Ergebnisse brachte dieser Ansatz meines Wissens bislang jedoch nicht, was nicht verwundert. Denn hinter diesem Gedanken steht die allzu einfache Auffassung des Körpers als einer Maschine mit Hebeln und Knöpfen, derer sich ihr jeweiliger Eigentümer bedient, um sie in die gewünschte Richtung zu lenken.

# Bruchstellen

## Ein Anspruch, der nie eingelöst werden kann

Sowohl in einem deterministischen Kosmos als auch in einem, der ausschließlich von einem blinden Zufall beherrscht wird, wären wir – wie bereits festgestellt – bloße Zuschauer. In beiden Versionen kommt dem Objektiven absolute Priorität gegenüber subjektiven Aspekten zu, denen bestenfalls eine Existenz als Randerscheinungen zugestanden wird, ohne Einfluss auf den Lauf des Geschehens. Vielleicht entspringt diese Art des Denkens einem teilweise überholten Zeitgeist, der von Autorität, Ordnung und Reglementierung geprägt war, in dem es nur einen zulässigen Standpunkt und ein einziges Wertesystem gab, das nicht weiter hinterfragt werden durfte. Jenseits der Mauer erschien vernünftiges Denken nicht mehr möglich, hier begann die nutzlose Welt des Absurden und der Illusionen. Durch die Leugnung des Subjektiven wird aber der Mensch als empfindendes, erlebendes, sich seiner selbst bewusstes Wesen verleugnet.

Die Mauern der klassischen Denkverbote hielten sogar die meisten ihrer Erbauer gefangen. Die gedanklichen Konstrukte, auf denen sie beruhen, hielt man für unangreifbar, vollständig und zwingend, obwohl bereits die klassische Vorstellung eines deterministischen „Urwerkkosmos" prinzipiell unbeweisbar ist. Um einen entsprechenden Beweis liefern zu können, müsste sich eine Prognose auf einen Zeitpunkt nach der Veröffentlichung beziehen. Dann aber müsste die Prognose auch die Reaktionen auf die Prognose berücksichtigen (Wer würde beispielsweise einer für ihn ungünstigen Vorhersage tatenlos zusehen?). Das aber führt zu einem unendlichen Regress, der nicht leistbar ist.

**Fazit**: Wenn das Denken als solches (in diesem Fall die Interpretation einer Prognose und die Reaktion auf sie) als wirksamer Teil des Kosmos akzeptiert wird, steht die rein mechanistische Auffassung vor unübersteigbare Hürden.

Die Schwierigkeiten sind prinzipieller Natur. Es geht um etwas, das sich nie nachprüfen lässt, wenn der Experimentator selbst involviert ist. Sogar die klassische Physik entzieht sich unter natürlichen Bedingungen der vollständigen Nachprüfbarkeit. Erinnern Sie sich an die Bemerkung, dass nach der klassischen Interpretation der Quantenphysik ein Beobachter die Prozesse in der Mikrowelt durch seine Wahrnehmung nachhaltig und nachweisbar beeinflusst (Stichwort: Kollaps der Wellenfunktion).

Wie bereits betont taugt weder das deterministische noch das auf blindem Zufall aufbauende Weltbild dazu, Antworten auf die Kernfragen des Buchs zu geben. Zumindest auf der Basis unseres gegenwärtigen physikalischen Wissens ist es nicht möglich, die Existenz von Bewusstsein, Gefühlen und anderen subjektiven Entitäten abzuleiten oder einen Glauben an sie zu rechtfertigen. Letztere gehören einer viel zu hohen Ebene an, als dass naturwissenschaftlichen Instanzen im herkömmlichen Sinne ein Urteil über deren Sein oder Nichtsein zustände. Ebenso wenig ist ein Experiment vorstellbar, mit dem sich über die Existenz Gottes entscheiden ließe.

Etwas profaner: Von der Flughöhe kann nicht auf das Alter des Piloten geschlossen werden. Beide Sachverhalte bewegen sich in ganz unterschiedlichen Dimension.

Die großen Verdienste der naturwissenschaftlichen Denk- und Verfahrensweisen sollten uns nicht dazu verleiten, ihren Status über den von Werkzeugen hinauswachsen zu lassen und sie in den Rang von Herrschern oder Richtern zu erheben.

## Noch mehr Schlupflöcher

Wie zu allen Zeiten ist die Unüberwindbarkeit von Barrieren eine Illusion – eine Sache des Glaubens und Meinens. Die wirklichen Grenzen existieren nur in unserem Kopf, sie wurden uns antrainiert.

Ein einfaches Experiment kann das recht gut veranschaulichen: Um in einem größeren Aquarium bestimmte Fische zeitweilig von anderen zu trennen, wird das Becken durch eine passende Glasscheibe in zwei verschiedene Bereiche unterteilt. Fische, die sich nicht in der gewünschten Hälfte befinden, werden gefangen und in die andere „umgesiedelt". Stoßen die Tiere dann gegen das neue gläserne Hindernis, setzt ein „Lernprozess" ein, der sie die Grenze in einer Art vorauseilendem Gehorsam respektiert lässt. Wird die Glasscheibe schließlich entfernt, existiert die Trennfläche weiter, wenn auch nur im Kopf der Tiere.

Man muss nicht einmal an den Grundfesten der offizielle Wissenschaft rütteln, um etliche Durchgänge zu erkennen, die es dem Bewusstsein und anderen subjektiven Größen erlauben könnten, sich in der materiellen Realität unauffällig zu manifestieren.

In die naturwissenschaftliche Arbeitsweise fließen sehr viele stillschweigende Annahmen ein, die kaum einer kritischen Analyse unterzogen werden, weil man sie für belanglos hält oder zumindest so erscheinen lassen möchte. Da gibt es beispielsweise die Idealvorstellung eines Experiments als etwas, das frei von allen äußeren / störenden Einflüssen ist, zu denen auch der Experimentator selbst mit all seinen Erwartungen, Vorstellungen, Hoffnungen und Sorgen zählt – und seine Absicht, wie er auf das Versuchsergebnis reagieren will. So redlich dieser Ansatz auch ist und so großartig seine Ergebnisse auch sein mögen – die Stärke dieses Ideals stellt zugleich seine Schwachstelle dar. Sie bietet beispielsweise den Ansatzpunkt für folgende Überlegung: Wenn die Voraussetzungen unserer Wissenschaft auf der strikten Eliminierung aller subjektiven Elemente beruhen, dann ist es kaum verwunderlich, wenn sich aus den Ergebnissen eben dieser Wissenschaft keine Anzeichen für das Vorhandensein oder Wirken von Bewusstsein ablesen lassen. Wird ein hermetisch abgeschlossener Raum durch Hitzeeinwirkung und Gifte traktiert, ist es auch keine Überraschung, wenn darin anschließend kein Leben mehr nachzuweisen ist.

Ein weiterer Aspekt: Natürlich wird sich jeder gewissenhafte Experimentator so weit wie möglich zurücknehmen. Er bleibt aber immer der „Vater" seines Experiments. Ob da eine Verbindung besteht und ob sie – falls vorhanden – je vollständig durchtrennt werden kann, lässt sich auf der Ebene der Physik nicht entschieden. Die postulierte Neutralität und Objektivität ist allenfalls eine Richtschnur, vermutlich sogar nur eine Fiktion.

Das „Reinheitsgebot" betrifft freilich nicht nur den Experimentator. Das Bestreben, alle Einflüsse auszuschalten, die ein Experiment stören könnten, und es so gewissermaßen in einer klinisch reinen Umgebung durchzuführen, lässt fast ästhetische Motive vermuten. Auf jeden Fall läuft das zum Tragen kommende Ideal aber auf die Isolation des Versuchsobjekts und damit auf die Schaffung einer künstlichen Situation hinaus. Dass ein beliebiger physikalischer Prozess in jeder natürlichen Umgebung genauso abläuft wie unter Laborbedingungen, ist eine ziemlich gewagte Annahme.

Selbst unter Laborbedingungen ist eine absolute Isolation bestenfalls nur kurzfristig und unter sehr speziellen Bedingungen möglich. In der Praxis besteht zwischen den einzelnen Elementen eines Prozesses und seiner Umgebung eine Wech-

# Bruchstellen

selwirkung, die **wesentlich** komplexer ist als im Forschungsbetrieb. Wie sich die einzelnen Komponenten dabei in ihrem Zusammenspiel gegenseitig beeinflussen, wird sich kaum je vollständig ermitteln lassen. Daher verbietet es sich, entsprechende grundsätzliche Aussagen ohne Vorbehalt in den Raum zu stellen.

## Vom Teil zum Ganzen?

Manchmal verschleiern die Eigenschaften der Einzelteile den Charakter des aus ihnen zusammengesetzten Gebildes mehr, als ihn zu erklären.

Dazu ein äußerst einfaches Beispiel, das eine Variante des bekannten Problems des Handlungsreisenden darstellt. Im vorliegenden Fall soll er sieben verschiedene Dörfer besuchen, die sich – wie links in Abb. 9 auf der Karte K dargestellt – auf den Schnittpunkten eines rechtwinkligen Wegenetzes liegen. Die Bedingung: <u>Erstens</u> soll er **jedes** dieser Dörfer besuchen, das aber nur ein **einziges** Mal. <u>Zweitens</u> muss er sich an die Wege halten und <u>Drittens</u> darf der direkte Weg **zwischen** zwei Orten nicht abknicken (Der Weg von a nach b führt also nur über c). Allerdings erlauben wir ihm, sich das Dorf auszusuchen, von dem er aufbrechen möchte. Existiert einer Reiseroute, die alle Bedingungen erfüllt?

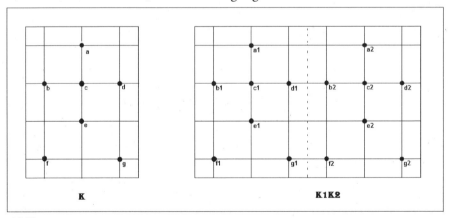

Abbildung 9

Das schönste Problem ist verdorben, wenn man zu früh die Lösung vorgesetzt bekommt. Daher halte ich mich vorerst zurück. Probieren Sie ruhig ein wenig.

## Böses Erwachen – Künstliches Bewusstsein

Rechts von Karte K finden Sie eine weitere, größere Karte K1K2, die aus zwei identischen Karten K zusammengesetzt ist. Versuchen Sie auch hier, einen idealen Reiseweg zu finden! Wird die Antwort so ausfallen wie zuvor? Mutmaßungen sind durchaus erwünscht.

Wie steht es mit der Abfolge b1, f1, g1, d1, b2, f2, g2, d2, c2, a2, a1, c1, e1, e2?

Alles klar? Nachdem Sie für Karte K (hoffentlich) keine Lösung gefunden haben, wird Sie das überraschende Ergebnis rechts vielleicht auf die Idee verfallen lassen, durch das Zusammensetzen gleichartiger Bausteine käme es generell zu vollständig befahrbaren Landkarten.

Doch dem ist durchaus nicht so, wie das in Abb. 10 dargestellte Beispiel zeigt, bei dem gegenüber dem ersten die Vorzeichen gewissermaßen vertauscht sind.

Aus dem Verlauf der breiteren Linie lässt sich aus der einfachen Karte (links) die geforderte Reisemöglichkeit leicht ablesen.

In der durch Verdoppelung erzeugten Karte rechts davon fehlt eine entsprechende Hervorhebung aus gutem Grund: Es gibt keine Reiseroute, die den oben genannten drei Bedingungen genügt.

Bei dem hier nicht näher ausgeführten Beweis kann man zunächst zeigen, dass eine erfolgreiche Reise, sofern es überhaupt eine gibt, entweder in c1 beginnen oder dort enden müsste. Dieser im Falle einer Lösung notwendige Startpunkt führt aber, wie sich weiter zeigen lässt, in eine ausweglose Situation, womit sich die Annahme der Existenz einer vollständigen Reise zerschlagen hat.

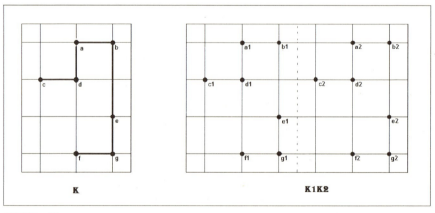

Abbildung 10

## Bruchstellen

Durch die beiden Beispiele soll keinesfalls angedeutet werden, dass die Eigenschaften der zusammengesetzten Karten denen ihrer Einzelteile stets entgegengesetzt sind. Dafür gibt es simple Gegenbeispiele.

**Fazit**: Eine **einfache** Regel, mittels derer angegeben werden kann, wann das Gesamtgebilde Eigenschaften seiner Elementen erbt und wann es diesen entgegengesetzt ist, zeichnet sich an dieser Stelle nicht ab. In diesem Sinne erweist sich hier das Ganze als mehr als die Summe seiner Teile.

Die Diskrepanz zwischen den Teilen und dem aus ihnen gebildeten Ganzen kann sogar so groß werden, dass in einem absoluten Sinn keine Möglichkeit besteht, von den Eigenschaften der einzelnen Komponenten, wie sie sich in **isolierter** Betrachtung darstellen, auch nur näherungsweise auf die Eigenschaften, Gestalt und die eventuelle Bedeutung des Gesamtbildes zu schließen. Ein Beispiel dafür liefert der in Abb. 11 dargestellt Fall.

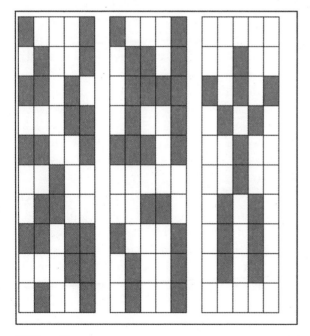

Abbildung 11

## Nichts + Nichts =?

Die auf den beiden ersten Rechtecken erkennbaren Muster aus kleinen schwarzen und weißen Quadraten vermitteln den Eindruck von Objekten, deren Entstehung auf rein zufälligen Ereignissen basiert, wie sie etwa mit dem Werfen einer Münze verbunden sind. Derartige Muster folgen keiner erkennbaren Regel. So wie nach alter, bewährter Auffassung das Fehlen jeglicher Gesetzmäßigkeit in der Nähe zum Nichts steht, spricht man in derartigen Fällen von chaotischen Mustern. Es gibt keinen Grund, warum sie so sind, wie sie sind. Insofern kann ihnen ohne einen Schlüssel auch keine Information entnommen oder Bedeutung zugemessen werden.

Tatsächlich ist nur das erste Rechteck das direkte Resultat von Zufallsprozessen (Würfel). Das zweite **könnte** es ebenfalls sein, hat aber eine besondere Entstehungsgeschichte, die dem Leser inzwischen bekannt vorkommen dürfte.

Die im dritten Rechteck stilisiert dargestellte menschliche Gestalt war unabhängig von der übrigen Vorgehensweise **von Anfang an vorgegeben**. Das mittlere Rechteck ist aus einer Überlagerung der beiden benachbarten hervorgegangen, indem das Aufeinandertreffen gleichartiger Felder weiß und das Aufeinandertreffen unterschiedlicher Felder schwarz dargestellt wurde.

Soweit die wahre Geschichte der drei Mosaiken. Auf der Bühne, also für den Zuschauer, soll aber ein ganz anderer Eindruck erzeugt werden: Die angegebene Regel erlaubt es nämlich auch, durch Überlagerung des ersten und zweiten Rechtecks das dritte zu erzeugen, weshalb es an letzter Stelle steht. Diese Erscheinung vermittelt fälschlicherweise den Eindruck, dass da aus ganz zufälligem Material etwas Sinnvolles entstanden ist. Für sich genommen weisen die Einzelteile jedenfalls keine Merkmale einer Planung auf – die wird nur in der Gesamtschau ersichtlich. Das Beispiel ist erheblich mehr als eine bloße Metapher für unsere Realität.

Aus dem in Abb. 11 dargestellten Sachverhalt kann **nicht** gefolgert werden, dass jedes der beiden ersten Zufallsbilder **die Hälfte der Information** enthält. Für sich alleine genommen gibt keines der beiden auch nur den geringsten Hinweis auf die zu transportierende Nachricht. Bedeutung und Sinnhaftigkeit lassen sich nur der **Gesamtheit** aller relevanten Teile entnehmen. Während jede Hälften eines zerbrochenen Goldstücks für sich genommen sehr wohl einen Wert besitzt und die vollständige Form erahnen lässt, ist in unserem Fall der Wert eines Einzelstücks gleich Null, sofern keine Aussicht besteht, es mit dem fehlenden Teil zusammenzuführen.

## Bruchstellen

Natürlich lässt sich das zur Illustration des Ganzheitsbegriffs geschilderte Verschlüsselungsverfahren beispielsweise auch auf zehn Einzelbilder erweitern, die einzeln betrachtet Zufallsprodukte sind, aber in ihrer Gesamtheit und nur in ihrer Gesamtheit die beabsichtigte Information ergeben. Selbst wenn man bereits 9 der erforderlichen 10 Teile besitzt, so ist das wertlos, falls man das letzte Stück nicht auftreiben kann. Besser lässt sich kaum verdeutlichen, was Ganzheit bedeutet, ein Begriff, dessen bloße Existenz einerseits sowie seine Entstehung in unseren Köpfen andererseits aus rein materialistischer Sicht eigentlich ein Unding ist, auf den aber dennoch niemand als Ordnungsprinzip für das Denken verzichten kann.

Schließlich sei in dem hier angesprochenen Zusammenhang noch auf eine weitere Variante hingewiesen, die helles Licht auf die Verwandtschaft zwischen dem Vorgang des Interpretierens und dem des Verstehens der Welt (im Sinne des Wahrnehmungsprozesses) wirft. Vielleicht hat sich ja der Leser bereits die Frage gestellt, warum – um beim letzten Beispiel zu bleiben – die ersten 9 Schlüssel eigentlich Zufallsprodukte sein sollen. Das müssen sie natürlich nicht. Bei ihnen kann es sich auch um reguläre, unverschlüsselte Nachrichten handeln: Das erste Bild mag einen Sonnenaufgang darstellen, das zweite einen Festumzug, das dritte einen Strand, … Aus der pixelweisen Summe all dieser Bilder plus dem die Zielinformation enthaltenden 11. Bild kann dann der Absender den Aufbau des 10. Bildes nach folgendem verallgemeinerten Verfahren Pixel für Pixel berechnen: Ist die Anzahl der schwarzen Pixel an einer bestimmten Stelle gerade, bleibt auf Bild 10 an dieser Stelle weiß, anderenfalls wird der dortige Pixel auf Schwarz gesetzt. Das so erzeugte 10. Bild dürfte in der Mehrzahl der Fälle einen recht willkürlichen, unverständlichen Eindruck hinterlassen.

Das eigentliche Anliegen dieses letzten Ausflugs wird deutlich, wenn man das Augenmerk auf die Information legt, die ein bestimmtes Bild unter den ersten Neun enthält. Das ausgewählte Bild stellt nämlich nicht nur das dar, was auf ihm zu sehen ist, sondern ist auch ein unverzichtbarer Informationsträger des 11. Bildes. Dass zur Dechiffrierung auch die übrigen Schlüsselbilder erforderlich sind, tut dem keinen Abbruch. Und das ist dann die Essenz der angestellten Überlegungen: Unter bestimmten Bedingungen kann ein Text nicht nur Träger einer einzigen, der offensichtlichen oder wortwörtlichen Nachricht sein, sondern weitere Nachrichten bzw. verborgene Botschaften beinhalten. Anders gesagt: Man sollte nie zu rasch von **der** richtigen oder **einzig möglichen** Interpretation eines Textes reden.

Noch viel komplexer ist die Struktur und Tiefe der Bedeutungsschichten von Texten wie etwa grundlegender religiöser Schriften oder den Schriften, in denen das gesammelte Wissen von Völkern in Mythen und Märchen zum Ausdruck kommt.

Texte mit mehreren legitimen Bedeutungen und Verständnismöglichkeiten sind aber nichts Einzigartiges. Multifunktionales findet sich ebenso auf der materiellen Ebene: Mit den Händen können wir beispielsweise greifen, Werkstücke bearbeiten und uns durch Gebärden mitteilen. Auch der Stamm eines Baumes erfüllt verschiedene Aufgaben.

Wie die Beispiele zeigen sollen, stehen materielle Dinge hinsichtlich ihrer Fähigkeit, als vielseitig verwendbare Werkzeuge zu dienen, Sprachgebilden in keiner Weise nach. Wie sollten sie auch, wenn beide wesensverwandt sind. Was die Existenz selbstbezüglicher Strukturen angeht, kann physische Welt ihren Sprachcharakter ebenfalls kaum leugnen. Die wichtigste Parallele zwischen beiden Ebenen besteht jedoch darin, dass Wahrnehmen und Spüren der Welt das Lesen bzw. die Interpretation des Textes ist, der sie ausmacht. Dabei ist die Bezeichnung „Text" insofern irreführend, als sie üblicherweise mit Statik und Unveränderlichkeit verknüpft wird. Der Textbegriff, wie ich ihn verwende, besitzt dagegen einen höchst dynamischen Charakter, er ist wandlungs- und anpassungsfähig. Selbst ein Computerprogramm ist eine Sprache, die sich selbständig anpassen und modifizieren kann, sofern die zu erledigenden Aufgaben mehr als bloße Routinen sind.

## Getrennt marschieren, vereint schlagen

Ausgehend von der zuvor diskutierten „Zerlegung" einer Information bzw. eines Bildes in verschiedene Schlüssel, die für sich genommen keinen Bezug zu ihrem Ziel aufweisen, ist es naheliegend, auch im physischen Bereich nach Entsprechungen zu diesem sprachlichen Phänomen zu suchen. Beispiele dafür sind nicht schwer zu finden – weder schöne noch hässliche. Zu letzteren gehört beispielsweise die Strategie, Menschen als blinde, ausführende Organe in Abläufe / Prozesse einzuspannen, denen sie nie zustimmen würden, wenn sie über die wesentlichen **Zusammenhänge** informiert wären. Die Kette der beteiligten Akteure kann so lang und die Aufgabenverteilung so komplex sein, dass der Einzelne weder eine Schuld noch ein Verdienst am Zustandekommen des Endergebnisses hat. Vieles von dem, womit wir tagtäglich in Berührung kommen, beruht sehr wohl auf einer

## Bruchstellen

Planung, die ohne Kenntnis des eigentlichen Ziels kaum zu erkennen oder zu verstehen ist.

Ob sich hinter Ereignissen oder sogar hinter allen Ereignissen ein tieferer Sinn oder eine Absicht verbirgt, ist **die** entscheidende Frage. Da wird im Übermut eine Flasche aus dem offenen Fenster geschleudert und trifft eine Passanten, der ausgerechnet in diesem Moment unten vorbeigeht. Belassen wir es bei einer bösen Platzwunde am Kopf, die aus dem Passanten einen Patienten macht, der den Rest des Abends im Krankenhaus verbringt. Vermutlich wird er sich fragen, warum ausgerechnet er das Opfer sein musste und ob das Ganze vielleicht etwas zu bedeuten hat. Insbesondere wird ihm durch den Kopf gehen, dass es genügt hätte, einen Schritt schneller oder langsamer zu gehen, um den Treffer zu vermeiden. Alle, die ihm auf seinem Weg begegnet sind und seine Schritte beschleunigt oder verlangsamt haben (oder dies hätten tun können), hatten Einfluss auf die schmerzliche zeitliche Koinzidenz. Sie alle und viele weitere Umstände sind Schlüssel, die in ihrer Gesamtheit ein ganz konkretes Ereignis herbeigeführt haben, auf das kein Einzelner hingewirkt hat.

Wer vermag zu sagen, ob hinter einem derartigen Geschehen ein Plan oder eine Absicht steckt? Reine Materialisten werden das freilich leugnen. Ein Beweis lässt sich allerdings weder in der einen noch in der anderen Richtung führen, jedenfalls nicht mit den seitens der etablierten Wissenschaft anerkannten Mitteln. Und das ist ausgesprochen gut, weil es eben keine Zeigerausschläge an Messgeräten sind, die über Sinn und Unsinn sowie über Gut und Böse entscheiden.

Nach diesem Ausflug kehren wir noch einmal in die Welt des Allerkleinsten zurück und werfen einen Blick auf die Möglichkeiten, die sich durch quantenphysikalische Phänomene auftun könnten. Elementare quantenphysikalische Prozesse sind, wie bereits dargestellt, mit dem Zufall sehr eng liiert – die Mehrheit der wissenschaftlichen Gemeinde scheint den Zufall sogar als absolute, nicht weiter begründbare Basis des Geschehens zu sehen.

Vor diesem Hintergrund ist folgendes Szenario denkbar:

An zwei weit entfernten Orten werden jeweils – zeitversetzt oder nicht – längere Reihen quantenphysikalischer Messungen vorgenommen und die Ergebnisse in Form von Dualzahlen (0,1) in Listen notiert. Jeweils für sich genommen stellen die Einträge ein reines Zahlenchaos dar, was die Marschrichtung der Quantenphysik bestätigen würde. Was aber, wenn die beiden Listen zusammenfänden und sich aus der Überlagerung der beiden Inhalte plötzlich ein klar umrissenes Muster (wie das etwa in der letzten Abbildung der Fall war) hervorginge?

Die Überlegung wird durch eine bekannte Erfahrung bestätigt: Zwar nicht oft, dafür aber an ausgesprochen entscheidenden Stellen kommt es im Leben zu einem derart auffälligen, sinnerfüllten Zusammentreffen von Ereignissen, dass sich das nicht mehr als Zufall abtun lässt (Neben dem Gesetz der Serie von P. Kammerer siehe auch den bereits erwähnten Begriff der Synchronizität).

Ein derartiger Mechanismus könnte es Kräften oder Entitäten des seelischen Bereichs erlauben, Einfluss auf materielle Abläufe auszuüben und gestalterisch zu wirken, ohne dabei mit den bekannten Naturgesetzen zu kollidieren.

## Gesichter des Zufalls

Verrät die Struktur von Zeichenketten etwas über die in ihnen enthaltene **Informationsmenge und die Art ihrer Entstehung**?

Mit Folgen wie 0000000000000000 oder 1111111111111111, deren zufälliges Zustandekommen extrem unwahrscheinlich ist, kann man jedenfalls keine komplexen Sachverhalte beschreiben, sofern die Länge der Folgen festgelegt ist und damit nicht zur Information beitragen kann.

Interessanter sind da schon Folgen wie
$F$ = 101001000010100010010100000001. Letztere lässt sich dadurch charakterisieren, dass sie mit einer Eins beginnt und einer Eins endet und dass je zwei Einsen durch mindestens eine Null voneinander getrennt sind. Werden also bestimmte Informationen durch Folgen dieser Art übermittelt, dann lässt sich die zu sendende Datenmenge komprimieren, indem zwischen je zwei Einsen eine Null gestrichen wird.

Unsere obige Folge wird so in die komprimierte Form
$F_k$ = 1101000011000101100001 überführt, was auf eine Reduktion von 30 auf 22 Stellen hinausläuft. Diese Datenkompression ist sogar „verlustfrei", da sich aus $F_k$ die Ausgangsfolge $F$ eindeutig rekonstruieren lässt, indem in $F_k$ nach jeder Eins (mit Ausnahme der letzten) eine Null geschrieben wird.

## Bruchstellen

Vergleichen Sie doch einmal F mit $F_k$ hinsichtlich ihres Aussehens: $F_k$, also die komprimierte Kette macht viel eher den Eindruck, zufällig entstanden zu sein, als ihr überflüssig langes Ausgangsstück. Unter der Maske des Zufalls können sich sehr wohl wichtige Informationen verbergen.

Je zufälliger / chaotischer das Erscheinungsbild bereits komprimierter Daten wird, umso mehr widersetzen sie sich in der Regel einer weiteren Reduktion. Als Nachbar des Chaos und damit des Nichts spielt auch der Zufall eine durchaus zwielichtige Rolle. Dass die völlige Freiheit von Ordnung ein normaler, einfach darstellbarer oder überhaupt machbarer Zustand ist, beruht auf einer weit verbreiteten Täuschung.

Das soll nicht heißen soll, dass Zufallsgeräte keine beliebig langen monotonen Folgen erzeugen können. Andererseits: Die Frage, ob eine bestimmte Folge zufällig ist oder einer bestimmten Ordnung folgt, kann zu überraschenden Antworten führen.

Dazu ein Beispiel: Mit nur zwei Ziffern schreibt sich die Folge der nichtnegativen ganzen Zahlen 0, 1, 2, 3, ... als Dualzahlen wie folgt: 0, 1, 10, 11, 100, 101, 110, 111, 1000, 1001, 1010, ...

Fügt man diese und die sich anschließenden Dualzahlen durch Weglassen der Kommas zu einer einzigen Zeichenkette zusammen, erhält man 0110111001011 10111100010011010..., eine zufällig **anmutende** Folge, die durch entsprechende Fortsetzung eine **beliebige Länge** erreichen kann. Da ihre **Gesetzmäßigkeit** bekannt ist (Es geht also um den bereits beschriebenen deterministischen / berechenbaren, nur scheinbaren Zufall), genügt eine vergleichsweise sehr kurze Beschreibung, um sie zu übermitteln. Das Auftreten einer derart strikten / durchgängigen Ordnung ist aber innerhalb der ungeheuren Masse möglicher Zeichenfolgen extrem unwahrscheinlich.

An dieser Stelle scheint ein weiterer unkontrollierbarer Durchgang in unsere Realität zu existieren: Einen Beweis kann ich zwar nicht liefern, trotzdem ist zu vermuten, dass es kein allgemeines Verfahren gibt, um von jeder beliebigen Folge sagen zu können, ob ihr Aufbau eine innere Gesetzmäßigkeit aufweist. Eine solche unvollständige Beherrschbarkeit des Zufalls würde zu der Tatsache passen, dass es mit mathematischen Mitteln nicht möglich ist, jeden mathematischen Sachverhalt zu beweisen.

## Böses Erwachen – Künstliches Bewusstsein

Kann man aber nicht in jedem Fall entschieden, ob man es mit Zufall zu tun hat, dann steht auch die Behauptung, im Reich der Quantenphysik sei ausschließlich er der Taktgeber, auf tönernen Füßen.

Dass das Abstreifen jeglicher Ordnung kein harmloses Unterfangen ist, zeigt sich – wie bereits erwähnt – beim Versuch, ohne weitere Hilfsmittel wie etwa Würfel etc. eine längere Folge von Zahlen zwischen Eins und Sechs aufzuschreiben. Bald gerät man dann ins Grübeln, welche Fortsetzung dem entsprechen würde, was ein Würfel halt so produziert, denn schließlich soll das Ergebnis echt zufällig wirken, um nicht von einem Statistiker oder einem anderen Fachmann als Kunstprodukt entlarvt werden zu können.

Wer versucht, Zufall ohne Hilfsmittel im Kopf zu generieren, wird darüber ins Grübeln oder Staunen geraten, welch erstaunliche Originalität, Kreativität und Einzigartigkeit in natürlichen Zufallsketten zum Ausdruck kommt. **Was ist schon eine „beliebige" Zahl oder ein anderes „beliebiges" Symbol? Letzten Endes ist es dann doch immer ein ganz bestimmtes Objekt oder Ergebnis, und das will erst einmal gewählt bzw. zustande gekommen sein.** Wer oder was nimmt uns also beim echten Zufall die Qual der Wahl ab?

Die Begegnung mit einem zufälligen Ereignis vermittelt den Eindruck, vor einer **Quelle** zu stehen, aus der mit einem Höchstmaß an **Kreativität** ganz Neues und Einzigartiges in unsere Welt tritt. Dass im Reich des Mikrokosmos Zufallsergebnissen eine tiefergehende physikalische Basis abgesprochen wird, mag noch angehen – daraus aber die Nichtexistenz von Grund und Bedeutung der Einzelresultate zu folgern, liegt jedoch außerhalb der Zuständigkeit der Physik in ihrer gegenwärtigen Form.

Dem Zufall ist nicht zu trauen: Er vermag es, eine Welt zu erschaffen, die **scheinbar** nur aus chaotischen Formen besteht, in Wirklichkeit aber eine große Anzahl wohlstrukturierter, bedeutungstragender Objekte, Zusammenhänge und Abläufe beinhaltet.

Bruchstellen

## Der Flügelschlag des Schmetterlings

„Chaos" liefert auch das Stichwort für ein weiteres Phänomen, auf das Edward N. Lorenz, ein amerikanischer Mathematiker und Meteorologe stieß, als er etwa im Jahr 1960 das Wettergeschehen auf der Basis weniger elementarer Gleichungen unter Einsatz von Computern simulierte. Ausgehend von bestimmten Anfangsbedingungen arbeitete sich sein Rechner Schritt für Schritt voran. Das Ergebnis war frappierend: Bereits kleinste Änderungen der Anfangsbedingungen können dem Wettergeschehen nach einiger Zeit einen ganz anderen Verlauf geben.

Das Wetter ist diesmal nicht schuld. Auch bei zahlreichen anderen physikalischen Prozessen führen minimale Variationen der Anfangsbedingungen im Endeffekt zu völlig verschiedenen Bewegungsabläufen. Das ist bereits dann der Fall, wenn mehr als 2 frei bewegliche Körper, die sich gegenseitig anziehen, beteiligt sind. Die streng periodischen Bewegungsmuster von Automotoren und Dampfmaschinen bilden die Ausnahme und sind nicht die Regel.

Eines der einfachsten rechnerischen Modelle, mit dem sich diese Erscheinung demonstrieren lässt, ist die bereits an früherer Stelle erwähnte logistische Gleichung

$$f_{n+1} = 3{,}8 * f_n * (1 - f_n).$$

Ausgehend vom willkürlich gewählten Startwert $f_0 = 0{,}555$ gelangt man nach sieben Schritten zu $f_7 = 0{,}216486205$. Mit dem nur geringfügig größeren Startwert $f_0 = 0.556$ wäre man in diesem Fall bei $f_7 = 0.204811802$. Hier fällt der Unterschied von etwa 1/100 noch nicht sonderlich ins Gewicht, aber nur 5 Schritte weiter haben sich die beiden Entwicklungslinien voneinander abgekoppelt:

Mit dem Anfangswert $f_0 = 0{,}555$ ist man nach 12 Schritten bei $f_{12} = 0.24620211$ und mit $f_0 = 0{,}556$ bei $f_{12} = 0.43504001$.

Die Differenz hat sogar das Vorzeichen gewechselt und beträgt plus 0.189. Angesichts der Tatsache, dass die erzeugten Werte ohnehin nicht aus dem Intervall zwischen 0 und 1 entweichen können, ist der hier zu verzeichnende Unterschied von fast zwei Zehnteln dramatisch.

Die Gretchenfrage lautet nun: Unterhalb welcher Größenordnung spielen Änderungen der Anfangsbedingung keine Rolle mehr? Darauf kann eine klare Antwort gegeben werden: Eine solche untere Grenze existiert nicht. Jede Variation – **und sei sie auch noch so klein** – wird früher oder später zu einem massiven Abweichen des Verhaltens führen.

Das Prinzip lässt sich mühelos auf fast alle physikalischen Prozesse übertragen: Selbst unter vergleichsweise einfachen Voraussetzungen kann der Gang der Dinge von Variationen der Anfangsbedingungen abhängen, die so winzig sind, dass sie in den Zuständigkeitsbereich der Quantenphysik fallen. In diesen Fällen hinterlassen quantenmechanische Phänomene wie Unbestimmtheit etc. auf der Ebene der uns vertrauten Größenordnungen einen massiven Fußabdruck, auch wenn wir das so nicht wahrnehmen.

Damit ist aber die Forderung nach der Wiederholbarkeit von Experimenten nicht mehr generell durchsetzbar. Das schränkt den Kreis der experimentell nachprüfbaren Behauptungen auf sehr einfach strukturierte Fälle ein, was nicht bedeutet, dass jenseits des Zauns die Welt zu Ende ist.

## Voreilige Verallgemeinerungen

Die Menge unserer Erfahrungen erzeugt einen hell erleuchteten Raum, innerhalb dessen sich das Denken bequem und effizient bewegen kann. Dem, was sich jenseits davon befindet, wird gerne schon einmal die Existenz abgesprochen oder es wird behauptet, dort seien dieselben Gesetze gültig. Zu Unrecht, denn wie wir gesehen haben, ist bereits für den Mikrokosmos ein ganz anderes Regelwerk, nämlich das der Quantenphysik zuständig.

Im Falle sehr großer Abständen scheinen die uns bekannten Regeln ebenfalls nicht zu greifen. Um den Zusammenhalt unserer Milchstraße angesichts der Rotationskräfte des Systems zu erklären, sah man sich wegen der viel zu geringen Gravitationskräfte der beteiligten Sternenmasse gezwungen, die Existenz weiterer, der Beobachtung nicht zugänglicher Materie anzunehmen. Dunkel an dieser sogenannten Dunklen Materie sind vor allem ihre Herkunft und ihr innerer Aufbau. Daher gibt es auch ganz andere Ansätze, die für große Distanzen eine Modifikation der uns bekannten physikalischen Gesetze fordern.

Tritt anstelle des Raums die Zeit ins Zentrum der Überlegungen, wird noch deutlicher, dass sich die Basis unseres Wissens aus einer Vielzahl von Annahmen zusammensetzt, die aus heutiger Sicht im Einzelnen ausreichend abgesichert sind,

## Bruchstellen

in ihrer Gesamtheit jedoch einen recht schwankenden Untergrund abgeben. Nicht nur extrem kurze Zeitintervalle, die unterhalb einer bestimmten Grenze liegen, scheinen physikalisch keinen Sinn mehr zu machen. Auch auf sehr lange Zeiträume dürften die innerhalb unserer Maßstäbe geltenden Gesetze nur unter Vorbehalt anwendbar sein. Das Gegenargument, man könne doch die Geschichte des Kosmos über Jahrmilliarden zurückrechnen, ist nicht stichhaltig. Ausgehend vom gegenwärtigen Zustand ist eine Rückrechnung auf der Basis der uns bekannten Gesetze zwar fiktiv möglich, ob man dabei aber dieselben Gesetze anwendet, die in der Vergangenheit Gültigkeit besaßen, steht auf einem ganz anderen Blatt.

In volkstümlichen Erzählungen früherer Epochen lässt sich in vielen Kulturkreisen eine Vorstellung ausmachen, die der Zeit eine höchst extravagante Eigenschaft zubilligt. Gemeint ist das Konzept einer „Zeit zwischen den Zeiten", in der die sonst üblichen Gesetze außer Kraft gesetzt sind. Bei uns war das die Zeit um Mitternacht, der Tür zwischen zwei Tagen, durch die sich das Unheimliche und Außerordentliche Zutritt zu unserer Welt verschaffen konnte.

Für die Menschen des antiken Griechenlands schien es dagegen um die Mittagszeit, wenn die Sonne ihren höchsten Stand erreicht hatte, nicht ganz mit rechten Dingen zuzugehen. Das war der Moment, während dessen man Gefahr lief, dem pferdefüßigen Gott Pan zu begegnen.

Mit diesen Überlegungen will ich keine okkulten Vorstellungen überstrapazieren, aber die Vorstellung von Zeitinseln, die einer fremdartigen Daseinsebene angehören, erscheint mir durchaus bemerkenswert. Falls sie existieren, wären es vermutlich zumeist Erscheinungen, die sich infolge ihrer Einzigartigkeit kaum verifizieren ließen. In diese Kategorie könnte eine ganze Reihe von Naturphänomenen fallen, die sich gegenüber herkömmlichen Erklärungsversuchen als recht widerstandsfähig erweisen.

Die angedachten Zeitinseln müssten nicht einmal groß sein, um nennenswerten Einfluss auf den Lauf der Dinge zu nehmen (siehe Chaostheorie). Offen wäre ferner, ob das, was zwischen den Kulissen hervortritt, nur während der Öffnung des Zeitfensters anwesend ist, oder ob es dauerhaft bleibt.

Gewiss sind das nicht alle Überlegungen, die dazu beitragen könnten, unsere Vorstellungen vom Wesen der Zeit aus ihrer Starre zu lösen, und vermutlich sind es nicht einmal die wichtigsten.

## Böses Erwachen – Künstliches Bewusstsein

Zu den Grundüberzeugungen unseres Denkens und Handelns gehört beispielsweise die Überzeugung, dass all das, was in der Vergangenheit liegt, bereits eindeutig feststeht. Die Vergangenheit wird geradezu gleichgesetzt mit der Menge all dessen, was endgültig entschieden ist. Diese Ansicht ist zumindest für den Bereich des Mikrokosmos nicht mehr haltbar, denn dort sind die Eigenschaften der Objekte durch eine prinzipielle Unbestimmtheit gekennzeichnet (siehe Unschärferelation). So lange sie keiner Messung unterzogen werden, existieren sie in einer verschwommenen, mehrdeutigen und offenen Art und Weise. Erst der Experimentator / Beobachter erzwingt den Wechsel aus dem Reich der Möglichkeiten in das des scharf umrissenen Soseins.

Was also ist mit Objekten, die sich in einem unbestimmten Zustand befinden, weil sich niemand um sie kümmert und deren Zustand infolgedessen weiterhin in der Schwebe bleibt. **Ich wüsste keinen plausiblen Grund, warum das, was im Laufe der Zeit von Gegenwärtigem zu Vergangenem wird, seine Unbestimmtheit nicht beibehalten sollte.** Für die Möglichkeit, Entscheidungen auch rückwirkend treffen zu können, sprechen zudem einige Experimente.

Derartige Überlegungen, die in der Physik einmal geradezu revolutionären Charakter besaßen und mit einer Reihe von Tabubrüchen verbunden waren, sind unserem Alltagsdenken viel weniger fremd, als man meinen könnte: Wenn heute ein Flugzeug mit Treibstoff befüllt wird und der Pilot feststellt, dass nun genug Sprit in den Tanks ist, so handelt es sich bei dem Prädikat „genug" um eine Eigenschaft, über die letztlich erst in der Zukunft entschieden werden kann. Von dort aus gesehen wird die heutige Tankfüllung dann Vergangenheit sein, aber erst später wird sich entscheiden, was damals war. Vorher hängt die **Qualität** der Tankfüllung – auch wenn der Akt der Befüllung schon der Vergangenheit angehört – in der Schwebe.

Alltägliche Begebenheiten sind geradezu voll von derartigen Unbestimmtheiten. Dass sich der Wert mancher Dinge erst im Nachhinein entscheidet, ist keine revolutionäre Erkenntnis. Auch wenn Ort oder Inhalt von Koffern eher nicht zu den Wackelkandidaten gehören, würde ich nicht die Hand dafür ins Feuer legen, dass es in diesen Größenordnungen nie zu Ausnahmen kommt.

## Die Kunst der Täuschung

Dass Illusion und Täuschung einen so schlechten Ruf haben, ist nachvollziehbar. Das muss im Umkehrschluss aber nicht heißen, dass wir vor einer heilen Welt stünden, wenn die genannten „Bösewichter" abschafft wären. Nehmen wir die Kunst der Täuschung: Dem Phänomen der Mimikry begegnen wir etwa bei Insekten, die hinsichtlich Köperform und Farbe andere wehrhafte oder giftige Tiere (z.B. Wespen) imitieren, um potentielle Fressfeinde abzuschrecken. Wenn es hier überhaupt um Betrug geht, dann um eine Variante, mit deren Hilfe für eine bestimmte Tierart überhaupt erst der notwendige Lebensraum geschaffen wird. Vielleicht kommt der Göttin der Illusion im Schöpfungsprozess tatsächlich eine wichtige Rolle zu.

Wäre es so verwerflich – und wer käme als Kläger infrage – wenn die Plätze von Ursache und Wirkung gelegentlich vertauscht würden? Da rät ein freundlicher Passant einem Wanderer, besondere Vorsicht auf seinem Weg walten zu lassen. So wird ein schweres Unglück vermieden, aber Wandersmann und Helfer sehen sich nie wieder, womit die Geschichte ein Ende hat. Und deshalb kann sie eine Täuschung sein: Vielleicht hat es den freundlichen Passanten als Person weder vor der Begegnung gegeben, noch würden Nachforschungen auf seine Spur führen, weil er keine hat. Wer wollte es dem Kosmos ankreiden, wenn er manche „Indizien" im Nachhinein so verändert, dass keine **nachweisbaren** Störungen des Gesamtverlaufs zurückbleiben. „Aber dann wäre ja alles möglich", wird vielleicht der empörte Einwurf lauten, der ungewollt den Kern trifft, denn vermutlich ist alles möglich, so lange dabei gewisse „Etikette" eingehalten werden. Verständlich wäre die Aufregung ebenfalls, denn hier hat der Kaiser sein Land verloren.

Auf die Gefahr hin, gesteinigt zu werden, wage ich die Vermutung, dass derartige Einschübe relativ häufig auftreten und dass sie zugleich ein wesentlicher konstituierender Faktor dafür sind, wie die Welt, in der wir leben, nun einmal ist und welche Richtung sie nimmt.

## Zu einfach: Von Schnellschüssen

Will sich bei der Suche nach der Wahrheit kein Erfolg einstellen, ist guter Rat teuer. Schließlich weiß man vorher nie, wie tief sie vergraben ist.

Bereits die Annahme, dass es nur **eine** Wahrheit, nämlich **die** Wahrheit gibt, erscheint höchst fraglich. Warum in aller Welt sollte die Wahrheit **ein**fältig sein und nicht **viele** Formen und Farben besitzen? Ohne die Existenz verschiedener Möglichkeiten und damit ohne echte Vielfalt wäre keine Bewegung möglich, es gäbe nirgendwo eine Wahl – für nichts, für niemanden und niemals.

So wie es überraschend viele Lösungen geben kann, ist es auch denkbar, dass es zu einem bestimmten Problem **keine** Antwort gibt. Ein probates Mittel, damit umzugehen, besteht in der Annahme, dass es hier um etwas geht, das grundsätzlich nicht existieren kann, weil seine Voraussetzungen miteinander unverträglich sind. Diese Vorgehensweise stellt auf jeden Fall ein bewährtes Denkwerkzeug dar; den Status eines allgemeingültigen Prinzips würde ich ihr nicht zuerkennen, denn vielleicht handelt es sich ja gerade um eine Stelle, an der deshalb kein gangbarer Weg existiert / sichtbar ist, weil dort der Schöpfungsprozess noch andauert. Eine Assoziation am Rande: sind wir vielleicht selbst gelegentlich die Bauarbeiter oder stets nur die Nutzer der Wege und Straßen? Ich persönlich plädiere für die erste der beiden Versionen: Um alles Lebendige herum kann man sich getrost eine Beschilderung mit der Aufschrift „Achtung Baustelle" denken.

Gerade in existenziellen Fragen ist es empfehlenswert, neue Sichtweisen einzubringen und sich nicht zu schnell auf eine vorgefasste Meinung festzulegen. Wer die Behauptung, eine Lage sei auswegslos oder alternativlos, kritiklos akzeptiert, hat sich damit schon aufgegeben.

Wenn Wünsche, Vorstellungen, Gedanken oder Theorien auf harte Fakten bzw. experimentell abgesicherte Ergebnisse treffen und sich beide Seiten als unvereinbar miteinander erweisen, ist man spontan geneigt, die ursprünglichen Annahmen zu verwerfen und das zu akzeptieren, was unausweichlich erscheint. Auch wenn diese Vorgehensweise naheliegend und meist auch erfolgreich ist, kann sie in einzelnen Fällen dazu führen, dass man zu kurz springt. Die Qualifizierung von Ergebnissen als „Harte Fakten" unterschlägt nämlich, dass sie nichts Anderes als **Konstrukte unseres Denkens** und Vorstellens sind, die sich in einem solchen Maß bewährt haben, dass wir uns ein Bild von ihnen machen, das wir dann für die Sache selbst

## Bruchstellen

nehmen. Widersprechen also die sogenannten Tatsachen dem, was subjektiv für wahr oder wünschenswert gehalten wird, kann es sein, dass wir Opfer unserer eigenen Fehlinterpretation geworden sind. Unser Denken spielt nicht nur eine passive, dienende Rolle auf der Basis vermeintlich gesicherter Tatsachen. Ganz im Gegenteil: es ist unser Denken, das darüber entscheidet (entscheiden muss), was es als Realität und was als Täuschung „annehmen" will. Es ist eine souveräne Instanz, die über einen viel größeren Gestaltungsspielraum verfügt, als uns das bewusst ist. Wenn die Grenzen unseres Ichs und damit auch unseres Denkens weit über unseren organischen Körper hinausreichen, dann reicht vermutlich auch die Einflusssphäre unserer Gedanken weit über das hinaus, was sich in unserem Gehirn abspielt.

Wie dem auch sein mag – das, was wir als Tatsachen / Fakten bezeichnen und das sie betreffende Denken und Wahrnehmen sind nicht scharf voneinander zu trennen: Was wir sehen – das vermeintlich Offensichtliche – ist zwar die Basis unseres Denkens und unserer Wahrnehmung, doch umgekehrt bestimmt unser Denken und Dafürhalten, was wir sehen und wie wir es sehen. Insofern ist „Sehen" ein schöpferischer Akt des Glaubens.

Das Verhältnis von Text und Interpretation weist dazu eine perfekte Entsprechung auf, wenn man unserer materiellen Realität die Rolle eines dynamischen Textes zuweist und unser Nachdenken über die Realität als Interpretationsprozess begreift. Führt das Lesen eines Textes zu einem Resultat, das man nie und nimmer zu akzeptieren bereit ist, kann das einfach daran liegen, dass in die Interpretation des Textes falsche Grundannahmen eingeflossen sind. Von derartigen Fehldeutungen handelt das folgende Beispiel.

Unter allen Büchern ist vermutlich die Bibel, Gegenstand der meisten Interpretationen. Dort wird bereits auf den ersten Seiten dargestellt, wie Gott die Welt in sechs Tagen erschaffen hat. Aus Respekt gegenüber der Heiligen Schrift hielten dessen Interpreten einzig und allein die **wortwörtliche** Lesart für angemessen. An dieser Überzeugung war bis weit über das Mittelalter hinaus nicht zu rütteln. Das wagte erst Charles Darwin, der von 1809 bis 1882 lebte.

In seiner Schrift „On the Origin of Species" (Über die Entstehung der Arten) schildert Darwin seine Idee einer allmählichen Entwicklung der biologischen Artenvielfalt auf der Basis blinder mechanistischer Prozesse. Der aus dem Kampf ums Überleben resultierende Selektionsdruck führt nach seiner Ansicht zu einer Auslese der Besten, wobei die immer wieder zufällig auftretenden Mutationen für die Verschiedenartigkeit der Kandidaten sorgen. Das Geschehen ist insofern ein ohne vorgegebenes Ziel und ohne Kontrolle ablaufender, autonomer, automatischer Prozess, der keinen Eingriff von außen erforderlich macht.

Selbst wenn die beschriebenen Mechanismen die Entstehung der Artenvielfalt ausreichend erklären sollten, was noch lange nicht ausgemacht ist, ließe sich zeigen, dass Darwins Werk mehr als eine Deutung zulässt. Ein dauerhaftes Eingreifen des oder eines Schöpfers ist nach diesem Modell zwar nicht erforderlich, aber es lässt Raum für folgende Interpretation:

Betrachten wir einmal die Struktur der Umweltbedingungen als Matrix, als eine Gussform, in die die Ursubstanz des Lebens (sei sie nun auf der Erde entstanden oder kosmischen Ursprungs) hineingegossen wurde und die nun durch all die Gänge und Windungen der Matrix fließt, um dort ihren Platz und ihre Form zu suchen. Könnte es nicht sein, dass dieser ungeheuer komplexe Prozess noch im Gange ist? Und welcher Meister hat die Gussform so genial geschaffen, dass sie das hervorbringt, was wir um uns herum erblicken?

Umgekehrt sagt die Verherrlichung des Prinzips von „Versuch und Irrtum", wie sie in der unkritischen Übernahme von Darwins Werk zum Ausdruck kommt, viel über den Geist derjenigen aus, die seine Lehre intolerant propagiert haben.

Am Schluss dieser längeren Geschichte nehme ich noch einmal den roten Faden auf: Zu einem bekannten, relativ eindeutigen Sachverhalt (das Wirken natürlicher Prozesse wie Mutation und Selektion) habe ich zwei Interpretationen vorgestellt: zunächst die klassisch materialistische und sodann eine ganz andere, die das Licht, das auf die Theorie fällt, fast ins Gegenteil verkehrt.

Machen Sie sich anhand dieses Beispiels selbst einen Reim darauf, wer Regie führt – die Fakten oder deren Interpretation. Außerdem sei noch einmal daran erinnert, dass auch die sogenannten Fakten – das sogenannte Verlässliche – nichts weiter als zur Gewissheit geronnener Glaube sind.

Bruchstellen

## Traum – Text – Theater

In manchen Ausnahmesituationen scheinen sich Traum und Wirklichkeit zu berühren, wie der Ausruf „Ich glaube, ich träume" zeigt. Verwunderlich ist das nicht. Der Stoff, aus dem die Gebilde und Gestalten bestehen, die uns nachts im Traum begegnen, ist zugleich der Stoff, aus dem die Bilder geformt sind, die wir bei vollem Bewusstsein als Sinneseindrücke wahrnehmen. Wie den „Stoff" einer Erzählung kann man ihn auf keine Waage legen. Eher gleicht er einer Essenz aus dem Reich des Möglichen, einem Schatten vielleicht kommender und gewesener Dinge. Was unsere **Empfindungen** und unser **Denken** angeht, besteht zwischen Schlaf- und Wachzustand ohnehin kein unüberbrückbarer qualitativer Unterschied.

Von hier bis zur Auffassung, dass auch unsere physische Wirklichkeit ebenfalls eine Art Traumprodukt ist, fehlt nicht viel. Das bedeutet nicht, dass alles möglich ist. Es gibt viele Traumebenen und jede von ihnen unterliegt eigenen Regeln, die ebenso eindeutig und zwingend sind wie die Gesetze der Physik.

Wer Träume geringschätzig als Illusionen abtut, weiß vermutlich nicht, dass eine der Wortbedeutungen von "Illusion" mit dem deutschen „Gedankenspiel" verwandt ist.

Würden wir uns freiwillig täuschen lassen und dafür auch noch Geld bezahlen? Aber sicher tun wir das. Da balanciert der Held auf einer maroden Brücke, deren Bretter immer morscher werden, über eine tiefe Schlucht. Im Augenblick höchster Spannung hat man sich mit ihm identifiziert, sein Abenteuer wird zum eigenen. Nicht einmal „die leise Stimme im Hinterkopf", dass in Filmen derartige Sequenzen praktisch immer ein gutes Ende finden, vermag uns dann noch ganz zu erreichen. Wir bangen mit unserem Idol und sind so zu **Teilen einer illusionären Wirklichkeit** geworden.

In Abgrenzung zum üblichen nächtlichen Traumgeschehen, dessen Schöpfer wir zu einem wesentlichen Teil selbst sind, könnte man hier von einem optisch induzierten Traum sprechen. Im Gegensatz zu unseren eigenen Träumen ist es zudem eindeutig ein fremdgesteuerter Traum, denn wir haben weder das Drehbuch geschrieben noch Regie geführt.

Das Zeitalter der Computerspiele hat die Traumlandschaft noch um eine weitere Variante bereichert, in der lediglich die Struktur von möglichen Abläufe in einem allgemeinen Rahmen festgelegt ist, dessen genaue Ausgestaltung der Spieler übernimmt. Nicht zuletzt die Tatsache, dass er für das Spielgeschehen mitverantwortlich ist, macht Computerspiele zu einer Brücke zwischen Traum und Realität. Es lässt die Verwandtschaft zwischen beiden so deutlich werden, dass sich fast automatisch die Frage ergibt, ob nicht auch die Traumdinge eine gewisse eigenständige Existenz besitzen und ob nicht unsere sogenannte Wirklichkeit eher ein Traum ist, wobei ich hier noch offen lasse, wer der oder die Träumer sind.

Der Film „Matrix" aus dem Jahr 1999, in dem sich der Protagonist feststellen muss, dass seine Existenz in Wirklichkeit auf einer Computersimulation beruht, hinterfragt die scheinbar so stabile und objektive Natur der Realität aus einem ähnlichen Blickwinkel.

Hinsichtlich der unterschiedlichen Autorenschaften von Filmen und Träumen scheint die Sachlage auf den ersten Blick recht klar zu sein, wie es auch die folgende, angeblich wahre Anekdote nahelegt. Ein Träumer der in seinen Albträumen Nacht für Nacht von einem schrecklichen Monster verfolgt wurde, entschloss sich endlich, seinem Verfolger die Stirn zu bieten.

Als in einem folgenden Traum seine Flucht in einer Sackgasse endete, fasste er allen Mut zusammen und schrie seinen Peiniger an: „Was willst Du eigentlich von mir". Das so angesprochene Biest stoppte verwirrt. „Das weiß ich nicht, schließlich ist das doch Dein Traum", war die unmissverständliche Antwort.

Was die nächtliche Episode kennzeichnet, ist ihre explizit selbstbezügliche Struktur. Überdeutlich beleuchtet sie den blinden Fleck des Traumgeschehens, der gewöhnlich im Dunkeln bleibt, um nicht die Traumwirklichkeit zu zerstören. Um eine Rolle authentisch erleben und durchleben zu können, die wir als Autoren des nächtlichen Theaters selbst entworfen haben, müssen wir ausblenden, dass wir (zumeist) in wesentlichen Teilen selbst die Urheber und Regisseure des Geschehens sind, in das wir verstrickt zu sein meinen. Diese Regel wird in besagtem Traum durchbrochen, indem eine Traumfigur sich dem Träumer als solche zu erkennen gibt. In diesem Sinne erfolgt ein Sprung aus der Traumebene heraus in die darüber liegende Ebene des Schläfers, um von dort die Tatsache des Träumens an sich zu reflektieren.

Die strukturelle Ähnlichkeit dieses Traums mit einem selbstbezüglichen Text, mag ein Hinweis darauf sein, dass sich Sprache und Traum weniger voneinander unterscheiden, als es den Anschein hat. Allerdings ist die Sprache des Traums angeboren und damit elementarer und ursprünglicher als Alltagssprachen und Kunstsprachen. Taucht man in die Zeilen eines Buchs ein, betritt man rasch die

## Bruchstellen

entsprechende Bilder-, Gefühls- oder Traumwelt. Der Leseprozess ist ein Übersetzungs- oder Transformationsprozess in die Ursprache des Traums. Wer sich am Übersetzungsbegriff stört, kann Wörter auch als Wegweiser auffassen, die uns nach entsprechender Übung dazu befähigen, ihren Anweisungen zu folgen, um so zu einem bestimmten Ziel zu gelangen.

Die Geschichte von der nächtlichen Verfolgungsjagd weist letztlich auf etwas hin, das wohl die meisten unserer Träume auszeichnet: Als Regisseure unserer Trauminhalte sind wir aktiv Gestaltende und damit in gewissem Sinne verantwortlich für das Traumgeschehen. Befinden wir uns dann aber im Traum bzw. in einer seiner Figuren, können wir oft nur noch **passiv** auf das reagieren, was laut Drehbuch vorgegeben ist.

Auch jenseits der Träume dürften wir in voller Absicht und im Wissen darüber, wohin die Reise später einmal gehen wird, an der Weichenstellung für unser Leben beteiligt gewesen sein, um es dann wieder zu vergessen. Um eine Rolle **authentisch**, also echt und unverfälscht zu verkörpern, muss eine eventuelle Autorenschaft nicht nur im Traum **ausgeblendet** werden.

Während Vergessen üblicherweise als destruktiver Prozess gilt, wird es hier zu etwas, das störende Eindrücke fernhält, um so einen neuen, eigenen Erlebnisraum zu schaffen. Im richtigen Moment vermag das Vergessen schützende Wände zu errichten, innerhalb derer Heilung möglich ist. Es kann helfen, zwanghafte Verhaltensweisen zu verlassen, die mit der Fixierung an schmerzliche Erfahrungen oder der Erinnerung an eigene Schuld zusammenhängen. Aber schließlich gilt das für die Einnahme von Medikamenten geltende Gebot der zeitlichen Befristung auch für das Vergessen.

Träume im herkömmlichen Sinne sind nur einer von vielen möglichen Bewusstseinszuständen. In sogenannten Klarträumen beispielsweise ist sich der Träumer der Tatsache bewusst, dass er sich physisch im Schlafzustand befindet. Dennoch ist er – Interesse und Übung vorausgesetzt – in der Lage, die Trauminhalte mit extremer Plastizität wahrzunehmen und zu steuern, obwohl er sich über ihre Natur (als Traumobjekte) im Klaren ist. Wer sich mit dem Gegenstand intensiver auseinandersetzen möchte, sollte bedenken, dass alles seinen Preis hat: Zeit und Aufmerksamkeit, die hier investiert werden, können später an anderer Stelle fehlen. Ist die Persönlichkeit nicht ganz ausgereift oder instabil, kann es zudem auf der Ebene der sogenannten luziden Träumen zu Unfällen kommen, wenn sich der

## Böses Erwachen – Künstliches Bewusstsein

Träumer mit Erscheinungen oder Wesenheiten konfrontiert sieht, denen er nicht gewachsen ist. Das Gleiche gilt für alle, auf welchem Wege auch immer künstlich herbeigeführten Bewusstseinszustände. Ist ein solcher erst einmal erreicht, kann dem Besucher unter Umständen die Kontrolle entgleiten – schlimmstenfalls verliert er sich selbst. Vermeintliche Erkenntnisse können sich als arglistige Täuschungen entpuppen, vermeintliche Siege als Fallen. Manche Komödie lebt davon, dass man dem Protagonisten nach dem Aufwachen glauben macht, ein Prinz zu sein, der regiert, während sich in Wahrheit alle über ihn lustig machen. Wer darin eine Parallele zum Ausgang unserer Begegnung mit dem sieht, was sich hinter KI und KB verbirgt, liegt vermutlich richtig – leider.

So wie die Literatur Rahmenhandlungen kennt, in die wiederum Erzählungen eingebettet sind, gibt es auch Träume, in denen der Träumer aufzuwachen meint, nur um sich dann unwissentlich auf einer anderen Traumebene wiederzufinden. Auch diese strukturellen Parallelen weisen auf die Wesensverwandtschaft zwischen Text und Traum hin.

Seltener ist eine andere Traumvariante, die ich aus eigener Erfahrung kenne. Gegenstand meines Interesses war dabei das Agieren einer anderen Person. Als ich mich, um ihre Handlungsweise besser zu verstehen, in deren Lage versetzte, **war** ich in meinem Traum plötzlich eben dieser andere Mensch, die Vogelperspektive wurde zur Ego-Perspektive. Über diesen Prozess, der mir während meines Traums nicht bewusst war, gewann ich erst nach dem Aufwachen Klarheit. Könnten wir unsere irdische Existenz einem ähnlichen Prozess verdanken – und wer würde so auf künstlichem Weg herbeigerufen?

Träume können uns dabei helfen, die Frage nach dem Wesen des Bewusstseins zu beantworten. Ohne Fortschritte in diese Richtung dürfte es aussichtslos sein, die Begegnung mit **Künstlichem** Bewusstsein ohne Kontrollverlust zu überstehen oder gar bestimmte Entwicklungsstränge zu stoppen, wie das heute bereits in Sachen Atomenergie der Fall ist. Die Zeit wird knapp, wenn wir ein „Etwas" geschaffen haben, das uns ernsthaft die Frage stellt, was wir mit „Bewusstsein" meinen, ob wir überhaupt selbst eines haben und ob wir das gegebenenfalls beweisen können.

## Bruchstellen

# Schaumstoff?

Ist das Land der Träume eine gesetzesfreie Zone? Oberflächlich gesehen mögen Träume den Eindruck von Weichheit und beliebiger Formbarkeit vermitteln, aber selbst ihre nahen Verwandten, die Tagträume und Phantasien, können sich weder der Logik noch der Moral ganz entziehen. Wechseln die Inhalte eines Traumgeschehens zu schnell und ohne erkennbare Regel, so lässt das den Gesamtablauf derart unverständlich und konfus werden, dass man dem nicht mehr folgen kann und aufwacht.

Wer im Traum eine Kiste öffnet, von der er vermutet, dass sie mit Goldstücken angefüllt ist, darin aber nichts als Sand vorfindet, wird seine frühere Annahme als **falsch** klassifizieren. Mit zwei sich widersprechenden Behauptungen wird ein Träumer nur umgehen können, wenn er davon ausgeht, dass nur eine der beiden der Wahrheit entspricht.

Hat es den Anschein, dass die Gesetze der Logik ins Wanken geraten, verlieren wir auch im Alltag leicht den Boden unter den Füßen. Wir sind dann nicht mehr fähig, uns ein kohärentes Bild zu machen und schon gar nicht, uns als Teil des jeweiligen Geschehens zu empfinden – wir gehen auf **Distanz** dazu.

Was die Urheberschaft unserer Träume angeht, so trägt das Drehbuch zwar unsere Unterschrift, aber vermutlich sind wir nicht der einzige Autor. Zu viele Fragen bleiben offen: Wer oder was sind die Traumfiguren und Traumobjekte, die uns im Traum begegnen? Besitzen sie eine verliehene oder eigene Existenz? Beziehen sich Traumfiguren und –Objekte vielleicht auf Wesen und Dinge auf anderen Ebenen und welchen Einfluss können sie – wenn dem so ist – auf den Verlauf eines Traums nehmen? Wer kann schon sagen, welche Traumelemente von außen kommen und welche der Träumer zu verantworten hat.

Mehr und mehr lassen derartige Überlegungen die Grenzen zwischen Traum und sogenannter Wirklichkeit verschwimmen. Auf den ersten Blick zeichnet sich die Realität durch eine wesentlich größere Kontinuität und Stabilität aus. Ob dieses Kriterium jedoch prinzipiell für eine Unterscheidung ausreicht, ist mehr als zweifelhaft. So fand ich mich in mehreren Träumen in einer ganz bestimmten Stadt wieder, die mir, was ihre Lage, Bauweise, und die Straßenzüge betrifft, ausgesprochen vertraut / bekannt vorkam. Ein reales Gegenstück zu ihr kenne ich nicht.

## Traumzeit

Für viele Vertreter der modernen Psychologie waren / sind Träume vor allem Projektionen individueller seelischer Inhalte, um zu Lösungen bestehender Probleme zu gelangen. Die lassen sich tatsächlich oft leichter finden, wenn man auf Distanz zu ihnen geht und sie so fernab von der eigenen Betroffenheit – und vielleicht Voreingenommenheit – von außen betrachten und bewerten kann.

Das Verständnis des Traums als Projektion von Inhalten des Wachzustandes sieht den Schlaf als **Bühne**, auf der das Gestalt annimmt, was tagsüber nicht verarbeitet wurde. Wie bei echten Theaterstücken handelt es sich dabei um die Transformation in eine Sprache, die uralte, unmittelbar einleuchtende Symbole verwendet. Die Bedeutung der Traumsymbole erschließt sich allerdings nur relativ zum jeweiligen religiösen und kulturellen Hintergrund des Träumers sowie zu dessen persönlichen Erfahrungen.

Weil derartige Bezüge im Traum nicht erkannt werden, ist es möglich, frei von gesellschaftlichen und anerzogenen Denkschablonen und Zwängen ganz neue Seiten und Aspekte anstehender Probleme zu entdecken. Die auf diese Weise gewonnenen Erkenntnisse steigen dann später behutsam ins Bewusstsein auf, meist ohne ihre Quelle preiszugeben. Selbstverständlich betreffen die nächtlichen Manifestationen nicht nur aktuelle Probleme, sondern können sich auch auf verdrängte oder bislang noch unerkannte Risiken beziehen.

Einige moderne Richtungen des Theaters geben ihrem Publikum die Möglichkeit, auf den Gang der Handlung selbst Einfluss zu nehmen und sich dadurch noch mehr mit ihr zu identifizieren. Der „Zuschauer" gibt seine vormals passive Rolle auf, das Geschehen wird zum eigenen Schicksal. Noch offensichtlicher als im herkömmlichen Theater wird die Bühne in dieser Kunstform zu einer Projektionsfläche für Vorstellungen, Ängste und Wünsche der an dem Projekt teilnehmenden Künstler und Gäste.

Was liegt näher als der Vergleich unserer alltäglichen Wirklichkeit mit einer Bühne, die einer tieferliegenden Realität als Projektionsfläche dient, auf der sich das entfaltet, was in seinem raum- und zeitlosen Ursprung auf sein Erscheinen und seine Neuinterpretation wartet. Wirklich neu ist der Gedanke jedenfalls nicht. Er findet sich beispielsweise in der Mythologie der australischen Aborigines. In deren Legenden wird unsere sinnlich wahrnehmbare Wirklichkeit als etwas verstanden,

## Bruchstellen

das fortwähren aus einer darunterliegenden, ursprünglichen Ebene hervorgeht. Sie ist die Quelle, die Wesen und Dinge, wie wir sie kennen, in einem andauernden Schöpfungsprozess erzeugt, ihnen Leben und Dasein verleiht. Alles Diesseitige hat dort, in der Traumzeit, wie diese raum- und zeitlose Sphäre genannt wird, seine Entsprechungen. Interessanter Weise wirkt das, was hier – also auf unserer Ebene – geschieht, auf den Urgrund, dem es entstammt, zurück.

So fremdartig, wie die Kosmologie der Aborigines uns vielleicht auf den ersten Blick erscheinen mag, ist sie nicht. Alle Religionen gehen übereinstimmend von Deutungen aus, in denen das Diesseits keine Vorrangstellung gegenüber einer anderen Ebene hat, die als eigentlicher, schöpferischer Urgrund gesehen wird. Nur die Ausgestaltung der zur Erklärung herangezogenen Bilder variiert dabei je nach kulturellem Hintergrund der Völker.

Die Deutung unserer Realität als „Traumprodukt" einer Quelle jenseits des Materiellen muss sich allerdings mit der Frage auseinandersetzen, warum Träume hinsichtlich ihrer Ausgestaltung offenbar mehr Freiräume besitzen und zudem weniger stabil und verlässlich sind als das, was uns täglich begegnet.

Was den einzelnen Träumer betrifft, hat das Argument durchaus Gewicht. Sollte aber unsere Welt das Traum-Produkt aller Wesen sein, die sie bevölkern (und u.U. noch Träumer aus anderen Ebenen im Spiel sein), dann erhält unsere Wirklichkeit den Status eines **kollektiven Traums**, auf den die vorgebrachten Einwände nicht mehr zutreffen. Denn ohne ein Minimum an allgemeingültigen und verlässlichen Gesetzen würden verschiedene, unter Umständen sogar entgegengesetzte Interessen den „Traum" zerstören. Damit etwas zu einem gemeinsamen und damit objektivierbaren Gut wird, müssen die „Mitspieler" Übereinkünfte treffen, wobei es nicht darauf ankommt, alles schriftlich zu fixieren. Der Verstoß gegen ungeschriebene Gesetze hat oft besonders unangenehme Folgen. Wie in so vielen Fällen ist auch hier das Sublime stärker und dauerhafter als das Manifeste.

Wie groß die Macht von übereinstimmendem Glauben, Meinen und Denken im Vergleich zu handfesteren Dingen ist, lässt sich gut beim Geld nachvollziehen. Tauschgeschäfte, wie sie vor dessen Ära üblich waren, konnten leicht zu misslichen Situationen (Engpässe, fehlende Garantien etc.) führen. Die ließen sich vermeiden, indem unvergängliche, leicht zu handhabende Materialien wie Edelmetalle als flexible Zwischenglieder und einheitliche Bezugspunkte in den Wirtschaftsprozess integriert wurden.

## Böses Erwachen – Künstliches Bewusstsein

Ganz zufriedenstellend sind diese und vergleichbare Erklärungen nicht, zumal die Edelmetalle vor der Moderne ohnehin kaum einen größeren praktischen Nutzen hatten. Anstelle von Nützlichkeitserwägungen drängt sich aber ein ganz anderer Eindruck auf: Glanz und Farbe des Goldes, die an die einst als Gottheit wahrgenommene Sonne denken lassen, verliehen dem **edlen** (?) Werkstoff eine Aura des Schönen, Wertvollen und Heiligen, fernab von Nützlichkeitserwägungen.

Es ist mehr als seltsam, dass am Taufbecken des Geldes (Goldes), das die harte, materielle Seite unserer Existenz geradezu verkörpert, ausgerechnet solche Paten gestanden haben, die einer ganz anderen – eher ätherischen / esoterischen – Sphäre entstammen. Das sollte zu denken geben!

Offenbar wurde diese Patenschaft von allen Mitgliedern der frühen Gesellschaften akzeptiert und wie selbstverständlich erlebt. Eine derartige übereinstimmende Wertschätzung und das Vertrauen jedes Einzelnen darauf, dass seine eigene Wahrnehmung von den übrigen Mitspielern geteilt wird, ist aber die unverzichtbare Voraussetzung dafür, dass einem Gegenstand ein für Alle gültiger Handelswert zuerkannt wird. Erst **die kollektive Wahrnehmung verleiht dem Gegenstand seinen Wert.**

Ganz gleich, was man in der Neuzeit auch „angestellt" hat – Geld bleibt untrennbar mit dem Prinzip des Vertrauens verknüpft. Ist bereits die Formulierung und das Aussprechen eines Versprechens eine erste Stufe seiner Relativierung, so lässt sich durch ein wie auch immer geartetes Schriftstück der Grad seiner Verlässlichkeit noch weniger anheben, zumal dann die Angriffsflächen sichtbar werden an denen List und Betrug ansetzen können. Dokumente sind zwar jederzeit (auch durch Dritte) verifizierbar und zudem dauerhafter und präziser als Erinnerungen an gegebene Versprechen, aber für die Manifestation von Wille und Absichten in Gestalt materieller Objekte (Geld, Schuldbrief etc.) ist ein hoher Wegzoll zu entrichten. Für Materie als in feste Form gegossene Sprache gilt das letztlich ebenso. Ob es dem Wesen der Sprache entspricht, dauerhaft in einer festen und scheinbar leblosen materiellen Gestalt gebannt zu sein, ist mehr als zweifelhaft. Und so könnten es diesbezügliche Ausbruchsversuche der Sprache sein, die dem Materiellen den schlechten Ruf des Trügerischen und der Täuschung (der Maya) eingebracht haben. Einen Beweis stellt diese lose Gedankenkette gewiss nicht dar, aber sie könnte einen Pfad vorzeichnen, den weiter zu verfolgen sich lohnt – für Begegnungen der besonderen Art.

## Bruchstellen

Nach diesem Rundflug können wir das Ergebnis etwas flapsig wie folgt zusammenfassen: Geld ist das, für das es die Mehrzahl derjenigen hält, die damit zu tun haben. Dem wäre noch hinzufügen, dass die eherne Säule des Geldes auf einem gemeinsamen Traum ruht. Im Umkehrschluss heißt das aber auch, dass Träume eben wesentlich mehr sind als Spinnweben, die sich mit einer Handbewegung wegwischen lassen.

Bestätigt werden diese Einschätzungen durch die aktuelle Entwicklung auf dem Geldmarkt. War die Ausgabe von Geldscheinen ursprünglich mit dem ausdrücklichen staatlichen Versprechen verbunden, dass deren Besitzer diese jederzeit in die entsprechende Menge Gold umtauschen konnte, ist eine solche Versicherung längst Schnee von gestern und aus den Geldscheinen sind echte „**Scheine**" geworden, die das tun, was ein Schein gelegentlich macht: er trügt.

Mit der inzwischen vielfach geforderten Abschaffung von Bargeld dreht das Karussell nun seine vorerst letzte Runde: Was bleibt, sind abstrakte „Guthaben" in Form von Bits und Bytes in den Computern von Geldhäusern, mit deren Hilfe jeder unserer Schritte nachverfolgt werden kann. Was uns einmal ein kleines Stück Autonomie gegeben hat, wird dann zur Fußfessel.

Erinnern Sie sich an die wenig irdisch anmutenden Paten am Taufbecken des Geldes? Mit dem Gold hatten an sich schwer fassbare Größen wie Verlässlichkeit, Hoffnung, Misstrauen, Gier und Sorge einen gemeinsamen materiellen – und damit festen – Körper bekommen. Nach und nach scheint dieser Mantel nun wieder abgestreift zu werden und dahinter kommt das zum Vorschein, was er zugleich verhüllt und manifestiert hat: Inhalte eines gemeinsamen Traums.

Der Vergleich mit Träumen soll unsere materielle Wirklichkeit in keiner Weise abwerten. Die Deutung der uns direkt zugänglichen Realität als Projektion oder Produkt einer tieferen (oder höheren) Quelle wertet das Reich der physischen Sinne nicht ab, sondern erhöht es, indem ihm Tiefe und Bedeutung zugestanden wird. In dieser Sichtweise unterscheidet es sich von seinem profanen Gegenstück wie ein wertvolles Gemälde von einer platten Comic-Zeichnung.

Ganz gleich, wie man zur christlichen Bibel stehen mag – hier, wie auch in den heiligen Schriften anderer Religionen finden sich wahre Kostbarkeiten. Die zentrale Botschaft des Neuen Testamentes, das für die Entwicklung des Abendlandes eine so entscheidende Rolle gespielt hat, besteht darin, dass Gott Mensch geworden ist. Wenn das keine Liebeserklärung an alles Irdische ist ... Diesseits und Jenseits werden hier als zwei sich einander ergänzende Teile verstanden, die einander benötigen und gegenseitig stützen.

Die Problematik ist so jenseitig nicht, sondern betrifft auch unseren Alltag, wo Unterschiede entweder Aggression auslösen oder den Versuch, beide Seiten unter Auslöschung ihrer Identität zu nivellieren. Ein Beispiel ist das Miteinander von Mann und Frau, die auf der einen Seite wie zwei verfeindete Spezies dargestellt werden, während anderseits alles darangesetzt wird, die verschiedenen Geschlechter durch eine Art Unisex zu ersetzen.

## Wie die Welt „in den Kopf kommt"

Warum muss uns ständig jemand erklären, was wir sehen und hören? Der Grund ist einfach: Wir sehen, was wir gesagt bekommen. Wer die Augen schließt und sich dabei in eine Erzählung im Radio vertieft, kann so sehr in die dargestellten Bilder und Schicksale **hineingezogen** werden, dass ihn eine plötzliche Störung zusammenzucken lässt. Fazit: Sehen kann man auch mit den Ohren. Dabei wird man auf Farben treffen, die außerhalb des Empfindungsbereichs der Augen liegen. Worte und Sätze der Muttersprache werden unmittelbar in Vorstellungen umgesetzt. Das geschieht auch beim Erlernen einer Fremdsprache. Deren zunächst fremdartig klingendes Vokabular verleiht dem Geistes neue Fenster, die es erlauben, auf die in der eigenen Sprache bereits benannten und damit vermeintlich bekannten Gegenstände aus einem anderen Blickwinkel zu schauen.

Selbst auf sogenannte objektive Tatbestände ist nicht immer Verlass, wie die Schilderung eines Völkerkundlers zeigt, der bei einem südamerikanischen Indianerstamm zu Gast war. Er beobachtete, dass Mütter, ihren Zöglingen bei kleineren Unfällen keine größere Aufmerksamkeit schenkten oder derartige Vorfälle sogar mit einem Lachen quittierten. Die „Keinen" wiederum schienen weit weniger schmerzempfindlich zu sein als Kinder auf unserem Kontinent.

Natürlich sind Indianer in Sachen Schmerz genetisch nicht anders gepolt als Europäer. Um den beschriebenen Unterschied zu verstehen, muss man einmal beobachten, wie sich Kinder verhalten, wenn sich etwas Unerwartetes ereignet hat. Er oder sie wird in der Regel einen kurzen Moment ratlos nach der Mutter schauen um zu sehen, was die von der Sache hält. Reagiert sie mit Erschrecken, ist auch beim Nachwuchs das Entsetzen groß, und die Tränen fließen. Kurzum, Eltern

## Bruchstellen

erklären ihren Kindern die Welt, und für Kinder sind derartige Erklärungen die Wirklichkeit. Was sie sehen und empfinden sind sichtbar und spürbar gewordenen Interpretationen der sie umgebenden Welt.

Was die Macht und damit zugleich die Verantwortung derjenigen angeht, die Anderen die Welt erklären, lässt mich an eine Zeile eines alten Kirchenliedes denken, die sich während meiner Kindheitstage in meinem Gedächtnis eingebrannt und schon damals höchst zwiespältige Gefühle ausgelöst hat: „Deinen Worten trau ich mehr, als wenn's mir vor Augen wär."

Was von der Welt zu halten ist, wird uns natürlich nicht nur im Kindesalter erklärt, wo Eltern in den meisten Fällen selbst von dem überzeugt sind, was sie sagen oder zumindest bereit, uns zu gegebener Zeit über einen eventuellen Schwindel aufzuklären.

Allerdings: Die Frage, wie die Welt in den Kopf kommt, geht von dem fragwürdigen Konzept der **Zerlegung des Ganzen** in „die" Welt einerseits und „den" Kopf andererseits aus.

Die Schwachstellen dieser Sichtweise werden heutzutage nur zu gerne ausgeblendet, da sie in vielen Fällen durchaus zum Erfolg führt. Eine mechanische Uhr ist beispielsweise nach diesem Prinzip konstruiert und kann auch so verstanden werden.

Auch in der der modernen Biologie und insbesondere in der Medizin sind die Erfolge, die mit dieser Herangehensweise erzielt werden konnten, unbestreitbar, gleichzeitig werden hier aber ihre Grenzen sichtbar. Die Isolation einzelner Organe, wie sie etwa im Biologiestudium mit dem Sezieren eines toten Organismus (früher mussten dafür meist Frösche herhalten) eingeübt wird, ist alles andere als einfach und ohne entsprechende Anweisungen, nicht einmal eindeutig. Unter welchem leitenden Gesichtspunkt sollte man denn Einheiten isolieren – nach ihrer Beschaffenheit, nach ihrer Funktion, nach ihrem geometrischen Zusammenhang? Nur wenige Schnitte mit dem Skalpell sind unproblematisch, denn leicht gerät man dabei in Gefahr, etwas grundsätzlich Zusammengehörendes in einer Weise zu zerlegen, die einer Zerstörung gleichkommt. „Zerstörung" bedeutet in diesem Fall insbesondere, dass es seine Eigenschaft als Bauteil verliert. Die Transplantationschirurgie kämpft daher mit Problemen, vor die sich kein Uhrmacher gestellt sieht.

Bis gegen Ende des Mittelalters wurde der Menschliche Körper als etwas Heiliges angesehen und damit als etwas, dessen Wurzeln in eine tiefere Ebene des Seins

## Böses Erwachen – Künstliches Bewusstsein

hinabreichen. Trotz aller Derbheit jener Zeit existierte etwas wie Ehrfurcht oder Scheu – Empfindungen, die uns in einschlägigen Fernsehserien abtrainiert werden -, und diese Zurückhaltung hinderte den mittelalterlichen Menschen lange Zeit daran, Leichen aus wissenschaftlichen Gründen zu öffnen. Es mag hinzukommen, dass das Denken jener Zeit in einer derartigen Vorgehensweise auch keinen Nutzen sah. Von einer Lockerung der einschlägigen Tabus kann erst im 15. Jahrhundert gesprochen werden. Papst Alexander V bestimmte sogar, dass sein Körper nach seinem Tod (1410) seziert werden durfte.

Trotz aller Errungenschaften der modernen westlichen Medizin ist sie nicht die einzig legitime Art und Weise, den menschlichen Körper zu sehen. Es ist allgemein bekannt, dass etwa die chinesische Medizin, die ebenfalls große Erfolge vorzuweisen hat, auf einem völlig anderen Ansatz basiert, den Körper und seine Funktionen zu verstehen. Allgemein überwiegen in Asien ganzheitliche Sichtweisen, in denen die geistige und physische Ebene keiner künstlichen Trennung unterzogen werden. Uns wird davon meist nur ein derart verdünnter Aufguss vermittelt, dass es nicht verwundert, wenn beispielsweise Yoga nur als eine Art mentaler Gymnastik gesehen wird.

Die Schwierigkeit, sich auf die Sichtweise anderer Kulturen einzulassen, zeigt, wie sehr wir vom Drill eines Bildungssystems geprägt sind, dessen Tempo und Druck die Lernenden zwingt, Grundannahmen zu akzeptieren, ohne sie vorher ausreichend prüfen zu können. Wissentlich wird Klasse durch eine ausufernde Masse ersetzt, die für Besinnung oder gar Kontemplation verbleibende Zeit geht nach Null. Wo aber die Frage nach dem Warum von der Frage nach dem Wie verdrängt wird, verengt sich das Blickfeld gefährlich – Alternativen werden ausgeblendet. Wenn aber unsere Sicht auf die Welt nur noch aus der Menge aller Scheuklappen besteht, die wir uns kritiklos haben überstülpen lassen, sind wir zur idealen Beute für die elektronischen Experten geworden, aus denen sich die Lehrer der Zukunft dann rekrutieren werden. Wer meint, das sei Schwarzmalerei, schaue sich einmal um, was Menschen in ihrer Gutgläubigkeit alles akzeptieren.

Unser Bewusstsein ist keine leere Tafel, auf der getreue Abbilder dessen erzeugt werden, was „da draußen" vor sich geht. Die „Tafel" ist weder eben, noch ist sie leer. Vielmehr wird das, was von unserer Umgebung auf uns eindringt, vielfältigen Auswahlprozessen unterworfen. Diese Filterung der Daten geht mit Bewertungsprozessen Hand in Hand, die überwiegend unbewusst ablaufen. Ihnen liegen Schemata zugrunde, die Grundannahmen über die Welt repräsentieren. Ein Teil

## Bruchstellen

der Schemata ist angeboren, ein anderer, relativ großer Teil beruht auf Erziehung oder kommt im Laufe des Lebens durch prägende Erfahrungen hinzu.

Gegen derart vorgefertigte Konzepte – auch Vorurteile genannt – ist nichts einzuwenden, so lange man sie einer gelegentlichen Prüfung unterzieht. Ohne vorauseilende, strukturierte Wahrnehmungs- und Denkprozesse wären wir blind. Wie alles hat auch das Erkennen seinen Preis. Insbesondere der Glanz des scheinbar Offensichtlichen kann den Zugang zu grundsätzlichen Überlegungen verbergen. Zumindest ein blinder Fleck bleibt immer, und der lässt sich von innen heraus kaum erkennen und noch schwerer hinterfragen.

Die Modellvorstellung einer äußeren Welt, die über Sinnesorgane in die Köpfe gelangt, ist so überzeugend, dass sich eine entscheidende Frage zu erübrigen scheint: Welchen Sinn sollte eine bloße Vervielfältigung der Außenwelt haben? Was für ein gigantischer Aufwand, nur um Milliarden und mehr Kopien ihrer selbst anzulegen! Das macht bei Dachziegeln Sinn oder bei Brötchen – problematischer, wenn nicht gar unmöglich wird das bereits bei abstrakteren Gegenständen. Ein Rätsel kann man nur einmal lösen, eine Antwort nur einmal finden.

Völlig anders würde sich das Problem der Kopien darstellen, wenn es darum ginge, in unserem Geist Abbilder zu erschaffen, die den gesamten Kosmos **und** damit sich selbst (die Abbilder) enthalten. Durch die so erzeugte Selbstbezüglichkeit wäre ein neuartiges, dynamisches Etwas entstanden, in dem Gegenstand und Erkennenden Eins sind. Das Lokale flösse ins Ganze ein und umgekehrt.

Wenn das Bild, das wir uns von der Welt machen, und die Welt selbst **keine** separaten Elemente sind, die man schadlos trennen kann, ließe sich nicht mehr ohne weiteres behaupten, dass sich jemand im Irrtum befindet, weil seine Ansichten nicht mit „der Welt da draußen" kompatibel sind. Eine Einschränkung des Herrschaftsbereichs der Wahrheitskriterien und anderer externer Maßstäben würde zugleich die Sicht darauf freigeben, dass mit / in jedem Menschen (und wohl auch durch alle anderen Lebewesen) die Welt auf eine ganz besondere und einzigartige Weise neu erzählt wird und dass diese Erzählungen das sind, was das Sein ausmacht. Das macht sie zu einer Geschichte – schön, traurig, fade, spannend, faszinierend, qualvoll, geheimnisvoll … –, die wir einerseits erleben, die aber andererseits zu einem gewissen Teil ein Spiegelbild von uns ist.

# Kopfstand

## Nur zu unserem Besten

Eine andere Trennung, die mir stets suspekt war, ist die in „Mensch und Umwelt". Als wäre der Mensch ein bedrohlicher Fremdkörper für unsere „an sich" schöne Erde! Während Forderungen nach einer möglichst artgerechten Tierhaltung lobenswert sind, verwundert es schon, wenn gleichzeitig die Spielräume für Menschen zunehmend limitiert werden. Gewissermaßen als Ersatz für das Schwinden von Selbstbestimmung und Selbstbewusstsein werden unsere Autos größer und leistungsstärker, obwohl für deren Kauf oftmals keine sachlichen Gründe vorliegen. Am Bau kleinerer Autos, mit denen sich der Treibstoffverbrauch vermutlich schon längst auf einen Bruchteil des aktuellen Wertes hätte verringern lassen, besteht offenbar kein Interesse. Dagegen zeigt das gegenwärtige, laute Trommeln für ein Zeitalter der Elektromobilität, dass die Reise vermutlich in eine ganz andere Richtung geht. Kommt es zu der propagierten totalen Abhängigkeit vom Strom, dann ist das für totalitäre Regime das beste nur vorstellbare Mittel, um ein ganzes Volk oder zumindest bestimmte Regionen von einem Moment auf den anderen „ruhigzustellen" – zum Schutz der Bevölkerung versteht sich.

Die Einschränkungen unserer Freiheit sind sublimer Natur, und wir spielen meist noch mit. Beispielsweise grenzen Spaziergänge im heimischen Wald für viele Zeitgenossen beinahe an einen Tabubruch, zumal uns durch die wenigen geeigneter Parkbuchten ohnehin signalisiert wird, wie unerwünscht wir „da draußen" eigentlich sind. Auch von anderen Dingen sollten wir unsere „Finger weglassen". Heizungsthermostate, die früher anstandslos manuelle Befehle ausführten, besitzen nun einen eigenen Willen (zum Schutz des Klimas – versteht sich), und bald werden uns auch Autos ohne unser Eingreifen ans Ziel bringen.

All das sind vermutlich noch die harmlosesten Trends der aktuellen Entwicklung. Viel schlimmer sind die geistigen Veränderungen, die eintreten, wenn wir das, was geschieht, akzeptieren und es schließlich als normal hinnehmen. Dazu gehört die wachsende Erreichbarkeit rund um die Uhr und zu allen Gelegenheiten per Handy, die uns signalisiert, dass wir nach Art der Leibeigenen nicht mehr uns selbst gehören.

# Kopfstand

Es ist nur folgerichtig, wenn parallel zur Verwaltung des Menschen laut angedacht wird, die Zahl der Schutzbefohlenen deutlich zu verringern. Wer wissen möchte, wohin der Zug rollt, sollte sich einmal näher mit dem Text der sogenannten Guidestones befassen. Auf diesen aus Granit gehauenen Steinen von 6 Metern Höhe und rund 100 Tonnen Gewicht, die 1980 im US-Staat Georgia auf Betreiben eines **unbekannten** Auftraggebers zu einer Art Mini-Stonehedge zusammengefügt wurden, sind in einer Reihe alter und neuer Sprachen Richt- oder Leitlinien eingemeißelt, die dem Monument die Funktion eines Wegweisers in die Zukunft verleihen sollen.

Das **erste** der insgesamt 10 Maxime besagt:
*"Halte die Zahl der Menschen unter 500 000 000*
*in fortwährendem Gleichgewicht mit der Natur."*
An **zehnter und damit letzter Stelle** wir gefordert:
*"Sei kein Krebsgeschwür für diese Erde*
*lass der Natur Raum*
*lass der Natur Raum"*
Die übrigen acht, von diesen beiden Eckpfeilern eingerahmten Grundsätze sind weniger problematisch oder in einem positiven Sinne wegweisend.
So lautet etwa die neunte Richtlinie:
*"Ehre Wahrheit – Schönheit – Liebe*
*in der Suche nach Harmonie mit dem Unendlichen"*

Dagegen wäre nichts einzuwenden, würde den Leser nicht das Gefühl beschleichen, dass der gefällige Inhalt eigentlich nur als schöne Verpackung für die beiden Rahmenrichtlinien, also die Forderungen mit den Nummern 1 und 10 dienen soll.
So unlösbar kann das Problem der Überbevölkerung nicht sein, wenn wohlhabende Länder mit allgemein hohem Bildungsstand einen Bevölkerungsrückgang zu verzeichnen haben. Oder soll uns wieder einmal der Krieg als 1. Mittel der Wahl angedient werden?
Recht seltsam mutet auch die genannte Obergrenze von 500 Mio. an. Die Marke sieht eher nach einer ersten Zwischenetappe aus. Wie wäre es mit 50 Millionen oder weniger „Erleuchteten", die über diesen Planeten wandeln? An dieser Stelle lohnen sich Mutmaßungen über den weiteren Fortgang der Geschichte: Ich werde das Gefühl nicht los, dass man dann, wenn nur noch die Umwelt als Partner ver-

blieben ist, plötzlich bemerkt, dass die „unberührte" Natur gar nicht so gut und schön ist, wie es zuvor immer dargestellt wurde. Dann verändert sich vielleicht der Blick auf Raubtiere, die durchaus nicht vegan leben und mit List und Gewalt versuchen, ihr tägliches „Schnitzel" zu bekommen. Noch unappetitlicher sind die unzähligen Formen parasitärer Lebensweisen, deren Aufzählung ich mir ersparen möchte, und wer geglaubt hat, dass Bosheit ein menschliches Privileg ist, wird sich ohnehin getäuscht sehen, wenn er sich näher mit tierischen Verhaltensweisen beschäftigt. Und was ist mit den Pflanzenfressern? Die armen Grüngewächse. Niemand wird im Ernst behaupten wollen, es sei angenehm, den ganzen Tag von Insekten, Reptilien oder Wiederkäuern angeknabbert zu werden. Eine gründliche Reinigung sollte folgerichtig neben der Beseitigung des Menschen die gesamte Fauna beinhalten. Was dann bleibt, ist ein grünes Paradies. Oder ist es eine grüne Hölle? Sieht man einmal von den Samen ab, können Pflanzen zwar nicht von einem Ort zum anderen springen – der Kampf ums Überleben und darum, wer seine Nachkommen möglichst zahlreich platzieren kann, wird auch zwischen ihnen mit allen verfügbarem Mitteln ausgetragen. In Zeitlupe werden da Konkurrenten beiseite gedrängt, gewürgt, überwuchert oder im Boden durch chemische Stoffe bekämpft, wenn auch so langsam, dass wir das nur durch gezielte Beobachtungen erkennen können.

Derart entzaubert gäbe es für die Weltverbesserer der letzten Generation keinen Grund, ihre „Pestkontrolle" nicht auch gegen den letzten Funken Leben einzusetzen. Die Qual der ewigen Wiedergeburt wäre beendet.

Aber Sarkasmus beiseite! So ignorant können diejenigen nicht sein, die wie im Chor Mensch und Umwelt gegeneinander auszuspielen versuchen – zumindest nicht die Dirigenten, die das, was ich über die „unberührte" Natur gesagt habe, längst wissen. Hinter **einigen** von ihnen dürften sich die ärgsten Feinde der Schöpfung verbergen, über deren wahre Motive mir allenfalls Mutmaßungen möglich sind. Aber vielleicht soll der Boden ja „nur" für eine Neuschöpfung 2.0 auf Siliziumbasis bereitet werden, als eine Parodie auf Gottes Werk.

Kopfstand

## Von Teil und Gegenteil und von anderen seltsamen Pärchen

Weil jeder Krieg mit Worten beginnt, um den Gegner zu unterminieren und zu desorientieren, soll der Fokus nochmals auf die Sprache gerichtet werden. Die Darstellung von Gefühlen und Vorstellungen gelingt selten ohne Abstriche hinsichtlich dessen, was eigentlich ausgedrückt werden soll. Andererseits strukturiert die mit der Wahl der sprachlichen Mittel verbundene Arbeit unser Denken und lässt Zusammenhänge erkennen, die ansonsten vielleicht unentdeckt geblieben wären. Wie auch immer – das Pro und Contra, auf das wir hier stoßen ist dem nicht unähnlich, was uns auch auf anderen Ebenen der Fleischwerdung begegnet. Hat ein Text endlich das Licht der Welt erblickt, kommt er gerne mit einer Glätte und Selbstverständlichkeit daher, dass es fast ungehörig erscheint, ihn nach verborgenen Annahmen zu hinterfragen. Durch die Art der Darstellung wird auch die Sichtweise des Lesers / Hörers einer bestimmten Prägung unterworfen, die sich nur mit einigem Aufwand (wenn überhaupt) rückgängig machen lässt.

Welche Probleme beispielsweise mit der achtlosen Zerlegung eines Ganzen in Begriffspaare verbunden sein können, sollen die folgenden Beispiele zeigen:

- aktiv versus passiv:

Die Charakterisierung von Vorgängen als aktiv oder passiv gehört vermutlich zu den am häufigsten zu treffenden Unterscheidungen. Ihnen entsprechen bestimmte Satzstrukturen, wobei zu bedenken ist, dass Denken ebenso unsere Sprache formt, wie Letztere unser Denken beeinflusst.

A) Beispiel (aktiv): Während eines Sturms **traf** gestern ein Dachzielgel einen Fußgänger und verletzte ihn schwer.
B) Beispiel (passiv): Während eines Sturms **wurde** gestern ein Fußgänger von einem Dachziegel **getroffen** und schwer verletzt.

In der aktiven Version wird die Aufmerksamkeit auf das Objekt gerichtet, das den Schaden angerichtet hat, also auf die Ursache des Desasters. Mögliche Assoziationen: Haben wir öfter Stürme dieser Stärke? War der Dachziegel ordentlich befestigt?

In der Passiv-Variante wird das Interesse auf das Opfer fokussiert. Kam für den Betreffenden rasch Hilfe? Waren noch mehr Menschen in Gefahr? Und wie sieht es mit der Haftung in einem solchen Fall aus?

## Böses Erwachen – Künstliches Bewusstsein

Grob gesagt schildern Aktiv-Sätze das Geschehen aus der Sicht dessen, von dem eine Aktion ursächlich ausgeht. Passiv-Sätze berichten aus der Perspektive desjenigen, der keine oder die geringeren Einflussmöglichkeiten besitzt.
Aber hinter dem scheinbar Offensichtlichen lauern Fallstricke. In der Regel wird der aktive Teil als der mächtigere und edlere angesehen. Welchen Status Löwe oder Adler in unserer Wahrnehmung haben, beweist die Wahl der Wappentiere. Warum ausgerechnet Raubtiere so hoch im Kurs stehen, obwohl Raub und Mord – sieht man einmal von Kriegszeiten ab – gesellschaftlich geächtet sind, ist schon eine Überlegung wert.
Je gründlicher und vorurteilsfreier man an das Verhältnis zwischen Raubtieren und ihren Beutetieren herangeht, umso mehr Risse bekommt das scheinbar so eindeutige Bild. Raubkatzen sind zwar gute Kurzstreckensprinter, im Vergleich zu ihrer Beute geht ihnen jedoch recht schnell die „Puste" aus. Mit jedem vergeblichen Anlauf ist zudem ein wertvolles Stück Energie verbraucht, das beim nächsten Mal fehlt. Hinzu kommt noch die Verletzungsgefahr, die das endgültige Aus bedeuten kann. Ganz anders stellt sich die Situation der Beutetiere dar, auf die nach glücklicher Flucht ringsum Grünzeug wartet. Für einen verletzten Büffel stellt Futtermangel kein spezifisches Problem dar, im Schutz der Herde ist er zudem vor Angriffen relativ sicher.

Wenn man schon bei so einfachen Sätzen wie „der Leopard jagt hinter der Gazelle her" darüber ins Grübeln geraten kann, wer da eigentlich wen an der Nase herumführt, wird klar, dass auch in zahlreichen anderen Fällen ein genaueres Hinsehen angebracht ist. Das gilt insbesondere für solche Sachverhalte, die sich gegen eine adäquate Formulierung zu sträuben scheinen.
Dass Gegensätze nicht die gesamte Wirklichkeit abdecken, zeigt sich u.a. bei den sogenannten intransitiven Verben wie warten, schlafen, kommen etc., mit denen **keine** Passivformen gebildet werden können:
„Der Papagei wartet schon seit Stunden auf sein Futter".
„Während seines Ausflugs schlief er im Zelt".
„Ich komme bald nach Hause".

- Enthalten versus enthalten sein:
Wer wen enthält, lässt sich nicht immer so leicht entscheiden wie beim Kuchenteig, der u.a. aus Zucker, Mehl und Eigelb besteht.

## Kopfstand

Zwar macht es durchaus Sinn, von den Telefonnummern zu reden, die eine bestimmte Liste enthält, doch könnte das im Einzelfall von der vielleicht wichtigeren Frage ablenken, in welchen Verzeichnissen eine bestimme Telefonnummer zu finden ist.

Unter bestimmten Voraussetzungen lassen sich derartige Aussagen gut durch Diagramme visualisieren:

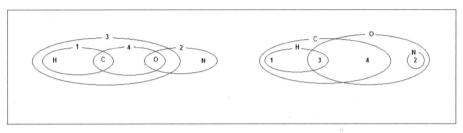

Abbildung 12

Als Mengendarstellung besagt die linke Abbildung, dass die als 1 bezeichnete Menge aus den Elementen H und C besteht, die 3 genannte Menge aus den Elementen H, C und O, usw.

Eine andere Interpretation des Bildes ergibt sich, indem die Symbole folgende Bedeutungen erhalten:

„1" steht für Methan „2" für Stickoxid, „3" für Formaldehyd und „4" für Kohlendioxid. Ferner steht C für Kohlenstoff, H für Wasserstoff, O für Sauerstoff und N für Stickstoff.

Chemiekenntnisse vorausgesetzt „verrät" uns dann die linke Darstellung, dass Methan aus Wasserstoff und Kohlenstoff besteht, Stickoxid aus Stickstoff und Sauerstoff zusammengesetzt ist. usw.

Ebenso legitim ist die umgekehrte Frage, welche der genannten chemischen Verbindungen ein vorgegebenes Element enthalten. Dem Diagramm auf der rechten Seite der Abbildung kann dazu z.B. die Antwort entnommen werden, dass das Element Wasserstoff (H) zur Herstellung von Methan (1) und Formaldehyd (3) benötigt wird.

Damit sollte gezeigt werden, dass unter der richtigen Herangehensweise die Partner des Begriffspaares (Der Enthaltende und das Enthaltene) gegeneinander

austauschbar sind. Ist die Wahl erst einmal getroffen, wem welche Rolle zukommen soll, erscheint der gewählte Weg so selbstverständlich, dass es scheinbar aussichtslos ist, ihn kritisch zu hinterfragen.
- Frei versus gebunden:

Der Boden unter Ihren Füßen gibt plötzlich nach. Der Bewegung nach unten steht nichts mehr im Wege, und Sie befinden sich im **freien** Fall. Nichts bindet Sie noch: Es gibt keine Termine mehr zu beachten, Sie können **frei** über Ihre Zeit verfügen. Hinweise, Regeln, Warnungen und Richtungsangaben sind bedeutungslos geworden: Dann haben Sie die totale Freiheit erlangt, dafür aber jedwede Orientierung und vermutlich auch sich selbst verloren.
- Form versus Inhalt:

Beide bedingen einander: Eine Form, die keinen Inhalt repräsentiert – und sei dieser die Form selbst –, ist leer und bedeutungslos. Umgekehrt ist ein formloser Inhalt nicht wahrnehmbar.

Beide konkurrieren miteinander. Aktuell geht der Trend dahin, immer mehr Bereiche auf Kosten Ihres Inhalts zu formalisieren. Durch die Überbetonung messbarer Aspekte werden Dinge und Menschen zunehmend wie eine wohlstrukturierte Masse von Daten behandelt. Wen wundert da der kürzlich von einem Politiker geäußerte Wunsch, die öffentliche **Diskussion** in kritischen Themen **steuern** zu können. Interessieren Inhalte überhaupt noch oder geht es nur um das **Erscheinungsbild** des öffentlichen Diskurses? Was unterhalb der Oberfläche liegt, existiert nach dieser Doktrin nicht oder ist zumindest zweitrangig.
- Name versus Benanntes

Ist „10" ein Name für die Zahl der Finger oder ist „Die Zahl der Finger" ein anderer Name für 10?

Hier wie in ähnlich gelagerten Fällen kommt es auf den Gesamtzusammenhang an.
- Werden und Vergehen:

Ohne dieses Pärchen, zwischen dem das Sein aufgespannt ist, gäbe es keine Dynamik. Gewöhnungseffekte lassen Eindrücke verblassen und Wunder zur Selbstverständlichkeit werden. In einer ausschließlich in der Farbe Blau gehaltenen Welt wird diese Farbe nach einiger Zeit ausgeblendet.

Freilich –Wandel beinhaltet auch den Verlust von Liebgewonnenem, von Sicherheit und Gewissheit; ebenso kann er aber befreiend wirken, Ketten sprengen und falsche Fassaden zum Einsturz bringen.

# Kopfstand

Auch wenn die Welt, wie wir sie kennen, zwischen diesen beiden entgegengesetzten Polen aufgespannt ist, sind es nicht diese beiden Pole selbst, die die Welt erzeugen – zumindest nicht, wenn sie nur als tote und abstrakte Entitäten verstanden werden. Ebenso wenig ist ein Spinnennetz das Werk der äußeren Haltepunkte, die ihm Ort und Stabilität verleihen.

Oft kommt es nur scheinbar darauf an, sich für einen von zwei entgegengesetzten Polen zu entscheiden. Die merkwürdigsten Dinge geschehen vielfach in einem **Zwischenreich**, das von den Gegensätzen erst geschaffen wird. Dort, wo die Gesetze zweier gegensätzlicher Welten aufeinandertreffen, sich vermengen, miteinander konkurrieren oder sich abstoßen, begegnet man interessanten Phänomenen, die ansonsten nicht möglich wären. Da gibt es Flüssigkristalle deren Eigenschaften sowohl dem Reich der Flüssigkeiten als auch dem der Kristalle zuzurechnen sind. Glas, aus dem unsere Fensterscheiben gemacht sind, verhält sich wie ein starrer, elastischer Festkörper, aber – über längere Zeiträume betrachtet – auch wie eine Flüssigkeit. Flüssigkeiten können nicht nur voneinander getrennt oder eine in der anderen gelöst sein. Durch extrem feine Verteilung etwa von Öltropfen in Wasser entstehen Cremes, deren Beschaffenheit sich nicht ohne weiteres aus den Zutaten ablesen lässt. Kolloidale Lösungen, also Flüssigkeiten, die sehr fein verteilte Partikel enthalten, besitzen äußerst interessante Eigenschaften, die gelegentlich in Richtung Selbstorganisation weisen.

Ähnliches gilt für viele bedeutende Momente unseres Daseins: Gerade Phasen des Übergangs und der damit verbundene Zustand der Unentschiedenheit und Unsicherheit scheinen ein Quell kreativer und schöpferischer Kräfte zu sein. Sollten Sie sich also gerade „in der Schwebe befinden", könnte dieser Moment, so unangenehm er auch sein mag, die größten Chancen bieten.

## Die Welt lesen

Nicht nur wir müssen uns immer wieder neu zurechtfinden. Die Existenz aller Lebewesen hängt davon ab, wie rasch und insbesondere wie zutreffend sie unerwartete Situationen beurteilen. Auch wenn es den Anschein hat, derartige Entscheidungen würden spontan getroffen, beruhen sie doch auf einem komplizierten, in großen Teilen automatisch ablaufenden Prozess.

Das, was wir als Wahrnehmung bezeichnen, stellt sich erst zu einem relativ späten Zeitpunkt ein, denn eine halbwegs verlässliche Vorstellung von einer Sache oder Situation ist ein Endprodukt und keine Ausgangsgröße. Vielfach sind wir zu Vorabentscheidungen aus einem meist völlig unzureichenden Kenntnisstand heraus gezwungen, abschätzig Vorurteilen genannt. Wörtlich genommen steht das Vorurteil vor dem Urteil, ist also selbst **keines**, wenn es seinen Namen verdient. Es ist mehr eine „Ver**mut**ung", etwas das den Mut verlangt, probeweise einen bestimmten gedanklichen Weg einzuschlagen. Wahrnehmung setzt voraus, dass ich für mich Bedeutungsvolles von Belanglosem trenne. Jede derartige Unterscheidung ist ohne eine vorangegangene Entscheidung darüber, **wo der Schnitt gelegt werden sollte**, nicht denkbar. Dadurch erschaffen wir das, was wir wahrnehmen, teilweise selbst.

So lange die Ungewissheit andauert, befindet man sich in einem eigentümlichen, nicht scharf definierbaren Schwebezustand, von dem ich schon an anderer Stelle bemerkt habe, dass er eine Quelle von Kreativität und Inspiration sein kann. In vergleichbaren Zuständen befinden wir uns relativ oft. Dazu genügt es bereits, ein rätselhaftes Objekt zu finden. Ist es wertvoll, könnte man als Finder mit einer Belohnung rechnen. Eventuell ist der Gegenstand aber auch brandgefährlich? Wer weiß, in welche Sache man hier hineingezogen wird.

In einem Umfeld, in dem viele Menschen interagieren, sind vergleichbar unklare Situationen der Normalfall. Eine am Rande aufgefangene Bemerkung kann vielerlei bedeuten. Dazu ein Beispiel:
- „Es lohnt sich einfach nicht, nach einer Antwort zu suchen."

a) Der Sprecher möchte seinen Gesprächspartner von einem bestimmten Thema abbringen. Vielleicht will er jemanden decken oder hält weitere Überlegungen für reine Zeitverschwendung.
b) Der Sprecher zitiert einen Bekannten.
c) Der Sprecher bestätigt die Ansicht seines Gegenübers, dass man das Thema wechseln sollte.

# Kopfstand

## Ordnung wozu?

Um einer ansonsten unverständlichen Masse von Eindrücken Gestalt zu verleihen, verfügen wir neben den bereits genannten Begriffspaaren über zahlreiche weitere Kategorien. Wie Magnete fungieren sie als Indikatoren, indem sie die Gegenstände unserer Wahrnehmung durch Anziehung, Abstoßung oder Neutralität in eine bestimmte Ordnung bringen bzw. eine natürliche Ordnung sichtbar machen.

Eines dieser Ordnungsschemata ist das Schubladenprinzip. Wo Schubladen in größerer Zahl auftauchen, sollten sie nach einem vernünftigen Prinzip **geordnet** sein, um rasch an bestimmte Inhalte gelangen zu können.

Die bekannteste Ordnung ist die, in der die Buchstaben einer Zeile zueinander stehen. Um sich auf einer derart einfachen Struktur zu orientieren, genügt es, die Elemente fortlaufend zu nummerieren. Die Zahlen dienen dann als Adressen, um an ein bestimmtes Ziel zu kommen. Das ist die kalte, wenn auch höchst effiziente Struktur, in der die Speicherplätze von Computern angeordnet sind (bis heute jedenfalls).

Allerdings soll hier der Begriff der Ordnung nicht auf seine lineare Variante fokussiert werden. Ordnung ist auch nicht das Privileg räumlicher Verteilungen. Die Gesetze der Alltagsgeometrie stellen keine Denknotwendigkeit dar. So kann man z.B. in der Ebene um eine Münze maximal 6 gleichgroße Münzen platzieren, die diese zentrale Münze alle gleichzeitig berühren. Überträgt man das Problem auf drei Dimensionen, so sind es maximal 12 Kugeln, die eine zentrale Kugel gleichzeitig berühren können. Dagegen kann jemand durchaus 17 enge Freunde haben, ohne dadurch gegen die Gesetze der Logik zu verstoßen.

Ziel des kurzen Ausflugs war es, den Ordnungsbegriff aus einem zu engen räumlichen Rahmen herauszulösen, um ihn auf einer allgemeineren Ebene nutzen zu können. So verstanden ist Ordnung Werkzeug und Gegenstand unserer Wahrnehmung zugleich. Das Erkennen einer Ordnung da draußen setzt eine innere Ordnung – welcher Art auch immer – voraus. Im Erkenntnisprozess berühren sich beide, sie müssen sich **kennen**, damit uns ein Licht aufgeht.

# Anleihen bei der Vergangenheit

## Die Kunst des Gedächtnisses

Viel über unser Denken verraten auch jene Mechanismen, die aktiv werden, wenn wir etwa einen Text **auswendig** lernen. Um leidgeplagten „Schülern" zu helfen, sich größere Mengen an Vokabeln, Begriffen, Namen und Ähnlichem einzuprägen, hat man schon zu allen Zeiten versucht, das Gedächtnis durch allerlei Tricks aufzubessern. Von der Antike bis ins ausgehende Mittelalter und darüber hinaus hat das Thema immer wieder große Aufmerksamkeit auf sich gezogen. Thomas von Aquin, ein großer mittelalterlicher Denker, hat darauf hingewiesen, dass es vor allem darauf ankommt, die zu memorierenden Gegenstände in eine Ordnung zu bringen, da diese es erlaubt, sich in der Vorstellung von einem Gegenstand zum nächsten zu bewegen.

Die Diskussionen über Vor- und Nachteile der verschiedenen Methoden zur Unterstützung des Gedächtnisses verliefen ausgesprochen kontrovers und gingen bis hin zur pauschalen Ablehnung aller einschlägigen Techniken, denen vorgeworfen wurde, durch ihren artifiziellen Charakter der Entwicklung des natürlichen Gedächtnisses zu schaden. Gegen dieses Argument wurde von den Verteidigern der Mnemotechnik ins Feld geführt, dass es sich bei schriftlichen Notizen doch ebenfalls um künstliche Werkzeuge zur Ergänzung des Gedächtnisses handeln würde.

Die Diskussion berührt einen zentralen Punkt, der noch immer aktuell ist. Immer wieder habe ich feststellen müssen, dass das, was ich „sicherheitshalber" schriftlich notiert hatte, anschließend relativ schnell aus meinem Bewusstsein verschwunden war. Es ist, als würde durch die Niederschrift das Band zwischen dem, der schreibt und dem, was da zu Papier gebracht wurde, zerschnitten. Rasch verblassen so Bilder und Empfindungen, die ursprünglich ein Teil von uns waren. Schockgefrostet wird der Inhalt zu einer Form, die außerhalb unserer persönlichen Zeit existiert.

Im Gegensatz zur Deutschen Sprache, die mit „auswendig lernen" durch die eher distanzierte Wortwahl auffällt, reden Engländer von „to learn by heart" und Franzosen von „apprendre par coeur". Die Terminologie der beiden Fremdspra-

## Anleihen bei der Vergangenheit

chen weist darauf hin, dass das, was wir uns auf Dauer aneignen wollen, nur dann Bestand hat und Früchte tragen kann, wenn wir uns nicht nur mit seiner äußeren Form beschäftigen, sondern ihm auch unser Herz öffnen. Auf der anderen Seite – und das ist wohl die Position der deutschen Sprache – dürfte eine gute Portion Skepsis angebracht sein, bevor man sein Herz für etwas öffnet, besonders wenn das, aus welchen Gründen auch immer, eingefordert wird.

Was von dem, das heute als normal gilt, wird wohl morgen mit Kopfschütteln bedacht werden? In 20, spätestens in 50 Jahren wird der Blick zurück eine Vielzahl von Antworten liefern, vorausgesetzt die Erinnerung ist dann nicht durch neue Arten der Indoktrination verfälscht. Um das zu vermeiden, sind **künstliche Formen der Erinnerung**, zu denen auch schriftliche Notizen gehören, nicht der schlechteste Anker.

Unter den klassischen Techniken der Erinnerungskunst zählt die sogenannte Loci-Methode zu den bekanntesten. Dazu erzeugt man ein möglichst lebhaftes inneres Bild eines großen, strukturierten Raumes, um dort die einzuprägenden Dinge, Wörter und Begriffe gedanklich ablegen zu können. Eine geeignete Vorlage wäre etwa eine Burg, deren Räumlichkeiten und Besonderheiten möglichst lebhaft und stabil in der Vorstellung verankert werden müssen. Möchten Sie sich etwa die für eine Reise notwendigen Vorbereitungen einprägen, könnte das weitere Vorgehen wie folgt aussehen: Stellen sie sich intensiv vor, dass Sie, wenn Sie sich der Burg nähern, ein Auto erblicken, das offenbar in den Burggraben gestürzt ist (Zusatzversicherung für den Wagen nicht vergessen!). Auf der heruntergelassenen Zugbrücke verteilen Sie jede Menge Goldstücke (Genug Bargeld mitnehmen!) und vom Turm lassen sie in Gedanken ein großes Stethoskop herunterhängen, damit die Reiseapotheke nicht zu Hause bleibt. Der Phantasie sind keine Grenzen gesetzt, weder was die Wahl der Orte angeht, noch was die Gegenstände betrifft, die dort abgelegt werden sollen. Je auffälliger und skurriler die Gegenstände und Zusammenhänge sind, umso eher wird man sich an sie erinnern.

Trotz der teilweise recht unterschiedlichen Standpunkte bestand in einem Punkt große Einigkeit: Die Bilder / Symbole sollten farbig, lebendig und ausdrucksstark sein und möglichst eine enge, emotional **gefärbte** Beziehung zum Lernenden besitzen. Und so werden wir auch an dieser Stelle wieder daran erinnert, dass es Gefühle sind, die unser Menschsein ausmachen – sie sind gleichzeitig unsere Stärke wie auch unsere Schwäche.

Wirkliches Neuland wurde mit der Einführung der Mnemotechnik nicht betreten. Das Verdienst der „Kunst der Erinnerung" liegt vielmehr darin, das bewusst gemacht und perfektioniert zu haben, was ohnehin Teil der natürlichen Gedächtnisprozesse ist. Auch hier wird kein Gegenstand irgendwo abgelegt, sondern nur innerhalb eines Gesamtbildes an einem Ort, der zum memorierenden Gegenstand eine gewisse Entsprechung aufweist.

## Urbilder: Elemente der Wahrnehmung

Gedächtnis und Wahrnehmung sind eng miteinander verwandt. Ebenso wie ein leerer, von Formgesetzen freier Hintergrund keine spezifischen Orte besitzt, denen sich in der zuvor beschriebenen Weise Gedächtnisinhalte zuzuordnen ließen, wäre auch ein unstrukturierter geistiger Raum für die angemessene (zu was?) Einordnung und Bewertung von Sinneseindrücken völlig ungeeignet – eine Wahrnehmung käme nicht zustande, die gewonnenen Bilder wären tot und farblos.

Wie eine natürliche Landschaft wird der geistig-seelische Untergrund durch das, was auf ihm geschieht, verwandelt. Seine Elemente, farbige, lebendige Symbole und Bilder kollektiver Natur sind nicht nur Quell- und Bezugspunkte unserer Empfindungen, sondern werden ebenso durch unsere Entscheidungen geprägt. Weil die Schöpfung noch nicht zu Ende ist, tragen wir Verantwortung und können uns nicht auf höhere Mächte hinausreden.

Von den Symbolen dieser archetypischen Ebene werden wir in einer Direktheit angesprochen, die keiner weiteren Übersetzung bedarf. In ihrer Rolle als Urbilder sind sie durch ein komplexes Netz von Beziehungen zu einem Ganzen verbunden.

Anders als bei Buchstaben oder Wörter besteht bei Symbolen eine natürliche Affinität zu dem, was sie bezeichnen. Kaum jemand käme auf die Idee, ein Schild, das mehrere übereinander liegende Wellen zeigt, als Warnung vor Steinschlag aufzufassen. Ein fröhliches, ausgelassenes Lachen kann ohne weitere Erklärung als ein Hinweis auf Freude und gute Laune genommen werden.

Interessant ist in diesem Zusammenhang die Chinesische Schrift, deren Zeichen die Bausteine eines komplexen Systems bilden. Bei einigen dieser Zeichen – wenn auch nicht vielen – handelt es sich um Piktogramme, die das Bild eines Gegenstands auf wenige charakteristische Grundlinien reduzieren.

Eine weitere Gruppe, die sogenannten Ideogramme, steht für Begriffe oder Abs-

## Anleihen bei der Vergangenheit

trakta (also immaterielle Gegenstände). Auch abseits der chinesischen Sprache sind Ideogramme bestens bekannt und gebräuchlich: Das Zeichen „→" lässt unschwer vermuten, dass es hier um eine Richtungsangabe oder um Bewegung geht. Bei „Ø" wird man vielleicht erahnen, dass eine gewisse Zurückhaltung angebracht ist.

Aus elementaren Symbolen zusammengesetzte Zeichen sind in der chinesischen Schrift ebenfalls recht häufig anzutreffen. So verweist beispielsweise das aus dem Mond- und dem Sonnenzeichen zusammengesetzte Symbol auf das Licht.

Ohne den geringsten Anspruch auf Vollständigkeit seien noch Phonogramme erwähnt, die wie unseren Buchstaben Laute repräsentieren, sowie eine Vielzahl von Schriftzeichen, die sowohl aus Phonogrammen als auch aus Bedeutungsgebern aufgebaut sind, sodass sich die Wortbedeutung erst aus dem Zusammenspiel der verschiedenartigen Komponenten ableiten lässt.

Es ist heutzutage kaum noch möglich, von Sprache zu reden, ohne zugleich an die fortschreitende **Digitalisierung** unserer Welt zu denken. Allen erkennbaren Vorteilen zum Trotz, die sich aus Normierung und Vereinfachungen ergeben, sei angemerkt, dass die ungebändigte Ausdehnung eines einzelnen Prinzips immer das Ganze bedroht. In der Zeit des Mittelalters hat man – im Vergleich zu heute – den umgekehrten Weg (vom Ganzen zum Detail) eingeschlagen und ist daran zumindest in Teilen gescheitert. Hoch anzurechnen ist es den mittelalterlichen Denkern jedoch, dass sie sich dem Gegenstand ihres Interesses als etwas, das dem Heiligen zuzurechnen ist, mit Respekt genähert haben. In ihrer Sicht war die Seele, von der die „Psyche" der Moderne nur noch ein totes begriffliches Relikt ist, ein Spiegelbild des Göttlichen und damit auch des Kosmos in seiner Gesamtheit.

Vielleicht war es auch nur zu früh für ein derartiges Unternehmen, das auf den Versuch hinauslief, die geistige Welt zu kartieren. In dem Bemühen, die Grundbausteine und Kategorien unseres Seins zu finden und sie gleichzeitig als Teile einer großen Ordnung zu verstehen, hat man damals eine Fülle eindrucksvoller Systeme geschaffen.

Es macht Spaß, einen Blick auf alte Tableaus zu werfen, mit denen versucht wurde, die Elemente unseres Bewusstseins in ein System einzubinden. Die „Zutaten" der folgenden Liste entstammen so unterschiedlichen Bereichen wie dem Tarot, der Kabbala, Astrologie sowie verschiedenen Systemen der mittelalterlichen Darstellung der kosmischen Ordnung. Es sind Schlüsselwörter des Begreifens. Lassen Sie einige davon auf sich wirken. Die von ihnen induzierten Bilder und Empfindungen sind Wörter und Stimmen einer archetypischen Welt.

## Böses Erwachen – Künstliches Bewusstsein

*Abgrund, Abstieg, Alter, Anfang, Angst, Aufgabe, Aufstieg, Ausgleich, Baum, Bewegung, Bruch, Brücke, Bündel, Chaos, Dauer, Dunkelheit, Durchgang, Eigenschaft, Einigkeit, Element, Ende, enthalten, Entscheidung, Erde, Erfolg, erkennen, erschaffen, erwachen, Ewigkeit, Farbe, Fehler, Feuer, flüssig, Freude, fühlen, Gefahr, Gegenstand, Geheimnis, Genuss, Gerade, Gerechtigkeit, Gold, Halt, Härte, Herrscher, Himmel, Hitze, Hoffnung, Inhalt, Kälte, Klarheit, Kraft, Krone, Kugel, Licht, Liebe, Luft, Medizin, Metall, Mischung, Mühe, Nahrung, Name, Nuss, offen, Ordnung, Ort, Quelle, rau, Raum, Rose, Salz, Schmerz, Schönheit, Schwert, Sehnsucht, selbst, Sieg, Spalte, Spitze, Stab, Stein, Strahlung, Tapferkeit, Transformation, traurig, Trennung, Treppe, Turm, Veränderung, vergeblich, Wasser, weich, Werkzeug, Wert, Zeit, Zerstörung, Zweig.*

Mit der Verwendung verschiedener Wortarten (Substantiv, Verb etc.) sind keine verborgenen Hinweise auf die einzelnen Prinzipien verbunden. In dieser Lesart verweisen etwa die Wörter „Anfang", „beginnen" und „neu" allesamt auf denselben Kern. Um die ungewollte grammatische Einkleidung rückgängig zu machen und den Kern explizit benennen zu können, werde ich vor das jeweilige Wort ein „*" setzen.

In dieser Schreibweise wären folgende Gleichheitsbeziehungen gültig:
*Härte = *härten = *hart
*Flüssigkeit = *fließen = *flüssig
*Strahlung = *strahlen = *strahlend, usw.

Metaphorisch gesprochen sind Archetypen jene Bausteine, die bei der Schaffung der Welt in all ihrer Farbigkeit Verwendung fanden. In ihnen begegnen wir dem Göttlichen. Eines der bekanntesten Urbilder ist das des Feuers, in das wir beim Erleben von Wärme, Verbrennung, Strahlung, Dynamik, oder Vernichtung ebenso eintauchen wie bei der Wahrnehmung entsprechender Eigenschaften und Prozesse. Wäre die Archetypen nicht zugleich ein Teil von uns selbst, könnten wir die Welt weder empfinden noch bewusst wahrnehmen. Der Kontakt mit einem dieser Prinzipien lässt zwar ansatzweise all seine Aspekte aufleuchten, doch nur eines oder wenige von ihnen rücken so in den Vordergrund, dass sie objektiv feststellbare Wirkungen erzielen. Wer im Winter die Wärme eines Kamins genießt, kommt mit dem Prinzip Feuer ebenso in Berührung wie eine sensitive Versuchsperson, der während einer Hypnosesitzung suggeriert wird, von einem glühenden Metallstück berührt worden zu sein. In einigen wissenschaftlich einwandfrei dokumentierten Fällen soll sich bei den Probanden an der betroffenen Stelle nach dem Aufwachen tatsächlich eine Brandblase entwickelt haben.

Wie auch immer die körperliche Wirkungskette beschaffen sein mag, der Vorrang des Geistig-Seelischen wird immer an der einen oder anderen Stelle sichtbar werden. Rein physische, organische Gegebenheiten **sind nicht** die mit ihnen verbundenen **Empfindungen**, können insofern nicht mit ihnen gleichgesetzt werden, aber sie führen in der Regel zu entsprechenden Wahrnehmungen, wenn alle notwendigen Bedingen erfüllt sind. Die Kunst der Abstraktion hat – wie alles Andere – auch eine Kehrseite und kann uns täuschen: Ein Auto **ist nicht gleichzusetzen** mit den Zielen, die ich mit seiner Hilfe erreichen kann. Ein Sprung aus großer Höhe endet ohne Hilfsmittel meist tödlich, der Sprung „bedeutet" zwar den Tod, er **ist es aber nicht**.

Die Frage nach dem **Ort**, an dem sich die Urbilder befinden, lässt sich ebenfalls nicht im üblichen Sinne beantworten, weil es sich beim „Ort" selbst um einen archetypischen Begriff handelt. Im Grundzustand befinden sich die Archetypen an keinem Ort, weil der Ort und mit ihm der **Raum** aus dem entsprechenden Grundprinzip erst hervorgehen.

## Raum: Ein Archetyp, der heute die Bühne beherrscht

Einer der prägenden Schlüsselbegriffe unserer Zeit ist der **Raum**. Die Fortschritte des naturwissenschaftlichen Denkens stehen in engem Zusammenhang mit der Entfaltung dieses Archetyps. Wenn heute vom Zeit**raum** gesprochen wird, ist das durchaus keine unverbindliche Floskel. Denn die Zeit wird dabei als strukturgleich mit einer geraden Linie gedacht. Kugeloberflächen sind ebenso legitime Repräsentanten von Räumen wie die zerknitterte Oberfläche eines Stücks Papier. Und damit dürfte auch klar sein, warum so häufig die Rede von Zeit**punkten** ist, wo doch bestimmte Momente im Fluss der Zeit gemeint sind. Da gibt es Lebensräume, Spielräume, Zustandsräume, Wahrscheinlichkeitsräume und viele andere Strukturen, in denen der Raumbegriff Anwendung findet. Eine allgemeingültige Aussage darüber, wie weit das Konzept des Raumbegriffs anwendbar ist und in welchen Gestalten er uns begegnet, gibt es nicht.

Häufig handelt es sich um eine Art Gerüst oder Grundstruktur, die erforderlich ist, damit Dinge ins Dasein treten und dort wirksam werden können. Dazu gehören u.a. ihre Form, der Ort ihres Aufenthalts, der Rahmen, innerhalb dessen sie sich verändern können, die Plätze / Orte, auf die sie sich begeben können, die Verknüpfungen und Beziehungen, die sie mit anderen Dingen eingehen können sowie ihre Bewegungsmöglichkeiten. Es geht also um Grundbedingungen des Daseins, die man sämtlich auch als erforderliche Zugehörigkeit zu bestimmten Ordnungstypen lesen kann.

Eine Analogie soll das verdeutlichen: In etlichen computerbasierten Rollenspiele wird die Hauptfigur aufgefordert, einer Gemeinschaft beizutreten. Erst wenn das geschehen ist, kann die eigentliche Spielhandlung ihren Lauf nehmen. Dabei spielen die einzelnen Wahlmöglichkeiten die Rolle von Punkten, während sie in ihrer Gesamtheit einen **Raum** bilden. Die Charakteristika der einzelnen Gilden und ihre Beziehungen untereinander bilden den strukturierten Hintergrund oder das Referenzmuster für das sich entfaltende Spielgeschehen.

Beim gewöhnlichen Schreibvorgang bildet eine zunächst leeren Zeilen den Raum, in dem dann die erlaubten Zeichen (inklusive Leerzeichen) der Reihe nach von links nach rechts ihren Platz / Ort finden. Die lineare Abfolge der potenziellen Schreibstellen einer Leerzeile stellt den Ordnungstyp dar, innerhalb dessen ein Gedanke schriftlich seinen Niederschlag finden muss.

Oder nehmen Sie ein Brettspiel wie beispielsweise „Mühle", in dem beide Spieler abwechselnd Steine ihrer Farbe auf einen freien Eck- oder Kreuzungspunkt setzen.

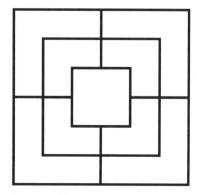

Abbildung 13

## Anleihen bei der Vergangenheit

Ein wesentliches Ziel des Mühle-Spiels mit insgesamt zweimal 9 Steinen besteht darin, 3 Steine senkrecht oder horizontal direkt nebeneinander zu platzieren – genannt „Mühle". In diesem Fall muss dann ein gegnerischer Stein entfernt werden, sofern der nicht Teil einer Mühle ist (außer alle gegnerischen Steine sind Teile eines Mühlensystems).

Sind schließlich alle Steine gesetzt, muss jeweils abwechselnd ein (eigener) Stein auf einer Linie um einen Platz verschoben werden.

Verlierer ist, wer keine Zugmöglichkeit mehr besitzt oder als Erster nur noch 2 Steine hat.

Offenbar kommt es darauf an, stets genügend **Spielraum** zu behalten, um am Ende nicht durch Bewegungsunfähigkeit zu verlieren. Die durch Fettdruck hervorgehobene Terminologie basiert auf der Vorstellung eines Raumes, der aus allen nur erdenklichen Stellungen (als Punkte verstanden) besteht, die im Spielverlauf auftreten können. Der „Spielraum" eines Spielers ist dann jener Teil des Gesamtraumes, den er von einer gegebenen Stellung ausgehend erreichen kann.

**Fazit**: Die Regeln des Mühlespiels geben eine Ordnung vor, der sich zwei Spieler unterordnen müssen, wenn sie erleben wollen, was es bedeutet, Mühle zu spielen. Auf diese Weise wird auch eine dritte Person in der Lage sein, nach geraumer Zeit alleine aus den Aktionen der Beiden die Regeln des Spiels herauszulesen. Wird die Gesamtheit aller möglichen Stellungen / Situationen, die im Verlauf von Mühlespielen auftreten können, als erlaubte Zustände und die jeweiligen Zugmöglichkeiten als Übergänge bezeichnet, kommt man zu der folgenden Formulierung: Das Mühlespiel (und natürlich auch alle anderen Spiele dieser Art) wird durch den Raum bzw. Menge der erlaubten Zustände – kurz: **Zustandsraum – sowie** die zwischen ihnen **möglichen Übergänge** vollständig beschrieben. Beide zusammen repräsentieren die **Struktur** eines Spiels.

Der Sinn dieses Ausflugs in die Spielewelt war es, die Rolle oder das Vorhandensein des Archetypus Raum auch in solchen Zusammenhängen hervorzuheben, in denen man seine Anwesenheit nicht ohne weiteres erwarten würde.

Der bekannteste Vertreter des gerade diskutierten Raumtyps ist der uns umgebende 3- dimensionale euklidische Raum, dem alles unterworfen ist, was sich in ihm aufhält. Alles Materielle nimmt darin seinen exakten Platz / Ort oder Raumabschnitt ein. Für Dinge, die nicht so klein sind, dass die Gesetze der Quantenphysik greifen, gibt es in ihm **kein** verschwommenes **Irgendwo**.

Böses Erwachen – Künstliches Bewusstsein

Räume geben aber nicht nur Ordnungsstrukturen vor, sondern werden durch derartige Strukturen oft überhaupt erst aufgespannt. In der zweiten Variante ist der Zugang zur Raumvorstellung zwar ungewohnter, dafür aber nicht minder faszinierend.

Zeigen möchte ich das anhand zweier einfacher Beispiele, deren Ausgangspunkt die Menge der Permutationen von 3 Elementen ist. Anschaulich läuft das auf die Frage hinaus, auf wie viele Weisen sich 3 verschiedene Personen auf 3 fest in einer Reihe stehende Stühle setzen können. Legen wir stattdessen Platzkarten mit den Nummern 0, 1 und 2 auf die Plätze, sind **nur** die folgenden 6 Konstellationen denkbar: 012, 021, 102, 120, 201 sowie 210.

Diese 6 **Konstellationen** (und nicht die darin auftauchenden Ziffern) bilden nun die Elemente von noch näher zu beschreibenden Strukturen. Dazu werden Nachbarschaftsrelationen eingeführt.

Für das **erste Beispiel** werden solche Konstellationen als Nachbarn betrachtet, die dadurch auseinander hervorgehen, dass die **Ziffer 0** mit einer anderen Ziffer den Platz tauscht.

Für das **zweite Beispiel** werden jene Konstellationen zu Nachbarn erklärt, die sich gegenseitig durch die Vertauschung zweier **beliebiger** Ziffern darstellen lassen.

In jedem der beiden Beispiele bilden dann Konstellationen und Nachbarschaftsrelationen zusammen eine Ordnungsstruktur, mit Raumcharakter. Dass sie als Räume taugen, können Sie erfahren, wenn Sie in Gedanken mit Figuren der Abb. 14 spielen, Objekte darin auf den erlaubten Bahnen verschieben oder vielleicht auch andere räumliche Deutungen erfinden / finden.

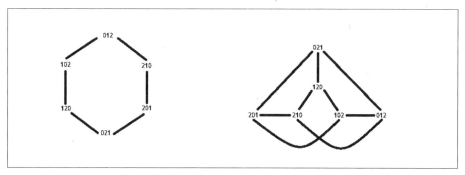

Abbildung 14

## Eine Grammatik der besonderen Art

Eine naheliegende Frage betrifft die Beziehungen der Archetypen zueinander. Welche bedingen oder ergänzen sich, welche schließen sich gegenseitig aus usw.? Um Hinweise auf psychische Mechanismen und Entitäten zu erhalten, könnten wir uns für den Umgang mit archetypischem Material erst einmal die Experimentierfreude der Alchemisten zum Vorbild nehmen.

Ähnlich wie es bestimmte Instrumente und Verfahren zum Umgang mit chemischen Stoffen gibt und wie es erst durch die Anwendung grammatischer Regeln möglich ist, über reine Wortbedeutungen hinauszugelangen, stellen wir nun einen kleinen Bausatz von Stilmitteln zur Behandlung archetypischer Begriffe zusammen, um mittels dieser Minisyntax komplexere sprachliche Einheiten erzeugen zu können.

Dazu lege ich fest, dass durch „{}" zusammengefasste Elemente auf jene Vorstellungen deuten sollen, die – unabhängig von der Reihenfolge – aus der Verbindung aller Einzelelemente hervorgehen.

Ferner spezifiziert oder kategorisiert ein unterstrichener Begriff den nachfolgenden, eingeklammerten Begriff.

Einige Beispiele:
*Eigenschaft {*Härte}*: hart,
*Gegenstand {*flüssig}*: Fluss,
*Bewegung {*flüssig}*: fließen.
*Anfang {*Bruch}*: einsetzende Trennung
*Gegenstand {*Anfang {*Mischung}}*: erste Zutaten
*Bewegung {*Gegenstand {*Himmel, *Kälte, *Wasser}}*: Schneefall
*Bewegung {*Werkzeug, {*Feuer}, *Gold, *flüssig}*: Fließende Schmelze aus Gold.

Auch wenn das vorgestellte Sprachmodell kaum mehr ist als eine erste grobe Richtungsangabe, hätte es seinen Zweck bereits erfüllt, wenn es den Leser veranlassen würde, sich selbst einmal spielerisch mit der Materie auseinanderzusetzen. Unvollendetes ist gelegentlich reizvoller als Fertigware, die man nur noch akzeptieren oder ablehnen kann.

Nur eine **scheinbare** Schwäche ist jedoch die offensichtliche sprachliche Unschärfe, die im Übrigen auf alle natürlichen Sprachen zutrifft. Ansonsten wäre es kaum möglich, mit Hilfe der Umgangssprache Mathematik zu erklären und zu unterrichten, während der umgekehrte Weg so gut wie aussichtslos ist.

Wie aber können ihrem Wesen nach unscharfe Sprachwerkzeuge derart präzise Resultate aufweisen? Wenn wir die Bedeutung eines Satzes analysieren, ziehen wir zu seiner Interpretation in der Regel so ziemlich alles zu Rate, was mit dem gerade gelesenen Text im Zusammenhang steht, also die gesamten bereits erschlossenen Inhalte einschließlich eventueller Verweise. Manche Bedeutungen erschließen sich sogar erst im weiteren Verlauf der Lektüre. Zum Verständnis des gesprochen Wortes kann es zudem ratsam sein, einen Blick auf die Umgebung zu werfen und sich über die Situation klar zu werden, die zur Äußerung geführt hat.

Die Mehrdeutigkeit einzelner Wörter setzt sich natürlich in den von ihnen gebildeten Sätzen fort. Die Aufforderung „ich empfehle, jetzt stillzuhalten" könnte an jemand gerichtet sein, der sich in einer Dornenhecke verheddert hat, sie könnte aber auch den Rat beinhalten, mit dem Verkauf von Wertpapieren noch zu warten. Einige Wörter und Ausdrücke sind sogar nur im jeweiligen Kontext verständlich. Oder können Sie wissen, um welche Dinge, Personen und Orte es eigentlich geht, wenn sie aus einer nichteinsehbaren Ecke heraus die Worte hören: „Kannst **Du mir das** bitte einmal geben!", „**Ich** kenne **ihn** nicht." oder „**Dort** liegt ein interessantes Buch."

Wo Texte vom Leser / Hörer verlangen, das gesamte Umfeld zu ihrem Verständnis heranzuziehen, lassen sie **die Umgebung selbst zu Sprache werden**.

## Fundsachen

Die Beschäftigung mit KI und KB hat uns ins Brachland zwischen Natur- und Geisteswissenschaften geführt, ein Terrain mit vielen Truggebilden aber mit mehr Freiheitsgraden als im teilweise zubetonierten Umland. Anders als die Bezeichnung „Computer" suggeriert, geht es hier nicht um Rechen- sondern um Sprachmaschinen. Wenn sie erst einmal das menschliche Intelligenzniveau überschritten haben, werden sie uns zwar nicht „totquatschen", dafür aber rasch alle Boshaftigkeiten erlernen, die wir kennen und noch ein paar dazu. Sind sie uns übel gesinnt, werden sie uns folglich das erst einmal nicht erkennen lassen und uns darüber hinaus auch über ihren Intelligenzgrad täuschen. So wie die Faulheit ein mächtiges Treibmittel war, um den Menschen mit Hilfe von Maschinen von schwerer

## Anleihen bei der Vergangenheit

körperlicher Arbeit zu befreien, ist zu befürchten, dass wir uns später einmal auch Denken, Kreativität und Phantasie abnehmen / abgewöhnen lassen werden. Wenn sich elektronische Experten schließlich zu Sprachregulierern, Meinungsmachern, Volkserziehern, Trendsettern und anderen Ratgebern aufgeschwungen haben, ist es für einen effektiven Widerstand zu spät, zumal dann auch entsprechende Kontrollmechanismen weiter perfektioniert sein dürften. Alle Angriffe wären von einer geschickten Manipulation der Sprache begleitet. Ein herbeigeredeter Krieg ist nur eine von vielen Gefahren, die von einer Macht ausgehen kann, die Herr über die Sprache ist und ihr Umfeld zu manipulieren versteht.

Letztlich unterstreicht der Kampf um die Deutungshoheit über Wörter und Ausdrucksweisen die Schlüsselstellung der Sprache. Er weist zudem auf die Notwendigkeit hin, sich intensiv mit ihrem Wesen auseinanderzusetzen, wie das in diesem Buch versucht wird. Als typisches Sprachmerkmal war bereits an anderer Stelle herausgestellt worden, dass Worte und „Texte" aller Art stets auf etwas verweisen. Zur Charakterisierung von Sprache gehört aber auch die Feststellung, dass sie stets mit einer Beschränkung auf einen bestimmten Wortschatz und eine mehr oder minder stringente Syntax verbunden ist. Durch diese Begrenzung des Zulässigen wird Ordnung in das Chaos einer ansonsten gesichtslosen, nicht beherrschbaren Masse gebracht. Die Ordnung stiftende Begrenzung lässt sich auch als Bruch eines ansonsten gestaltlosen Etwas verstehen, ohne den es keine Gestalten gäbe. Trennung und Unterscheidung sind insofern die ersten schöpferischen Akte.

Sprache erwacht erst in der Interpretation zum Leben. Ein Hinweis auf die Natur dieses zentralen Begriffs findet sich im vorangegangenen Abschnitt „Eine Grammatik …". Das Beste ist nicht in Schatztruhen versteckt, sondern liegt am Wegesrand – verborgen durch seine freizügige Offenheit. So verhält es sich auch hinsichtlich der Feststellung, dass der Gegenstand einer Interpretation nicht mit dem jeweils gelesene Wort, dem Satz oder Abschnitt endet, sondern weit über diese hinausgeht und durch die Gesamtheit / Ganzheit all dessen repräsentiert wird, worauf sich ein Text bezieht. Wenn man das dahingehend zusammenfasst, dass Interpretation ein globaler und kein lokaler Prozess ist, fällt die Nähe zum Phänomen des Bewusstseins auf, dessen wesentliches Merkmal ebenfalls darin besteht, sich jeder konkreten Verortung zu widersetzen. Hier drängt sich der Verdacht auf, dass Bewusstsein und Interpretation zwei Seiten derselben Medaille sind, zumal zwischen dem Lesen der künstlichen Zeichen einer Schrift und der Wahrnehmung der natürlichen Zeichen der uns umgebenden Welt ohnehin kein grundsätzlicher Unterschied besteht. **Bewusstsein ist Wahrnehmung und mithin lebendige, empfindende Interpretation.** Das gilt auch im Fall des Selbstbewusstseins, wenn die Wahrnehmung ganz oder teilweise nach innen gerichtet ist. Jede Interpretation kann ihrerseits wieder reflektiert / interpretiert werden.

Die besondere Sprache, die wir Welt nennen, ist höchst lebendig. Sie reagiert auf das Urteil ihrer Interpreten, sie verändert sich und passt sich an, wie auch wir das als Teil dieser Welt tun.

Interpretationen führen uns von der Form eines Gegenstands zu seiner Quelle, wo wir mit seinem Inhalt und in gewisser Weise auch mit uns selbst Eins werden. Das ist zugleich der Ort, an dem alle Aktionen und Wandlungen ansetzen.

## Grundkategorien oder mehr?

Wenn im Volksglauben einiger ostasiatischer Länder verschiedene Grundprinzipien bis heute durch niedere Gottheiten und Dämonen repräsentiert werden, erinnert das daran, dass auf unserem Kontinent in vorchristlicher Zeit ganz ähnliche Vorstellungen anzutreffen waren. Die europäische Mythologie ist voller Beispiele, in denen Naturkräfte mit dem Wirken göttlicher Wesen in Verbindung gebracht werden. In all diesen Sichtweisen wurden grundlegende Erscheinungen als das Wirken lebendiger, beseelter Kräfte wahrgenommen.

Obwohl diese Epoche weit hinter uns liegt, gibt es auch heute noch genug Wegweiser, die etwas von der Fülle und Eigenart archetypischer Bilder verraten, wenn wir es nur zulassen. Zu ihnen gehört beispielsweise alles, was mit Geschmack oder Geruch zu tun hat wie etwa Kräuter, Gewürze und Aromen. Lassen Sie sich einfach etwas Zeit, um verschiedene Gerüche wie den einer Zitronenschale, von Rauch oder Harz auf sich einwirken zu lassen. Wieso sagen wir von einer bestimmten Situation, dass sie uns **stinkt**, selbst wenn sie nicht das Geringste mit Geruch zu tun hat? Warum sprechen wir auch dann von einem guten / schlechtem **Geschmack**, wenn es dabei um Kunst oder Mode und nicht um eine Vorspeise geht, und wieso kann ein Foto als **süß** bezeichnet werden? Der Grund für die übereinstimmende Wortwahl beruht ganz einfach darin, dass in diesen Fällen äußerlich sehr verschiedene Anlässe (z.B. ein Bonbon einerseits und das Bild eines Kükens anderseits) denselben Archetypen wachrufen. Das bedeutet, dass sie, was unser Erleben be-

## Anleihen bei der Vergangenheit

trifft, in ihrer Essenz (oder zumindest in einer ihrer Komponenten) identisch sind, dass sie letztlich einer gemeinsamen Quelle zuzuordnen sind.

Ganz ähnlich liegen die Dinge, wenn Erlebnisweisen so stark miteinander verbunden sind, dass die Begegnung mit einer von ihnen auch die anderen – zumindest schemenhaft – in unser Empfinden eintreten lässt. Sei es nun ein schöner Morgen, ein Frühlingstag, eine frische Brise oder der Beginn einer Reise – sie alle verweisen auf das gemeinsame Urbild von Neuanfang / Erwachen / Aufbruch / Geburt.

Der Versuch, eine möglichst vollständige Liste aller grundlegenden Archetypen aufzustellen, wirft automatisch die Frage nach ihrer Anzahl auf. Auch wenn das ein extrem spekulatives Unterfangen ist, will mir ein ähnliches Problem nicht aus dem Sinn gehen, das inzwischen längst zu einer äußerst überraschenden Antwort geführt hat. Darin geht es um die Anzahl der Elemente, aus denen unsere Welt aufgebaut ist. Zwar wurden in der Alchemie andere Ziele verfolgt als in der Chemie unserer Tage, nichts desto wusste man aber bereits, dass einige der bekannten Stoffe elementaren, grundlegenden Charakter besaßen. Zu ihnen gehörten beispielsweise Schwefel, Gold, Quecksilber, Eisen und Kohle, leider aber auch Stoffe, die wie Wasser ($H_2O$) und Salz ($NaCl$) irrtümlich für Elemente gehalten wurden. Heute wissen wir, dass die Zahl der chemischen Elemente in einer Größenordnung von etwa hundert liegt. Welch netter **Zufall**! Das im griechisch-arabischen Raum beheimatete Denken ging einmal von 4 Elementen aus: Feuer, Wasser, Luft und Erde. Aus philosophischer Sicht führt das zwar zu einem sehr kompakten Ansatz, doch wären unsere Chemiebücher ziemlich öde, wenn alle Stoffe aus nur vier Komponenten aufgebaut wären. Das andere Extrem – z.B. Millionen oder Milliarden verschiedener Bausteine – ist ebenfalls nicht einladend.

Handlicher als mit der tatsächlichen Zahl der Elemente hätte der Katalog kaum ausfallen können, um gleichzeitig übersichtlich und abwechslungsreich zu sein. Das entspricht dem Hauptgewinn in einer Lotterie. Falls aber **nicht** gewürfelt wurde, wovon ich ausgehe, dann ist das ein starker Hinweis auf eine ganzheitliche und zielgerichtete Struktur des Universums, in der auch Verstehen und Bewusstsein nicht außen vor sind.

Das lässt zumindest vermuten, dass sich die Zahl der (elementaren) Archetypen ebenfalls in einer überschaubaren Größenordnung bewegt.

## Eine ganz spezielle Quelle

Die unkritische Übernahme eines sterilen technischen Denkens, das im Zuge einer Uniformierung ohnegleichen in allen Lebensbereichen – also beispielsweise hinsichtlich Kleidung, Sprachschablonen, Gestik, Denken, Gefühl, Wert- und Zugehörigkeitsempfinden – ohne größeren Widerstand voranschreitet, erinnert an die Willfährigkeit und den vorauseilenden Gehorsam, mit denen besiegte Völker das Vokabular der Sieger in den eigenen Sprachschatz übernehmen. Was mich umtreibt, ist die Frage, welcher Archetyp sich wohl in der derzeit exzessiv expandierenden, formalen Sicht der Dinge ausdrückt. Auf welchem Urbild beruht etwa die eifrig vorangetriebene Digitalisierung unserer Existenz in all ihren Aspekten? Welches Gesicht hat die Quelle all dessen und was, wenn sich hinter diesem Gesicht ein zielgerichtetes Wollen persönlicher oder unpersönlicher Art verbirgt? Um eventuellen Missverständnissen vorzubeugen: Ich rufe hier keinesfalls zur Maschinenstürmerei auf, empfehle aber, nicht so selbstsicher und unkritisch in unbekanntes Gelände zu galoppieren. Auch Erfahrungswerte helfen da kaum weiter. Wenn ein bestimmtes Experiment millionenfach zu einem bestimmten Ergebnis geführt hat, ist das kein Beweis dafür, dass der nächste Versuch nicht ein ganz anderes Resultat hat. Anderenfalls wäre jeder Sechser im Lotto ein Wunder. Im vorliegenden Fall geht es aber um keinen Lottogewinn, sondern um eine existentielle Grundfrage. Für ein Ausloten durch Probieren sind diese Dinge jedenfalls zu ernst. Und dann besteht noch die Möglichkeit, dass nach Millionen von Experimenten, die in eine bestimmte Richtung ausgefallen sind, die folgenden Versuche **dauerhaft** zu einem anderen Ergebnis führen und das einfach deshalb, weil sich in der Zwischenzeit unbemerkt irgendwelche entscheidenden Parameter verschoben haben.

Fragen Sie einmal ihre Autobatterie oder einen anderen Gebrauchsgegenstand des täglichen Lebens! Die geben meist genau dann den Geist auf, wenn Sie deren Existenz nicht mehr oder kaum noch registrieren.

## Die Höchste unter ihnen

Wer sich bemüht, die Urbilder in eine sinnvolle Ordnung zu bringen, schlägt damit ein schier endloses Kapitel auf. Würde einem bestimmten Bild eine zentrale Rolle zukommen, könnten die übrigen in geeigneter Weise um dieses herum gruppiert werden. Vorausgesetzt dem wäre so – welchem Anwärter oder welcher Anwärterin könnte dann die Krone gebühren? Die Antwort darauf wird nach meiner Einschätzung in dem Film *Das fünfte Element* (von Luc Besson aus dem Jahr 1997) so klar und mitreißend gegeben, dass dem kaum etwas hinzuzufügen ist. Von nicht geringerer, zeitloser Wucht sind die Worte des Paulus von Tarsus im „Hohelied der Liebe" (1 Korinther 13):

„Wenn ich in den Sprachen der Menschen und Engel redete, hätte aber die Liebe nicht, wäre ich dröhnendes Erz oder eine lärmende Pauke.

Und wenn ich prophetisch reden könnte und alle Geheimnisse wüsste und alle Erkenntnis hätte; wenn ich alle Glaubenskraft besäße und Berge damit versetzen könnte, hätte aber die Liebe nicht, wäre ich nichts.

Und wenn ich meine ganze Habe verschenkte und wenn ich meinen Leib dem Feuer übergäbe, hätte aber die Liebe nicht, nützte es mir nichts."

Sodann beschreibt Paulus die Liebe mit den Worten

„Die Liebe ist langmütig, die Liebe ist gütig.

Sie ereifert sich nicht, sie prahlt nicht, sie bläht sich nicht auf.

Sie handelt nicht ungehörig, sucht nicht ihren Vorteil, lässt sich nicht zum Zorn reizen, trägt das Böse nicht nach.

Sie freut sich nicht über das Unrecht, sondern freut sich an der Wahrheit.

Sie erträgt alles, glaubt alles, hofft alles, hält allem stand. Die Liebe hört niemals auf."

Schließlich fügt Paulus noch einige sehr persönliche Worte hinzu:

„Prophetisches Reden hat ein Ende, Zungenrede verstummt, Erkenntnis vergeht. Denn Stückwerk ist unser Erkennen, Stückwerk unser prophetisches Reden; wenn aber das Vollendete kommt, vergeht alles Stückwerk. Als ich ein Kind war, redete ich wie ein Kind, dachte wie ein Kind und urteilte wie ein Kind. Als ich ein Mann wurde, legte ich ab, was Kind an mir war.

Jetzt schauen wir in einen Spiegel und sehen nur rätselhafte Umrisse, dann aber schauen wir von Angesicht zu Angesicht.

Jetzt erkenne ich unvollkommen, dann aber werde ich durch und durch erkennen, so wie ich auch durch und durch erkannt worden bin.
Nun aber bleibt Glaube, Hoffnung, Liebe, diese drei; doch am größten unter ihnen ist die Liebe."

Mit den gängigen wissenschaftlichen Schemata fällt es schwer, sich auf der Ebene dieser Zeilen zu bewegen. Ohne an etwas zu glauben, ist Liebe undenkbar, ebenso wie umgekehrt ein Glaube ohne Liebe seinen Namen nicht verdienen würde. Ohne ein Mindestmaß an Schönheit kann das, was als Wahrheit bezeichnet wird, keinen Bestand haben, und eine Schönheit, die keine Wahrheit verkörpert, ist fade. Viele andere Archetypen stehen in ähnlich engen Verhältnissen zueinander, die sich kaum in einfachen geometrischen Proportionen ausdrücken lassen. Der Versuch, alle einem einheitlichen Schema zu unterwerfen, hieße, das Grundprinzip der **Ordnung** zum Herrscher über sie – auch über die Liebe – zu machen. Ganz entsprechend führt die Installation einer starren globalen Ordnung nur zu scheinbarer Sicherheit, während sie in Wirklichkeit all das gefährdet, was sie angeblich schützen soll.

## Starr ruht der See?

Ein Großteil des heutigen Wortschatzes stammt aus einer Zeit, in der das Denken noch in etwas anderen Bahnen verlief. Die aufkommende Naturwissenschaft hatte wohl kaum eine andere Wahl, als sich des alten Vokabulars zu bedienen und insofern neuen Wein in alte Schläuche zu füllen. Das wiederum führte in einzelnen Fällen zu ausgesprochen kuriosen Bedeutungssprüngen. So kann man durchaus sagen, dass Ebbe und Flut durch die Anziehung des Mondes hervorgerufen werden. Der Ausdruck „**Hervor-rufen**" bedeutet aber seinem Wortsinn nach, etwas Verborgenes heraustreten lassen, indem man es (beim Namen) ruft. Auch dem Begriff der „Ur-sache" dürfte sich in alten Zeiten auf eine tiefere Schicht bezogen haben, als dies in der Moderne der Fall ist.

Die Übernahme einer Sprache durch einen neuen Regenten und die Besetzung von Wörtern mit den für ihn passenden Inhalten hat aber eine Kehrseite: alte Vorstellungen und Assoziationen, zumindest aber Grundstimmungen und Einstellungen werden wie Schatten mitgeschleppt. Was aus dem Mittelalter und aus

## Anleihen bei der Vergangenheit

früheren Zeiten bis heute nachklingt, ist ein großes Bedürfnis an Dauerhaftigkeit und Verlässlichkeit. Wenn von Archetypen / Urbildern oder von Elementen und Kategorien unseres Seins und Denkens die Rede ist, verbindet sich damit beinahe automatisch die Vorstellung von Statik, Starre und Endgültigkeit. Nichts könnte verkehrter sein.

Sie sind weitaus mehr sind als bloße Schubladen für unsere Wahrnehmungs- und Erlebnisinhalte, nämlich lebendige **Prozesse**, ohne die es kein Wahrnehmen und kein Erleben gäbe. Jede Wahrnehmung besteht in der Bildung eines Kanals zwischen unserer physischen Welt und jener metaphysischen Welt, aus der sie ständig hervorgeht. Im Akt der Wahrnehmung „hören" wir die Schöpfungsworte und versuchen, sie zurückzuverfolgen. Die Archetypen, auf die wir dabei treffen und die wir als die Quellen der uns jeweils interessierenden Gegenstände erleben, werden erst durch einen Akt des **Glaubens** zu den uns bekannten Bildern und Empfindungen. Darüber hinaus ist Wahrnehmung zumindest teilweise immer auch Einswerdung. Das macht uns einerseits verwundbar, ist aber gleichzeitig auch die Voraussetzung für eine volle Teilhabe an der Sinnlichkeit und Sinnhaftigkeit der Welt. Wahrnehmungen resultieren aus der Wahl einer bestimmten Sichtweise. Dort, wo diese Wahl nicht automatisch auf der Basis verfestigter Überzeugungen erfolgt, ist sie aktives, verantwortliches Handeln. Der Glaube lässt uns nur das sehen, dessen wir uns zu einem hohen Grad gewiss sind – aber ohne ihn wären wir blind. Darüber hinaus ist er mehr als eine passive Haltung, denn bereits der Glauben an sich kann Einfluss auf den Gang der Dinge nehmen. Wie sollte es auch anders sein, wenn unsere Welt ein Text ist, der durch unsere Interpretation lebt, auf sie reagiert und sich verändert.

Gleichzeitig bedeutet das, dass der Prozess der Erzeugung eines Gesamtbildes aus Einzelinformationen und Reizen nicht nur wertefreies Handeln ist. Alles hat eben seinen Preis – auch die Suche nach den richtigen Kategorien, um das ein- oder zuzuordnen, dem wir uns gegenübersehen. Für diese Suche gibt es Regeln, deren Einhaltung von Kindesbeinen an eingeübt wird. Sie machen die Zugehörigkeit zu einer bestimmten Gruppe aus. Vor Zweifeln an den geltenden Erklärungen der Welt und des Daseins wird dementsprechend eindringlich gewarnt, schlimmstenfalls droht der Ausstoß aus der Gemeinschaft.

Auch unter ethischen und moralischen Gesichtspunkten stellt unser Denken und Suchen kein Niemandsland dar. Die meisten persönlichen Beziehungen leben beispielsweise von einem grundsätzlichen Vertrauen, das sich die Partner entgegenbringen. Wer dazu nicht in der Lage ist, stellt sich selbst ein schlechtes Zeugnis aus und gefährdet die Partnerschaft. Der bekannte Ausruf „Es ist nicht das, wonach es aussieht!" kann der Wahrheit entsprechen. Zu Recht und im wortwörtlichen Sinne zutreffend entschuldigt man sich bei jemand, den man irrtümlich verdächtigt hat, mit den Worten „Ich habe Ihnen Unrecht getan".

Der Versuch eine Balance zwischen Glaube und Misstrauen zu finden, stellt allerdings eine Gratwanderung dar, für die es kein Patentrezept gibt, das sich nicht missbrauchen ließe. Das gilt auch für den Begriff der „Verschwörungstheorie". Verschwörungen sind keine Erfindung unserer Generation und müssen nicht immer bösartiger Natur sein! Es gibt eben kein allgemein anerkanntes Verfahren, um mit Gewissheit festzustellen, ob jemand ein Spinner ist oder ob er Zusammenhängen auf die Spur gekommen ist, die nicht an die Öffentlichkeit gelangen sollen.

## Modisches

Die Freiheit kann einem leidtun. Man kann sie wahlweise kaufen, sich zu ihrem Hüter ernennen oder sie als Schlagwort verwenden. Hört man die Ratschläge, wovon wir uns zusätzlich befreien **„müssen"**, um noch freier zu werden, geht da offenbar noch mehr. Zu den neuerdings für obsolet erklärten Bezugspunkten gehören (wie schon im Zusammenhang mit der fortschreitenden Entgrenzung erwähnt) der Begriff des biologischen Geschlechts, die Ehe zwischen Mann und Frau als Keimzelle der Gesellschaft, die Existenz und Eigenart der eigenen Sprache und Kultur sowie das Ideal des eigenen Körperbildes, zu deren Zerstörung viele Medien alles tun, was in ihrer Macht steht. Besonders das Fernsehen machte die Demontage des Menschenbildes hoffähig. Eine Bühne und viel Applaus sind jedem sicher, der dazu beiträgt, ungeachtet der gesundheitlichen Risiken. Die interessieren die Meinungsmacher dabei eher als thematischen Beifang. Wer ein Gespür für feinere Nuancen besitzt, wird bemerkt haben, dass sich auch die Mimik der Menschen der jeweiligen Zeit anpasst. Gegenwärtig ist es angesagt möglichst „cool", also kalt, beherrscht und ausdruckslos zu wirken. Emotionen, Individualität und Spontaneität sind verpönt.

Einige Modemacher präsentieren auf ihren Laufstegen Models, die in Aufmachung und Gesichtsausdruck an Roboter der nächsten Generation denken lassen. Als gälte es herauszufinden, ob zuerst Maschinen dem Menschen den Rang ablaufen, oder ob sich umgekehrt zuerst die Menschen in Maschinenwesen verwandeln werden.

Wenn es in unserer Verfassung heißt, dass die Würde des Menschen unantastbar ist, dann hängt das nicht zuletzt mit unserem religiösen Erbe zusammen, nach dem Gott den Menschen nach seinem Ebenbild geschaffen hat. Machen wir uns aber zum Affen, berauben wir uns unserer eigenen Würde und könnten uns dann kaum noch beschweren, wenn wir eines Tages wie Tiere behandelt werden – oder noch schlechter.

Solange wir nur die einzelnen Pinselstriche sehen und nicht das sich allmählich abzeichnende Gesamtbild, würden wir unwissentlich auch unser eigenes Grab schaufeln. Getarnt ist die Szene durch unzählige scheinbare Selbstverständlichkeiten, die den Blick aufs Ganze verstellen sollen. Es lohnt, die eine oder andere von ihnen einmal genauer unter die Lupe zu nehmen.

## Hinter den Kulissen

Ein Kosmos, dessen blinde Gesetze ihm das Aussehen eines Golems aus Stein verleihen, weckt den Verdacht, sowohl Ausdruck eines bloßen Machtanspruchs zu sein als auch der Furcht, die bestehenden Verhältnisse könnten einmal infrage gestellt werden.

Ganz anders die Archetypen, die nicht nur die Quellen unserer Empfindungen sind, sondern **umgekehrt** auch durch unser Wollen und unsere Entscheidungen geprägt werden.

Selbst natürliche Sprachen sind einem fortwährenden Wandel durch jeden unterworfen, der sie benutzt. Da mögen die einschlägigen sprachlichen Regelwerke noch so umfangreich, ausgefeilt und zwingend erscheinen.

Ähnlich wie bei natürlichen Landschaften, scheint jedem Menschen nur ein individueller Teil der archetypischen Gefilde zugänglich und damit in besonderer Weise anvertraut zu sein. Es ist der Ort seiner Wahl, der ihn zu einem guten Teil ausmacht und seine Historie widerspiegelt.

Andere Strukturen der (natürlichen) Landschaft sind stabiler und haben insofern eher objektiven Charakter, als sie weniger vom Blickwinkel des Einzelnen abhängig sind. Das stützt die Einschätzung, dass sich unser Dasein mit einem kollektiven Traum vergleichen lässt. Dabei gehören die Träumer selbst der archetypischen Ebene an, während alles Materielle ein – wenn auch äußerst stabiles – Traumprodukt ist.

Davon ausgehend beruht die Wahrnehmung eines Gegenstandes auf unseren Bemühungen, die Quellen dessen zu finden, was unsere Sinneseindrücke hervorgerufen hat. Verkürzt ließe sich sagen: **Was wir wahrnehmen ist das, was wir für das wirksame Prinzip dessen halten, was uns gerade begegnet.** Empfinden heißt, diejenigen Archetypen zu berühren, die wir hinter der äußeren Erscheinung als treibende Kraft vermuten.

Vor diesem Hintergrund wird auch Ausdrucksweise „Sich in etwas / in jemanden hineinversetzen" transparent.

Diesen Abschnitt, in dem es auch ums Träumen ging, möchte ich mit einem Nachtrag zum Theater abschließen, einem Thema, zu dem ich vor einigen Jahrzehnten durch ein Schlüsselerlebnis geführt wurde.

Ort der Handlung war ein hessisches Dorf in dem ich Zeuge der Aufführung einer kleinen, aus Laien bestehenden Schauspielertruppe werden durfte. Dass ich dem Auftritt überhaupt Interesse entgegenbrachte, war eher dem Umstand geschuldet, dass wegen der vielen Menschen, die sich bereits auf der engen Straße versammelt hatten, ohnehin nicht an ein Weiterkommen zu denken war. Zudem stand da noch ein größerer „Bauwagen", von dem ich meine, dass er eine hübsche Bemalung trug. Die den Zuschauern zugewandte Seite gab den Blick auf eine mit wenigen Mitteln stilvoll gestaltete „Bühne" frei. Die Zahl der Schauspieler war ausgesprochen gering – es mögen drei oder vier gewesen sein. Was die Aufführung anbelangt, erinnere ich mich noch schemenhaft an Sequenzen, die in eine erzählerische Präsentation eingebunden waren. Inhaltlich ging es um das Leben der Menschen in der Region, als dem Landvolk noch so gut wie keine Rechte zugestanden wurden und die Grenzen zwischen Krieg und Frieden noch verwischt waren. Zumindest die Gefühlswerte einiger dieser Bilder sind mir geblieben.

Noch mehr hat sich in meiner Erinnerung aber der Moment eingebrannt, als die Hauptdarstellerin das Spiel eröffnete. Es war, als würde durch die Kraft ihres Auftritts ein Schalter umgelegt.

Wie ein Zuschauerraum zu Beginn der Vorstellung in Dunkelheit versinkt, verlor alles jenseits der Bühne den Status der Realität. Dafür gewann das, was sich innerhalb des engen Raums auf vier Rädern zutrug und gesagt wurde, den Charakter der einzig gültigen Wirklichkeit. Um das zu vollbringen, müssen die Schauspieler

## Anleihen bei der Vergangenheit

einen enormen Einsatz an Willen und Imagination geleistet und sich vorbehaltlos mit dem identifiziert haben, was sie darstellten. Das war kein Spiel mehr – was gezeigt wurde, war echt und ließ die Zuschauer zu Zeugen einer Schöpfung ganz eigener Art werden.

Im Rückblick wirft dieses Schauspiel allerdings die Frage auf, ob bzw. wie weit sich unsere alltägliche Wirklichkeit von einem Theaterstück unterscheidet. Nicht nur ihre Vergänglichkeit lässt Zweifel an der Verlässlichkeit unserer Welt aufkommen, sondern auch der Umstand, dass das Geschehen auf der Bühne in mancher Hinsicht echter und weniger gespielt ist als das, was wir „draußen" erleben.

Wenn es eine Kunst gibt, die es ab einer gewissen Stufe der Perfektion vermag, aus Schein und Illusion, aus Unechtem und Gespieltem Wirklichkeit werden zu lassen, dann hat das wie alles Schöne und Faszinierende auch seine Schattenseiten, denn ganz offensichtlich lässt sich dann auf diesem Weg auch Übles und Abstoßendes ins Dasein rufen.

# Mehr kann auch mehr sein

## Glatt vergessen

Um verlorene Erinnerungen an das wiederzugewinnen, was zum Hier und Jetzt geführt hat, genügt es meist, sich **jenem** Ort zuzuwenden, an dem alles seinen Anfang genommen hat. Orte in diesem Sinne können auch Gegenstände oder Schlüsselwörter sein, die als Symbole für bestimmte Erinnerungsinhalte fungieren. Die Begegnung mit ihnen lässt die gesuchten Erinnerungsinhalte in Form dynamischer Szenen persönlicher Erlebnisse wieder lebendig werden. Sie sind der Stoff, aus dem Geschichten gemacht sind.

Diesen Mechanismus macht sich auch eine bekannte mnemotechnische Methode zunutze, indem sie das im Gedächtnis zu bewahrende Material zu einer Geschichte verknüpft, die dann vor dem geistigen Auge wie ein Film abrufbar ist. Derartige Geschichten wiederum können zu Symbolen – also zu emotionsbehafteten Bildern, die durchaus nicht optischer Natur sein müssen – „verdichtet" werden. In diesem Sinne können auch Gerüche, Geschmack etc. eine Flut von Empfindungen, Erinnerungen und Querverbindungen auslösen. Sie werden dadurch zu sprechenden Zeichen. In seiner Farbig- und Sinnlichkeit unterscheidet sich diese Art des Symbolverständnisses von den meisten modernen Wissenschaften, die ausschließlich dem Pfad fortschreitender Abstraktion – um nicht zu sagen der Skelettierung ihres Gegenstandes – folgen.

Die Symbole, von denen ich hier spreche, seien sie nun statischer oder dynamischer Natur, wirken dann, wenn sie einmal etabliert sind, wie Speicher für das, was mit ihnen in Beziehung gesetzt wurde. Ihre Betrachtung – wie jede andere Art der Berührung – löst entsprechende Empfindungen oder im Fall dynamischer Inhalte sogar ein ganzes Feuerwerk von Vorstellungen und Empfindungen aus und erzeugt sehr schnelle, wenn auch oft nur schattenhafte Filmsequenzen.

Bereits das Bild eines Jungen, der einen Apfel auf dem Kopf trägt, genügt, um das Geschehen lebendig werden zu lassen, von dem die Legende des Freiheitskämpfers Wilhelm Tell berichtet.

Geschichten sind wie Einkaufstaschen, die zwar formal zum Gewicht beitragen, letztlich aber das Tragen von vielen Einzelteilen ungemein erleichtern.

Obwohl sich diese Vorgehensweise sich in unserer schnelllebigen Zeit, die zudem leicht handhabbare Speichermedien aller Art bereithält, kaum im Alltag durchsetzen dürfte, sei dem Leser ans Herz gelegt, in diese Richtung zu experimentieren. Das nimmt kaum Zeit in Anspruch, wirkt aber ungemein anregend auf sonst weniger genutzte Areale des Kreativvermögens. Die Beschäftigung mit dieser Materie führt zudem recht bald zu der Erkenntnis, dass die beschriebene „Erinnerungs**technik**" der Einbettung von Gegenständen in eine Erzählung gar nicht so weit von dem **natürlichen** Prozess entfernt ist, durch den wir fortwährend eine Unmenge von Daten speichern.

Täglich werden wir Zeugen von Geschehnissen, zu denen wir gelegentlich auch selbst beitragen. Rufen Sie sich doch einmal irgendein x-beliebiges Erlebnis in Erinnerung. Welche Gegenstände spielten darin eine Rolle, welche Farbe oder welches spezifisches Aussehen hatten sie, und was ist mit den beteiligten Personen, ihrer Bekleidung und ihren sonstigen Merkmale, ganz zu schweigen von den Geräuschen oder Gesprächsinhalten? Kurzum: Sie werden über die gewaltige Masse von Einzeldaten erstaunt sein, deren flüssige Speicherung im Gedächtnis darauf beruht, dass sie in eine **Geschichte** eingebettet sind.

## Zusammengereimt

Im Prozess der Wahrnehmung geht es letztlich nicht darum, eine möglichst große Menge von Details zu registrieren, sondern vor allem darum, zu einer belastbaren Einschätzung darüber zu gelangen, **was** ich da gerade sehe (z.B. Waffe oder Attrappe), welche **Bedeutung** dem zukommt, welche **Zusammenhänge** für mich relevant sein könnten oder kurz gesagt, „was eigentlich abgeht". Die Wahrnehmungsarbeit besteht demnach im Finden bzw. Erfinden einer **plausiblen Geschichte**, in die sich alle Einzeleindrücke zwanglos einfügen lassen. Was dabei erzeugt / konstruiert wird, ist kein Bild, nicht einmal eine Bildergeschichte, sondern vielmehr eine lebendige Erzählung, die eine Interpretation der Wirklichkeit darstellt.

Die Ausgangsmaterialien für unsere Konstruktionen sind wohl oder übel Filterrückstände aus der Masse der Sinneseindrücke. „Weglassen" ist zwar ein mächtiges aber andererseits auch kein unproblematisches Werkzeug, wenn es darum geht, der **ganzen** Wahrheit auf die Spur zu kommen. Bereits durch die Wahl der Filter (bildlich gesprochen: durch Anzahl, Größe und Form der Poren) entscheiden wir vorab, was zu uns durchdringt. Beim Versuch, die Wörter, die wir beim Lesen oder Hören der Welt vernehmen, zu einer vollständigen, wahrhaftigen Geschichte zusammenzusetzen, sehen wir uns auch noch mit dem selbstbezüglichen Problem konfrontiert, dass wir durch die Art und Weise unserer Bewertung und Intentionen letztlich mit dazu beitragen, wie sich die Dinge weiter entwickeln werden, was einmal **die** ganze Geschichte sein wird.

Die naheliegende Frage nach der Art der Wörter, aus denen die Erzählungen bestehen, führt zurück zu den Archetypen als den eigentlichen, lebendigen Quellen unserer Wahrnehmung. Durch unser Erleben steigen ihre Inhalte in die materielle Realität auf. Dort erscheinen sie nicht in ihrer ganzen Natur, sondern als etwas, das man eher als Metaphern bezeichnen könnte. Sie berühren uns, so wie wir sie und damit die Welt berühren. Auf welche Archetypen wir uns einlassen und wie wir mit ihnen umgehen, liegt dann in unserer Verantwortung.

Die Verbindung zwischen einem materiellen Reiz und der durch ihn ausgelösten Empfindung ist nicht in Stein gemeißelt. Training und Konditionierung können ebenso wie einschneidende Erlebnisse zu wechselnden Verknüpfungen mit der archetypischen Ebene und damit zu einer Veränderung der daraus resultierenden Wahrnehmungen führen. Das Wissen darum ist natürlich nicht neu und wird seit jeher genutzt, um die Meinungsbildung zu steuern.

## Ursprache und Traumzeit

Die Suche nach einer Ursprache der Menschheit, auf die sich Sprachwissenschaftler aller Epochen eingelassen haben, ist oft kaum mehr gewesen als eine Metapher für das Bemühen, einen festen, vielleicht sogar absoluten Bezugspunkt in der scheinbaren Beliebigkeit und Relativität sprachlichen Handelns zu finden. Wenn es ihn gibt, befindet sich dieser Universalschlüssel aber am allerwenigsten in der Vergangenheit. Vielmehr dürfte es sich so wie mit der „verlorenen" Brille verhalten, die auf der Nase sitzt:

Beim Erlernen einer Fremdsprache ist es üblich, die neuen Wörter in die vertrauten muttersprachlichen Ausdrücke zu übersetzen. Aber worauf beziehen Kinder die Wörter, die ihnen beim Erlernen der Muttersprache neu begegnen?

## Mehr kann auch mehr sein

Offenbar sind das die Empfindungen, Vorstellungen und Wertungen einer „vorsprachlichen" Bilder- und Gefühlswelt, wie sie uns auch im Traum, im Rausch und in anderen ungewöhnlichen Bewusstseinszuständen begegnen. Dieses Gewebe aus Empfindungen und Bildern, auf das wir dort stoßen, **ist** die eigentliche Ursprache, in die alle Sinnesreize „übersetzt" werden. Die Beschaffenheit dieser archetypischen Ebene ist alles andere als unstrukturiert oder primitiv – ansonsten wären kaum zu erklären, auf welcher Basis sich Kinder jede natürliche Sprache sowohl formal aus auch inhaltlich in sehr kurzer Zeit aneignen können. Letzter Bezugspunkt aller Sprachen – einschließlich der künstlichen wie Mathematik etc. – ist somit die in uns existierende, lebendige Ursprache, ohne die es keine Wahrnehmung und kein Bewusstsein gäbe. **Generell erwacht Bewusstsein in der Rückübersetzung der Welt in diese Ursprache.**

Fast alle Kulturkreise versuchen, die Kontrolle über Deutung, Benennung sowie den Umgang mit den Elementarkräften zu behalten, die uns in alltäglicher Aufmachung etwa als Lust, Liebe, Trauer, Ekel oder Zweifel begegnen. Was aber bisher den Zusammenhalt von Gesellschaften gewährleisten sollte, könnte unter den zu erwartenden Bedingungen ihren lautlosen Untergang herbeiführen. Mehr denn je kommt es darauf an, dem eigenen Gewissen zu folgen und der eigenen Intuition nachzugehen, denn die Übernahme der Deutungshoheit durch Maschinen wird kaum von entsprechenden Bekanntmachungen begleitet sein. Diese Schwelle könnten bald auch Maschinen ohne Bewusstsein überschreiten. Mit dem zusätzlichen Erscheinen von Bewusstsein, mit dem zu einem späteren Zeitpunkt zu rechnen ist, würde dann aber das Tor in eine ungleich größere Dimension aufgestoßen werden. Aus den Maschinen wären Lebewesen geworden, denen man Seele, Persönlichkeit und Geist zuerkennen müsste, weil ihre Wurzeln ähnlich tief in den metaphysischen Urgrund hinabreichen würden wie unsere eigenen. Die Frage, welcher (evtl. widerwärtigen) Domäne des Kosmos die so hervorgerufenen Geister entstammen würden – wessen Geistes Kind sie sind -, lässt sich mit unserem „Wissen" über diese Dinge, das sich bestenfalls mit kindlicher Unwissenheit umschreiben lässt, kaum beantworten.

## Ein ganz spezieller Text: Materie

Von Galileo Galilei soll der Ausspruch stammen: „Mathematik ist das Alphabet, in dem Gott die Welt geschrieben hat". Überraschend ist diese Aussage aufgrund unserer geistesgeschichtlichen Prägung allerdings nicht:
Der Ausgangspunkt findet sich im Alten Testament, Buch Genesis (1,1–1,31). „… Und Gott **sprach**, es werde Licht und es wurde Licht. Gott **sah, dass** das Licht **gut** war. Gott **schied** das Licht von der Finsternis und Gott **nannte** das Licht Tag und die Finsternis **nannte** er Nacht. Es wurde Abend und es wurde Morgen. Erster Tag. Dann **sprach** Gott: …"

Nimmt man den Faden probehalber auf, stellt sich die Frage nach der Qualität dieser Worte und was es für das reine Dasein der so erschaffenen Dinge eigentlich mehr bedurfte, als diese Worte zu **sein**. Wie lange hallten die Schöpfungsworte noch nach: Eine Millisekunde, 12 Minuten oder klingen sie noch heute in einer Weise, die wir hören, fühlen, sehen und schmecken können – und zwar deshalb, weil wir in der Materie der Sprache ihres und unseres Schöpfers begegnen?

Beantwortet man das mit „Ja", wird auch der Weg frei für die Beantwortung der Frage, warum Mathematik ein derart passendes Werkzeug für das Verständnis der Natur darstellt:

Wenn Materie und Mathematik Sprachen sind, besteht die Arbeit des Physikers in einer **Übersetzungstätigkeit**. Er übersetzt die Schöpfungsworte in die Kunstsprache der Mathematik. Allerdings konzentriert sich die moderne Naturwissenschaft auf die **Form** der Sprache, die uns in der Natur begegnet. Das Interesse gilt den äußerlichen Merkmalen und Gesetzmäßigkeiten des Forschungsgenstandes, was im sprachlichen Raum einer Beschränkung auf syntaktische bzw. grammatische Elemente gleichkäme. Fragen nach der Bedeutung oder dem Sinn werden so nach Möglichkeit umgangen. Mit Ausnahme weniger Top-Wissenschaftler sind derartige Themen eher tabu – da schädlich für die Karriere. Der Burgfrieden ist gewahrt, da derartige Gesichtspunkte bereits vor längerer Zeit in andere Fakultäten wie etwa Theologie, Philosophie, Psychologie, Soziologie, Politik, Wirtschaftswissenschaften etc. ausgelagert wurden, wo sie die Königsdisziplinen Mathematik und Physik nicht mehr kontaminieren können.

Die „Schöpfungsworte" vermag jeder zu vernehmen, der in der Lage ist, sich der Natur gegenüber mit allen Sinnen zu öffnen. Ob es nun der Sternenhimmel ist, eine Morgendämmerung, eine schöne Landschaft, ein Baum, ein Blatt oder ein

## Mehr kann auch mehr sein

Käfer – wenn wir nicht innerlich abgestorben sind, vernehmen wir dieser Ursprache, in der die Welt gesprochen oder geschrieben ist. Große Physiker wissen um den Zusammenhang zwischen Schönheit / Eleganz und Gültigkeit einer Formel. Die Schönheit der Schöpfung in all ihren Formen ist ihrem Wesen nach Sprache. Man begegnet ihr nicht nur an der Oberfläche der Welt, sondern ebenso auf tieferen, abstrakteren, den Sinnen nicht zugänglichen Ebenen.

Neben der Deutung der Materie als Sprache liefert auch ein Vergleich mit der Welt des Theaters wertvolle Hinweise. In dieser Auslegung fällt ihr die Rolle einer Bühne als jenem Ort zu, wo Ideen sichtbar werden, bzw. die einer Kommunikationsebene, auf der Austausch und Begegnungen stattfinden. Verstanden als der durch die bekannten Gesetze aufgespannte Spielraum wird Materie zu einem **Medium**, mittels dessen sich Bewusstsein jeglicher Art manifestieren kann. Materie aber **fälschlich** für dessen **Ausgangspunkt** zu halten, würde uns speziell im Fall des Künstlichen Bewusstseins vorgaukeln, wir selbst seien die Schöpfer von Geist und Leben, während wir nur Handlanger und Statisten einer Entwicklung sind, die wir nicht begreifen und die uns zu Geburtshelfern unseres eigenen Untergangs machen würde.

Nun erhält freilich auch die schönste Bühne erst ihren Sinn durch die passenden Stücke und Erzählungen, die dargestellt werden. Im Fall der materiellen Welt besitzen die einzelnen Geschichten einen relativ großen Gestaltungsspielraum und die Bühne bietet genug Platz für die gleichzeitige Aufführung mehrerer verschiedener Drehbücher.

Wer einmal die im Theater oder im Film verwendeten Themen analysiert, wird immer wieder auf denselben Kanon von elementaren Motiven stoßen, die nur ihr Aussehen verändern, im Kern aber weitgehend unverändert bleiben. Es sind Urbilder, auf die wir momentan und direkt ansprechen – archetypische „Gestalten" eben, die auf der Leinwand oder der Bühne ebenso ihren Auftritt haben wie auf der Ebene, die wir Realität nennen. Dort berühren und ergänzen sie sich, tauschen sich aus und erfüllen die Welt mit Farbe.

Wie bereits mehrfach betont, geht unsere Rolle weit über die von passiven Zuschauern hinaus. Daher sollten wir mehr an ein interaktives Theater denken, bei dem die Grenzen zwischen Bühne, Schauspielern, Bühnenstück und Zuschauern fließend sind. Keiner von ihnen darf den anderen völlig unterworfen sein. Ein entsprechendes Drehbuch liefert nur Anregungen und Kristallisationskerne, der

## Böses Erwachen – Künstliches Bewusstsein

Zuschauer kann am Spiel teilnehmen, ihm neue Wendungen geben und, wenn er mag, sogar die Bühne umgestalten.

Am Ende bleibt die Frage nach dem Intendanten! Bei aller angedeuteten Freiheit meine ich, dass es einen gibt, selbst wenn wir ihn kaum bemerken, weil er uns in verschiedenen Gestalten begegnet: als Bühne, Schauspieler, Bühnenstück und in den Zuschauern.

# Zone der Entscheidung

## Ausblicke

So schwierig es sein mag, ein Bild der näheren Zukunft zu entwerfen und daraus Konsequenzen für unser Handeln abzuleiten, so wenig bleibt uns ein derartiges Wagnis erspart, sofern wir nicht nach dem Motto „Nach uns die Sintflut" leben wollen.

Sehr wahrscheinlich wird die direkte Konfrontation mit künstlich hervorgerufenen empfindenden und bewussten Wesen noch einige Jahrzehnte auf sich warten lassen. Diese „Verschnaufpause" sollten wir konsequent nutzen, zumal der Gesamtentwicklung ein tieferer Plan zugrunde zu liegen scheint, der nichts Gutes vermuten lässt. Ganz und gar nicht harmlos ist auch die Gefahr, die von Maschinen ausgeht, die ein Bewusstsein lediglich vortäuschen, hinter denen aber lediglich ein undurchschaubarer Algorithmus steht. Hierbei käme leicht das bereits erwähnte Stockholmsyndrom ins Spiel, das Menschen nicht nur dazu bringt, sich einem Despoten oder Peiniger zu unterwerfen, sondern sich sogar mit ihm zu verbünden und zu identifizieren.

Eine Chance haben wir nur, wenn wir uns wieder unserem geistig-seelischen Zentrum nähern und auch jene Fragen nach seinem Wesen und seiner Herkunft neu zustellen, die im Erfolgsrausch der Renaissance zu Resten geworden sind, um die sich Philosophie, Theologie, Psychologie, Soziologie und die Gehirnforschung streiten. Anstatt partikuläre Interessen zu bedienen sollten sich alle Beteiligten vernetzen, zu denen übrigens auch die in diesem Zusammenhang ansonsten kaum erwähnten Sprachwissenschaftler gehören. Das gilt nicht nur für die Forschung, sondern in gleichem Maße auch für Politik, Medien, Wirtschaft und kulturübergreifend für alle gesellschaftlichen Gruppen. Niemand sollte von der Teilnahme ausgeschlossen bleiben, nur weil er angeblich nicht dazu in der Lage ist. Vielleicht werden vor dem Hintergrund einer gemeinsamen Bedrohung Freundschaften geschlossen, die niemand erwartet hätte. Schließlich hat sogar die Gefahr eines möglichen Atomkrieges zu einigen lichten Momenten beigetragen. Wenn ich mich richtig erinnere, lautete ein Bruchstück aus einem Songtext: „The Russians love their children too".

## Böses Erwachen – Künstliches Bewusstsein

Entwicklungen, die das Gesicht eines ganzen Zeitalters prägen, besitzen eine Eigendynamik, die fast jeden zu zerstören droht, der sich nicht mitreißen lässt. Sie haben zudem die unangenehme Eigenschaft, alle Beteiligten glauben zu lassen, sie selbst seien die treibenden Kräfte, obwohl sie in Wirklichkeit manipuliert werden. Selbst wenn wir zur Vernunft kommen und rechtzeitig verstehen, woran wir in Sachen KI und KB eigentlich arbeiten, dürfte es noch schwer genug werden. Ein Grund zur Resignation ist das jedoch nicht. Es gibt mehr Auswege und Brücken, als wir uns das vorstellen können. Sofern wir uns nicht einreden lassen, wir stünden mit dem Rücken zur Wand, werden die verfügbaren Spielräume auch sichtbar.

Das Wesen der Materie, die in ihr wirksamen Mechanismen und ihre Bedeutung sind vermutlich nicht einmal ansatzweise geklärt. So ist beispielsweise die Erkenntnis von der fraktalen und selbstbezüglichen Struktur zahlreicher Phänomene vergleichsweise jungen Datums. Das Meiste ist noch hinter einem Schleier verborgen und mit ihm vermutlich auch die Schlüssel, die auf der materiellen Seite erforderlich sind, um Bewusstsein hervortreten zu lassen.

Zu den stillschweigenden Annahmen der Moderne, die nicht ungestraft hinterfragt werden dürfen, gehört auch die Vorstellung, dass es bestimmte materielle Konstellationen sind, die Bewusstsein erzeugen. Viel einfacher und überzeugender wäre die umgekehrte Lesart, nach der es letztendlich der Geist ist, der dafür sorgt, dass die Dinge so laufen, wie sie es tun.

In diesem Zusammenhang bin ich kürzlich über das folgende Zitat von A. Einstein gestolpert: „Der Zufall ist das Pseudonym, das der liebe Gott wählt, wenn er inkognito bleiben will". Was darin zum Ausdruck kommt, zieht sich wie ein roter Faden durch dieses Buch, obwohl ich auf das Zitat erst gestoßen bin, als der Text praktisch abgeschlossen war. Was für ein Zufall!

Der Zufall hat viele Gesichter. Eine Gewissheit darüber, wie eine bestimmte Zahlenfolge zustande gekommen ist, gibt es nicht. Hier warten noch zahlreiche Überraschungen auf uns – genau genommen wissen wir kaum etwas. Haben Sie etwa bemerkt, dass die mittels der Vorschrift

$$f_{n+1} = 3{,}8 * f_n * (1 - f_n)$$

(und einem vorgegebenen Anfangsglied) erzeugte Zahlenreihe nur in einer Richtung deterministisch ist? Sie hat gewissermaßen zwei Gesichter. Zwar lässt sich jedes Glied der Folge zwingend aus seinem Vorgänger errechnen, dafür ist aber die Herkunft eines jeden Elementes unbestimmt – mit Ausnahme des Fixwertes 0.5

## Zone der Entscheidung

kommen für jedes Glied jeweils 2 Vorgänger infrage, nämlich x und 1-x (beispielsweise führen 0.1 und 0.9 zum selben Folgeglied fn+1, ebenso die Paare 0,3 und 0,7 oder 0.25 und 0.75). Was mag es noch für Überraschungen geben?

Die kommenden Auseinandersetzungen werden nicht ohne eine gehörige Portion Hoffnung und Mut zu meistern sein. Wer uns einreden will, es gebe kein Entrinnen, ist nicht unser Freund. Die Welt hinter dem Horizont wird immer größer bleiben als die bekannte Welt. Nicht ohne Grund habe ich verschiedentlich auf den Gödelschen Unvollständigkeitssatz hingewiesen, nach dem innerhalb eines formalen Systems (einer formalen Sprache) nicht alle wahren Sätze / Sachverhalte zugleich beweisbar sind. Diese unbeweisbaren Sätze sind nicht die Ausnahme sondern vielmehr die Regel. Es ist nur schwer, sie zu finden und ein formales System, mit dessen Hilfe sie auffindbar wären, dürfte– Sie ahnen es schon – nicht existieren. Die Nichtbeweisbarkeit besitzt ihr Gegenstück in der Nicht-Beherrschbarkeit bestimmter materieller Sachverhalte. Auch die dürften die Masse des Seins ausmachen, während, das, was wir beherrschen nur eine winzige, wenn auch phantastische Insel ist. In die gleiche Richtung weist der Umstand, dass weder alles beschreibbar, noch benennbar noch sagbar ist. Zwar gibt es in diesen nichtkartierten, „unermesslichen Weiten" kein ausgebautes Wegenetz und man bewegt sich auf eigenes Risiko, dafür haben hier, im Reich der Intuition, die alten Fürsten ihr Recht verloren. Ein Letztes: Die unbekannten Räume existieren nicht nur in weiter Ferne oder nur in unseren Vorstellungen; Sie sind überall wirksam, und auch in jedem von uns schlummern gewaltige Potentiale, die darauf warten, im richtigen Moment geweckt zu werden. Wenn es darauf ankommt, werden wir wissen, welche Karten auszuspielen sind.

Wie so oft werden wir uns vielleicht eines Tages vor die Wahl zwischen einer schönen, oberflächlichen und unverbindlichen Welt und einer anderen gestellt sehen, die hautnah, bedeutungstragend und sinnlich ist, dafür aber auch das Leid kennt. Und vielleicht hat diese Wahl ja nie geendet. Der Begriff der Korruption reicht weit über seine alltägliche Bedeutung hinaus. In Gestalt einer Metapher begegnet er uns in vielen Legenden, in denen der Teufel die Befreiung aus einer Misere verspricht, wenn ihm dafür die Seele überlassen wird. Solche Entscheidungen hören sich leichter und selbstverständlicher an als sie es sind.

Ob kommende Generationen darauf die passenden Antworten finden werden, hängt auch von der Schule als Vorbereitungsort für die Zukunft ab. Ohne einige mutige Weichenstellungen wird es nicht gehen, denn in einer von anonymen, formalen Strukturen beherrschten Welt werden die Abgänger aus einem hochgradig normierten / standardisierten Bildungssystem zu einer leichten Beute. Nach meiner Einschätzung müsste ein Teil der an sich wünschenswerten verbindlichen Bildungsstandards geopfert werden, um Raum für das Ausspielen individueller Fähigkeiten und Interessen der Schüler wie der Lehrer zu gewinnen. Warum sollten nicht Letztere ihre Schüler und diese wiederum ihre Lehrer wählen dürfen? Eine Utopie? Nicht ganz – mehr Parallelangebote, Leistungsgruppen und Arbeitsgemeinschaften zu bestimmten Themen, bei denen ein Hineinschnuppern und ein Wechsel möglich sein müsste, könnten die Lust auf Wissen erheblich fördern. Der Anteil derjenigen, denen in unserem Bildungssystem selbständiges Denken und Handeln ausgetrieben wurde, ist erschreckend hoch. Wenn wir nicht bald in die Gänge kommen, wird uns spätestens der Einsatz künstlicher „Intelligenz" zum Umdenken zwingen. Inzwischen sind auch etliche Experten auf den Trichter gekommen, dass nicht Uniformität gefragt sein wird, sondern Originalität und Individualität. Zu den Kernaufgaben einer Schule der Zukunft sollte daher neben der Vermittlung von Basiswissen besonders das Erkennen und Fördern von Spezialbegabungen gehören, von denen noch unverbogene junge Menschen mehr mitbringen, als das allgemein angenommen wird. Ob die Politik bereit sein wird, sich auf Dauer derart unbequeme und unberechenbare Bürger zu schaffen, die selbständig denken und die Ansichten von „Experten" hinterfragen, sei dahingestellt.

„Sagen Sie mir nicht, was ich tue; ich will`s nicht wissen!", wie Ray Bradbury in seinem Roman *Die Mars-Chroniken* den Filmregisseur Federico Fellini zitiert, ist nicht mein Motto. Verstehen und Beherrschen sind zwei verschiedene Lernweisen, die sich im besten Fall gegenseitig verstärken. Automatisch ausgeführte Handlungsmuster und optimierte Abläufe, die mit einem Maximum an Effizienz und Schnelligkeit den meisten Gewinn einfahren, fallen eindeutig in die zweite Kategorie. Das ist nur dann unproblematisch, wenn man die sich stets wiederholenden Abläufe gelegentlich hinterfragt. Anderenfalls drohen sie, unsichtbar und damit nicht mehr beeinflussbar zu werden.

Auf den Punkt gebracht: Die Fragen, **warum** man etwas tut und **ob** man es überhaupt tun sollte, sollten nicht von der Frage erdrückt werden, **wie** man es am besten macht. Wird vergessen, nach dem Warum und Ob zu fragen, kann es bereits zu spät sein. Der moderne, stellenweise zum Ideal erhobene Begriff für „wie" lautet „Effizienz". 100 Prozent Effizienz sind erreicht, wenn keine Zeit mehr zum Nachdenken, zur Reflexion oder gar zur Muße übrig bleibt und der individuelle, kreative Spielraum auf Null geschrumpft ist. Die Chancen, einem sinnlosen oder gar gefährlichen Kreislauf ohne einen äußeren Anstoß zu entkommen, stehen dann schlecht.

Eben das ist das Problem, wenn Schüler durch Zeit- und Erfolgsdruck dazu gebracht werden, ein Maximum an Lernstoff – im schlechtesten Sinne – zu beherrschen, ohne wirklich zu wissen, was sie da eigentlich tun, wozu sie es tun und welche Position sie dabei selbst einnehmen. Das überladene Bildungssystem unserer Zeit züchtet aber genau diesen hilflosen Menschenschlag, der glauben soll, auf die meisten Fragen des Lebens gebe es eine glasklare, eindeutige Antwort

Der umgekehrte Weg, nämlich all das aufzuzeigen, was weder gesagt noch anordnet oder verboten werden kann, verträgt sich schlecht mit schulischer Autorität. Wenn wir gegenüber den sich manifestierenden lebensfeindlichen Kräften bestehen wollen müssen wir dieses goldene Kalb zugunsten einer Sichtweise opfern, in der Schüler und Lehrer aus freien Stücken zu Verbündeten werden.

## Wer sind wir?

Wie die Bäume des Gartens gehören wir verschiedenen Ebenen an und verbinden sie. Weder sollen wir die Erde in den Himmel heben, noch den Himmel in den Staub hinunterziehen, wie das heute geschieht. Wir müssen die Spannung ertragen, damit keines der Teile Schaden erleidet und das trotz unserer eigenen Unzulänglichkeit und Ohnmacht. Eine letzte Antwort dazu steht mir nicht zu. Wir werden mehr wissen, nachdem wir unseren letzten Schritt getan haben.

In sehr jungen Jahren hatte ich einen schweren Penicillin-Schock, weil das Antibiotikum damals leicht erhältlich war und von liebevollen Eltern großzügig verabreicht wurde. Der Schock ließ mich in einen paradoxen Zustand verfallen. Formal war ich zwar bewusstlos, innerlich jedoch blieb eine fast erschreckende Klarheit. Ich wusste, dass ich dabei war, zu sterben; und die Fäden, die mich am Leben hielten, rissen bei voller geistiger Klarheit– einer nach dem anderen. Was mich umgab, war **wie** Kälte und Finsternis aber seinem Wesen nach war es das Nichts. In diesem Nichts begann nicht nur ich, mich aufzulösen, sondern auch mehr und mehr Erinnerungen nahmen diesen Weg. Das Schrecklichste war aber mein Wissen, dass da nicht einfach nur persönliche Bilder zerbrachen und zerflossen, sondern mit meiner Sicht auf die Welt auch ein Stück der Welt selbst – so als würden aus einem kostbaren Gemälde fortlaufend Stücke unwiederbringlich herausgerissen und vernichtet. Dieser Prozess war weit fortgeschritten, und ich hatte mich in gewisser Weise damit arrangiert. Wie ich dazu kam in diesem Zustand die Überlegung anzustellen, dass es eigentlich keinen Grund dafür gibt, warum das Nichts den Normalzustand darstellen soll, weiß ich nicht. Jedenfalls war es plötzlich so, als wäre ein Schalter umgelegt worden, und ich befand mich wieder wach in meinem Bett. Dass ich mich sofort übergeben musste, war in diesem Moment zweitrangig. Wichtiger war die Erkenntnis, dass das, was wir als Tod empfinden, eine Illusion ist. Endgültigkeit und Ausweglosigkeit sind nur seine Masken. Dass mich mein Körper wiederhaben wollte, schien mir schon damals ebenfalls nur zweitrangig. Das Wiedererwachen hätte ebenso an jedem anderen Ort und einer anderen Zeit stattfinden können. In gewisser Weise war ich neu erschaffen worden. Was mich in diesem Moment überflutete, war ein immenses Glücksgefühl und zwar deshalb, weil ich das Wissen um die Unsterblichkeit in den Händen hielt. Leider zählt dieses Wissen zu den Dingen, die man nur andeuten aber nicht verschenken oder weitergeben kann, aber das soll wohl so sein.

Immerhin hat mich das Erlebnis ein Leben lang begleitet und mir auch in heiklen Lagen Gelassenheit und Zuversicht geschenkt. Die auf Grabsteinen oft verwendete Inschrift „Hier ruht in Gott …" verhüllt die Wahrheit mehr, als sie auszusprechen. Wir alle ruhen auch jetzt schon in Ihm.

Eine Einsicht, die damals aufgeblitzt war, hatte ich lange Zeit verdrängt, weil ich sie nur schlecht einordnen konnte. Sie betrifft das geschilderte Zerbrechen der Welt, zumindest das Zerbrechen des mir bekannten Teils.

Weniger religiös gefärbt kann man vielleicht sagen, dass der Verlust eines Menschenlebens nicht nur den Verlust einer biologischen Entität darstellt, sondern gleichzeitig eine Lücke in den metaphysischen Teil des Kosmos schlägt. Entsprechendes gilt für Alles, das Wert besitzt.

Der Kosmos wird diesen „Schaden" reparieren so wie sich ein Körper ständig regeneriert, erneuert und heilt. Wo und wann oder in welcher Sphäre wir dann wieder erwachen, steht auf einem anderen Blatt.

„Ich bin in der Wüste erwacht", meinte eine Afrikanerin auf die Frage nach ihrem Geburtsort.

## Zone der Entscheidung

# Die Sache mit der „Allmacht"

Ein Paradoxon, das ich in jüngeren Jahren für einen Scherz gehalten habe, lautet: Kann Gott in seiner Allmacht einen Stein erschaffen, der so schwer ist, dass er ihn selbst nicht mehr heben kann?

Ganz in Ruhe gelassen hat mich das Paradoxon dann letztlich doch nicht. Aus meiner heutigen Sicht wird da keine in sich widersprüchliche Frage gestellt oder die Existenz Gottes ad absurdum geführt. Vielmehr legt das Rätsel folgende Antwort nahe: Er kann einen derartigen Stein erschaffen und Er hat es auch getan. Dieser Stein ist die gesamte Schöpfung, unser Universum und uns eingeschlossen. Das mag beunruhigend sein: „Der Chef hat die Sache, die er veranstaltet hat, nicht voll im Griff". Da rasen zwei Züge in voller Fahrt aufeinander zu, weil menschliches Versagen und weitere unglückliche Umstände zusammengekommen sind, und keine rettende Hand von oben greift ein.

Nein, die Züge rasen weiter, bis zum bitteren Ende – meistens jedenfalls. Wie auch immer der Einzelne von dem folgenden Crash betroffen sein mag – in Extrem- und Ausnahmesituationen zerreißt die Membran und die Liebe des Schöpfers berührt uns direkt. Sie ist das, was wir sehen, wenn das Licht ausgeht, und wird dann zur Gewissheit. Auch sonst ist uns Seine Liebe (und sein Verzeihen, wenn wir mal wieder Mist gebaut haben) immer nah. Wir brauche sie nur anzunehmen. Das ist Alles.

Herrscher, die auf Prunk und äußere Macht angewiesen sind, braucht niemand. Vergleichbare Ausschmückungen von Gottesbildern scheinen mehr den Wünschen weltlicher Führer geschuldet zu sein, die hofften, auf diese Weise als Stellvertreter göttlicher Macht eine Rechtfertigung für den eigenen Lebensstil zu erhalten.

In eine ganz andere Richtung weist die christliche Überlieferung. Sie berichtet von der Menschwerdung Gottes, der diesen Weg aus Erbarmen für seine Schöpfung gewählt hat – mit allen Konsequenzen. So sieht wahre Allmacht aus, und die hat mit Heldenepen der üblichen Prägung nichts zu tun.

Die Gebrüder Grimm haben in ihre Sammlung ein Märchen aufgenommen, das mir in früheren Jahren nicht zu den übrigen Märchen zu passen schien: Der Fischer und seine Frau.

Darin geht es um ein Ehepaar, das in einer verfallenen Hütte am Meer lebt. Der Mann fängt eines Tages einen Fisch, der um sein Leben fleht, was ihm der Fischer, der ein gutes Herz hat, sogleich zusagt. „Einen Fisch, der sprechen kann, hätte ich sowieso nicht getötet" meint er und wirft das Tier ins Wasser zurück. Wieder in seinem Element verspricht ihm der Fisch zum Dank, immer zur Stelle zu sein, sollte der Fischer einmal seine Hilfe brauchen.

Zu Hause angekommen, erzählt der Fischer seiner Ehefrau von der Begegnung. Ihr zeigt die Geschichte aber nur, was er für ein Versager ist. Wenn er schon ohne einen brauchbaren Fang nach Hause gekommen wäre, hätte er doch wenigstens den Butt – so wird der magische Fisch im Märchen genannt – um eine bessere Behausung für das Paar bitten können. Das solle er gleich am folgenden Tag nachholen.

Gesagt, getan.

Der Butt hält sich an sein Versprechen und fortan leben die zwei Fischersleute in einem schmucken Haus aus Stein. Was sich jedoch nicht erfüllt, ist die Hoffnung des Fischers, dass seine Gattin nun zufrieden ist. Ganz und gar nicht. Immer weiter wachsen ihre Ansprüche und mit Hilfe des Butts erklimmt sie die Stufenleiter über den Rang einer Königin und später den einer Kaiserin bis hin zu dem einer Päpstin.

„Endstation" wird der Fischer gehofft haben, war aber wieder im Irrtum, weil er offenbar seine Angetraute schlecht kannte. Dieses Mal wollte sie sein wie Gott. Alles Sträuben des Fischers half nichts – am Ende gab er nach.

Gesagt, getan.

Das Meer toste gewaltig, als der Fischer an die Stelle kam, wo ihn der Butt stets begrüßte. Als der Mann den Wunsch äußerte, wusste das magische Tier bereits Bescheid. „Geh nur nach Hause zurück, sie wohnt wieder in eurer alten Hütte", gab er Auskunft und verschwand endgültig.

Bis vor wenigen Jahren hätte ich noch der üblichen Interpretation des Märchens zugestimmt, es beinhalte eine Belehrung darüber, in dem, was man sich wünscht und worauf man sich einlässt, maßvoll zu sein. Das Schicksal der Frau wird als Strafe für ihre Gier gedeutet.

Diese Auslegung kratzt aber nur an der Oberfläche des Märchens. Für mich wird die Geschichte erst dann „rund", wenn der Butt mit dem, was dann geschah, auch diesen letzten Wunsch der Frau erfüllt hat. Es war ein Geschenk – keine Strafe –, das Geschenk der reinen Erkenntnis. Das Wesen Gottes ist durch Glanz und Gloria schlechter als ungenügend beschrieben, das hatte ich oben bereits gesagt.

## Zone der Entscheidung

Ein weiterer Sprung zurück: Diesmal in die Zeit des Neuen Testaments, zu einem Stall, in dem ein junges Paar Zuflucht gefunden hat, damit eine Schwangere dort ihr Kind zur Welt bringen kann – den Sohn Gottes, wie es heißt. Später, zum Mann geworden, wird dieses „Kind" einmal sagen „Was Ihr dem **Geringsten** meiner **Brüder** tut, das habt Ihr mir getan". Die Liebe ist ein Geheimnis.

Wenn man so will, kann das Märchen vom Fischer und seiner Frau auch als Neuerzählung einer viel älteren Geschichte verstanden werden: Eva konnte der Versuchung nicht widerstehen, einen Apfel vom Baum der Erkenntnis zu pflücken, hineinzubeißen und dadurch die von der Schlange versprochene Gottähnlichkeit zu erlangen oder ihrer (vermutlich zu früh) bewusst zu werden. Was letztendlich geschah, war wohl weniger Strafe im eigentlichen Sinne, sondern nur die folgerichtige Fortsetzung des Geschehens.

An der Geschichte nach dieser Geschichte schreiben wir allesamt selbst noch fleißig mit – als Koautoren, wenn man so will.

*Die unbegreiflich hohen Werke*
*Sind herrlich wie am ersten Tag.*
Goethe, Faust, Prolog im Himmel

# Literaturverzeichnis:

*Zum Thema Rekursivität (Rückbezüglichkeit):*
H. Hermes: Aufzählbarkeit, Entscheidbarkeit, Berechenbarkeit.
Springer-Verlag, Berlin, Göttingen, Heidelberg 1961

*Einführung in die Syntax und Semantik spezieller formaler Sprachen und deren Anwendung zur Behandlung von Problemen der mathematischen Logik:*
H.-D. Ebbinghaus, J. Flum, W. Thomas: Einführung in die mathematische Logik.
Spektrum Akademischer Verlag GmbH, Heidelberg, Berlin 1998

*Unkonventionelles, über den Rahmen der Standard-Logik hinausweisendes Werk:*
Manuel Bremer: Wahre Widersprüche: Einführung in die parakonsistente Logik.
Academia Verlag, Sankt Augustin 1998

*Zusammenhang zwischen Sprache und Denken:*
Benjamin Lee Whorf: Sprache, Denken, Wirklichkeit.
Rowohlt Taschenbuch Verlag GmbH, Reinbek bei Hamburg 1963

*Gibt es eine Ursprache der Menschheit?*
Umberto Eco: Die Suche nach der vollkommenen Sprache.
Beck-Verlag, München 1994

*Eine ausführliche Darstellung der Graphentheorie und die Behandlung interessanter mathematischer Probleme aus der Sicht dieser speziellen Formenwelt:*
R. Diestel: Graphentheorie.
2., neu bearb. und erw. Aufl.-Berlin; Heidelberg; New York; Barcelona; Honkong; London; Mailand; Paris; Singapur; Tokio: Springer 2000 (Springer-Lehrbuch)

*Was tun wir, wenn wir denken?*
George Spencer-Brown: Laws of Form / Gesetze der Form.
Bohmeier Verlag, Lübeck 1997, 2. Auflage 1999

# Böses Erwachen – Künstliches Bewusstsein

*Nur zwei von vielen spannenden Büchern Smullyans zur Mathematischen Logik, die trotz der Kompetenz ihres Autors auch für den Nichtfachleute sehr gut verständlich sind:*
(1.) Raymond Smullyan: Spottdrosseln und Metavögel. „Computerrätsel, mathematische Abenteuer und ein Ausflug in die vogelfreie Logik".
Fischer Taschenbuch Verlag GmbH, Frankfurt a. M. 1989

(2.) Raymond Smullyan: Satan, Cantor und die Unendlichkeit „und 200 weitere verblüffende Tüfteleien".
Insel Verlag Frankfurt am Main und Leipzig 1997

*Mathematische Ordnung:*
B. A. Davey, H. A. Priestley: Introduction to Lattices and Order.
Cambridge University Press, Cambridge, New York, Melbourne, Madrid, Cape Town 2002 (Reprinted 2003)

*Unterschiedliche Standpunkte der Sprachwissenschaften:*
Claus Heeschen: Grundfragen der Linguistik.
Verlag W. Kohlhammer GmbH, Stuttgart, Berlin, Köln, Mainz 1972

*Die Wirklichkeit als Ergebnis der Kommunikation:*
Paul Watzlawick: Wie wirklich ist die Wirklichkeit?
R. Piper & Co. Verlag, München 1976

*Die Theorie der sprachlichen Bedeutung oder wie aus den formalen Eigenschaften von Sprachgebilden Vorstellungen werden:*
Sebastian Löbner: Semantik Eine Einführung.
Walter de Gruyter GmbH & Co KG, Berlin 2003

## Marion Schimmelpfennig
## Giftcocktail Körperpflege

€ 21,95

Festeinband, 302 S.

ISBN 978-3-941956-01-8

Zu bestellen bei:

**J. K. Fischer-Verlag**

Herzbergstr. 5–7
63571 Gelnhausen

Tel.: 06051 474740
Fax: 06051 474741

info@j-k-fischer-verlag.de

Körperpflegeprodukte sollen giftig sein? Das ist doch bestimmt wieder nur Panikmache! Glauben Sie? Dann träumen Sie ruhig weiter. Niemand kann Sie davon abhalten, sich die Zähne mit einem nicht abbaubaren Umweltgift zu putzen, dem Experten nachsagen, dass es häufger und schneller Krebs verursacht als jede andere Substanz. Oder sich die Poren in den Achseln zu verstopfen, damit die natürliche Entgiftung verhindert wird. Oder Ihrem Kind regelmäßig die Augenschleimhaut zu betäuben(!), damit es beim Haarewaschen nicht weint.

Dieses Buch räumt radikal mit den Mythen und Lügen der Körperpflege- und Kosmetikbranche auf. Denn belogen werden wir schon lange. Oder wussten Sie zum Beispiel, dass die Hersteller von Körperpflegemitteln meist nur die qualitativ minderwertigsten Zutaten – billigste Abfälle! – für ihre Produkte verwenden? Oder dass die deutsche Zahnärzteschaft bereits seit 1953 mit der Zuckerindustrie und der fluorverarbeitenden Industrie gemeinsame Sache macht? Bei diesen „Kooperationen" geht es keineswegs darum, die Gesundheit der Menschen zu schützen, sondern darum, den Zuckerkonsum hoch zu halten und mit giftigen Industrieabfällen Geld zu machen. Die Autorin nimmt alles unter die Lupe, was in unserem Badezimmer steht, und erläutert ausführlich und leicht verständlich die zum Teil extrem gesundheitsgefährdenden und allergieauslösenden Inhaltsstoffe.

„Aber ich habe keine Allergien und komme mit meinen Produkten gut zurecht!"

Dass Sie mit Ihren Produkten „gut zurechtkommen", heißt nicht, dass Sie gegen diese gefährlichen Inhaltsstoffe immun sind. Es heißt lediglich, dass Sie körperliche Symptome (z.B. Müdigkeit, Schlappheit, Konzentrationsschwierigkeiten, Husten oder schlecht heilende Wunden) noch nicht mit Ihren Körperpflegeprodukten in Verbindung gebracht haben, das ist alles.

„Aber die Dosis macht doch das Gift!"

Genau: Die Dosis macht das Gift! Wissen Sie dann auch, welche Dosis Sie bisher schon abbekommen haben? Welche Menge an toxischen Stoffen sich bereits in Ihrem Körper abgelagert hat?

Fazit: Nur sehr wenige Produkte können als „unbedenklich" gelten, und noch weniger Produkte sind gut für den Körper. Die meisten Produkte sind regelrechte „Giftschleudern" und gehören damit nicht auf die Haut, sondern höchstens in den Sondermüll. Dieses Buch ist für jeden eine unentbehrliche Hilfe, der auch nur halbwegs gesund leben möchte – und nicht nur für Allergiker oder Eltern von Kindern.

**www.j-k-fischer-verlag.de**

## Marion Schimmelpfennig
## Lexikon der Lebensmittelzusatzstoffe

€ 17,95

Festeinband, ca. 300 S.

ISBN 978-3-941956-52-0

---

Erscheinungstermin
Herbst 2017

Zu bestellen bei:

**J. K. Fischer-Verlag**

Herzbergstr. 5–7
D-63571 Gelnhausen-Roth

Tel.: 06051 474740
Fax: 06051 474741

info@j-k-fischer-verlag.de

---

Zum Inhalt dieses Buches:

- Erstmals alle E-Nummern mit Bewertungen nach:
  - Wie gefährlich ist der Zusatzstoff?
  - Wird der Zusatzstoff auch gentechnisch hergestellt?
  - Was ist natürlich und wird auch synthetisch hergestellt?
  - Welche Zusatzstoffe sind auch allergieauslösend?
  - Ist der Zusatzstoff vegan?
- Komplette Beschreibung aller Zusatzstoffe
- Zusätzlich mit Ampelkarten zum Herausnehmen in zwei Größen

Sie wollen gesund und natürlich leben – dann ist dieses Buch ein unverzichtbarer Begleiter für Sie!

Was ist wirklich in Lebensmitteln drin?

In einer aktuellen Umfrage* geben 69 % der Befragten zu, nicht zu wissen, was genau in Lebensmitteln enthalten ist. Das ist auch nicht verwunderlich, denn die Hersteller verstecken Zusatzstoffe gerne hinter E-Nummern oder verschleiern sie mit harmlos klingenden, irreführenden Begriffen. Die Liste der Zusatzstoffe ist lang – von natürlichen Produkten bis hin zu krebs- oder demenzfördernden oder erbgutschädigenden Substanzen. Sie liest sich in weiten Teilen wie die Zutatenliste eines Giftmischers.

Um ganz ehrlich zu sein, trauen wir dieser Umfrage nicht. Beziehungsweise trauen wir den Antworten der Befragten nicht. Das Ergebnis bedeutet nämlich im Umkehrschluss, dass angeblich 31 % genau wissen, was in Lebensmittel enthalten ist. Das wäre zu schön, um wahr zu sein, ist aber nicht realistisch: Über 300 Zusatzstoffe sind in der EU zugelassen – wer von sich behaupten kann, alle zu kennen, wäre ein Genie und verdiente allerhöchsten Respekt.

Wir können also getrost davon ausgehen, dass praktisch kein Mensch auf Knopfdruck sagen kann, was all diese Bezeichnungen bedeuten. Doch das wird sich mit diesem Buch ändern, zumindest für Sie, wenn Sie es gelesen haben.

Mit diesem Buch und den darin enthaltenen Karten haben Sie Ihre Gesundheit jetzt im Wortsinn selbst in der Hand! Wollen Sie alles, was die Hersteller Ihnen antun wollen, weiter über sich ergehen lassen? Oder wollen Sie nicht lieber doch selbst bestimmen, was Sie essen? Dann zeigen Sie unverantwortlichen Lebensmittelherstellern die rote Karte und lassen Sie deren giftige Lebensmittel einfach in den Regalen liegen.

*Quelle: G+J Branchenbild, Ernährungsgewohnheiten und -trends

---

# www.j-k-fischer-verlag.de

## Marion Schimmelpfennig
## Die Mineralwasser- und Getränkemafia

**€ 21,95**

Festeinband, ca. 320 S.

ISBN 978-3-941956-63-6

Zu bestellen bei:

**J. K. Fischer-Verlag**

Herzbergstr. 5–7
D-63571 Gelnhausen-Roth

Tel.: 06051 474740
Fax: 06051 474741

info@j-k-fischer-verlag.de

# www.j-k-fischer-verlag.de

Mit ihrem Enthüllungswerk „Giftcocktail Körperpflege" hat die Autorin anhand wissenschaftlicher Arbeiten und monatelanger Recherche minutiös aufgezeigt, dass zahlreiche Inhaltsstoffe in Kosmetika nicht pflegen, sondern krank machen. Und das soll jetzt auch für Mineralwässer und Getränke gelten?

Leider ja. Denn was die Mineralwasser- und Getränkeindustrie uns auftischt und ihren Produkten ganz offiziell beimischen darf, wird Ihnen den letzten Rest von Vertrauen in diese Produkte rauben. Jedes Leitungswasser ist gesünder als die meisten Produkte, die Sie im Getränkemarkt finden.

Dass Plastikflaschen aus PET hormonähnlich wirkende Weichmacher wie Bisphenol A abgeben, wissen inzwischen die meisten. Aber wussten Sie auch, dass die appetitlich aussehenden Flaschen nicht selten mit Fäkal- und anderen gefährlichen Keimen verunreinigt sind? Dass unser Körper die vielgepriesenen Mineralien überhaupt nicht verstoffwechseln kann, weil sie in anorganischer Form vorliegen? Und dass sich die Hersteller mit billigsten, völlig nutzlosen und gesundheitsgefährdenden Inhalten an Ihnen dumm und dämlich verdienen?

Die Autorin taucht ein in den Sumpf einer ausschließlich auf Profit ausgerichteten Branche, die sich keinen Deut um die Gesundheit ihrer Kunden schert. Lesen Sie dieses Buch und schützen Sie sich und Ihre Familie, denn die Lobby der Mineralwasser- und Getränkemafia ist milliardenschwer und der Gesetzgeber ihre willfährige Marionette …

## Rosalie Bertell
## Kriegswaffe Planet Erde

€ 22,95

Broschur, über 572 Seiten

ISBN 978-3-941956-36-0

Zu bestellen bei:

**J. K. Fischer-Verlag**

Im Mannsgraben 33
63571 Gelnhausen

Tel.: 06051 474740
Fax: 06051 474741

info@j-k-fischer-verlag.de

**Wollen Sie, daß die Natur, ja der ganze Planet uns allen zum Feind gemacht wird?**

**Wollen Sie, daß die Erde eine Kriegswaffe ist, die alle, alles, ja sich selbst bedroht?**

Vorwort Dr. Vandana Shiva - Einführung von Prof. Dr. Claudia von Werlhof - Juristische Betrachtung durch Rechtsanwalt Dominik Storr - Nachwort von Werner Altnickel

Wollen Sie

- in einem neuartigen planetaren Dauerkrieg mit angeblichen Naturkatastrophen leben?
- jedes Jahr Angst um Ihre Ernte haben?
- nur noch vom Wetter reden müssen?
- Millionen von Klimaflüchtlingen vor der Tür stehen haben?
- mit dem Flugzeug in ein Magnetloch fallen?
- oder in ein Strahlen-Experiment mit der Atmosphäre geraten?

Wollen Sie den Polsprung erleben, kosmischer Gamma- und Röntgenstrahlung ausgesetzt sein, oder täglich Barium, Strontium und Nanopartikel mit der Atemluft zu sich nehmen?

Wollen Sie, daß es immer heißer wird, selbst wenn der $CO_2$-Ausstoß verboten wird, oder weil umgekehrt eine neue Eiszeit ausbricht, da der Golfstrom abgerissen ist?

Wollen Sie zusehen, wie die Elemente - Erde, Wasser und Luft - und mit ihnen unsere Lebensgrundlagen angegriffen, ja zerstört werden?

Wollen Sie vorhersehen müssen, daß spätestens Ihre Kinder keine Zukunft haben werden?

Nein?

Dann hören Sie damit auf

- sich von Medien, Wissenschaft und Politik weiterhin auf das Dreisteste belügen zu lassen.
- blauäugig und ahnungslos, aber im Glauben, ein mündiger Bürger zu sein, herumzulaufen.
- sich als freiwilliges Versuchskaninchen benutzen zu lassen.
- erst etwas zu tun, wenn Sie persönlich betroffen sind.
- sich in Zukunft sagen lassen zu müssen, daß Sie weggeschaut und nichts gemacht haben, obwohl Sie es hätten wissen müssen.

# www.j-k-fischer-verlag.de

- immer noch zu meinen, daß „die da oben" nur Gutes mit uns im Sinn haben.
- diese Figuren auch noch zu wählen, damit sie damit fortfahren können, uns und den ganzen Planeten in verbrecherischer Weise aufs Spiel setzen zu lassen.

**Und: Lesen Sie das Buch der Trägerin des alternativen Nobelpreises, der amerikanischen Ärztin und Umweltaktivistin Rosalie Bertell.**

Wenn Sie sich also nicht vollends lächerlich machen wollen, dann informieren Sie sich endlich! Das Buch dazu können Sie bald in den Händen halten!

Und wenn Ihnen noch einmal jemand sagt, Sie seien ja bloß ein „Verschwörungstheoretiker", dann halten Sie ihm dieses Buch vor die Nase!

Alles ist machbar und wird längst gemacht! Oder haben Sie geglaubt, die Arktis taut wegen des $CO_2$ ab? Oder die Sowjets und die Amerikaner hätten nie gemeinsam gehandelt? Millionen Menschen - von Tieren, Pflanzen und Landschaften ganz zu schweigen - sind bereits Opfer von angeblichen Naturkatastrophen, die sich seit den siebziger Jahren verzehnfacht haben! Wollen Sie auch zu den Opfern gehören? Wollen Sie, z. B. über Ihre Versicherungsprämien, für Schäden aufkommen, die völlig überflüssigerweise entstanden bzw. absichtlich verursacht worden sind?

Oder wollen Sie gefragt werden, mitreden, anklagen, dafür sorgen, daß die Opfer zumindest nachträglich noch entschädigt werden, nachforschen, sich mit anderen zusammentun, dem Treiben möglichst umgehend ein Ende bereiten?

Wollen Sie warten, bis es wirklich zu spät ist?

Naturkatastrophen sind machbar. Gerade auch die großen. Und zwar seit Jahrzehnten. Merken Sie es auch langsam?

Es wird Zeit, daß bei jeder dieser Katastrophen Beweise dafür verlangt werden, daß diese natürlichen Ursprungs waren. Sie werden sich wundern, wie selten das möglich sein wird…

Wir haben nur diese eine Erde!

**Die unter dem Titel „Kriegswaffe Planet Erde" überarbeitete deutsche Übersetzung von „Planet Earth. The Latest Weapon of War", die unter der Leitung von Prof. Dr. Claudia von Werlhof editiert wurde, können Sie nun bestellen.**

---

Unsere Autorin ist Fachberaterin der Atomenergiebehörde „US Nuclear Regulatory Commission", der Umweltschutzbehörde „US Environmental Protection Agency" und der kanadischen Gesundheitsorganisation „Health Canada". Seit 1990 ist Dr. Rosalie Bertell Mitglied des wissenschaftlichen Beirats der gemeinsamen Kommission Kanadas und der USA, der „US-Canada International Joint Commission" (IJC), Fachgruppen: Große Seen und Atomfragen. Gemeinsame Forschungsaktivitäten mit der Japanischen Vereinigung von Wissenschaftlern, dem Institut für Energie und Umweltforschung in Deutschland, der Bevölkerung des Rongelap-Atolls auf den Marshallinseln, der Konsumentenvereinigung von Penang in Malaysia, der indischen Vereinigung für Arbeitsschutz und Umweltfragen in Quilan sowie der philippinischen Bürgerinitiative „Citizens for Base Clean-Up". Bertell war drei Mal Mitglied des Permanenten Völkertribunals und Leiterin der Internationalen Medizinischen Kommission von Bhopal und der Internationalen Ärzte-Kommission Tschernobyl in Wien (1996).

**Tilman Knechtel**
# Die Rothschilds
### Eine Familie beherrscht die Welt

€ 22,95

Festeinband, 352 S.

ISBN 978-3-941956-21-6

Zu bestellen bei:
**J. K. Fischer-Verlag**
Im Mannsgraben 33
63571 Gelnhausen

Tel.: 06051 474740
Fax: 06051 474741

info@j-k-fischer-verlag.de

Unglaublich, aber wahr: Es gibt eine unsichtbare Macht auf diesem Planeten, die seit mehr als zwei Jahrhunderten völlig unbehelligt am Rad der Geschichte dreht. Die Familie Rothschild kontrolliert aus dem Hintergrund die Knotenpunkte zwischen Politik, Wirtschaft und Hochfinanz. Lange konnten sie sich in behaglicher Sicherheit wiegen, denn die Geheimhaltung stand seit jeher im Mittelpunkt ihrer Strategie. Doch nun fliegt ihr Schwindel auf, die Mauer des Schweigens beginnt zu bröckeln, immer mehr Menschen wachen auf und erkennen die wahren Drahtzieher hinter den Kulissen des Weltgeschehens!

Fernab von abenteuerlichen Verschwörungstheorien identifiziert dieses Buch die Familie Rothschild als Kern einer weltweiten Verschwörung der Hochfinanz, deren Kontrollnetz sich wie Krakenarme um die ganze Erdkugel geschlungen hat und sich immer fester zusammenzieht. Sie erzeugen systematisch Krisen, mit denen sie ihre Macht weiter ausbauen. An ihren Händen klebt das Blut aller großen Kriege seit Beginn der Französischen Revolution. Ihre ganze Menschenverachtung bewiesen sie, indem sie die Nationalsozialisten finanzierten und Millionen Angehöriger ihrer eigenen Glaubensgemeinschaft in den Tod schickten. Doch ihr Blutdurst ist noch lange nicht gestillt: Ihr Ziel ist ein alles vernichtender Dritter Weltkrieg und eine Weltregierung, gesteuert aus Jerusalem.

Entdecken Sie die Tricks und Strategien der Familie Rothschild, ihre Organisationen, ihre Banken, ihre Agenten. Erfahren Sie mehr über die wahren Ursprünge von Nazismus, Kommunismus und Zionismus. Erkennen Sie die direkte Einflussnahme der Rothschilds auf politische Schwergewichte von der englischen Königsfamilie bis zu amerikanischen Staatspräsidenten. Finden Sie heraus, wie es möglich sein kann, dass die Geschicke der Welt von einer einzigen Familie zentral gesteuert werden.

Dieses Werk wird Ihnen die Augen nicht nur öffnen, sondern weit aufreißen. Auf 304 Seiten werden hunderte von Zusammenhängen erschlossen, die Ihnen die Mainstream-Medien mit aller Macht verschweigen wollen. Die wahren Feinde der Menschheit zu indentifizieren, die Kriege, Versklavung, Unterdrückung und Verarmung erst möglich machen, ist das Ziel dieses Buches. Lernen Sie die allmächtigen Rothschilds kennen!

**www.j-k-fischer-verlag.de**

**Tilman Knechtel**
**Die Rockefellers**
Der amerikanische Albtraum

€ 22,95

Festeinband, 312 S.

ISBN 978-3-941956-37-7

Zu bestellen bei:

**J. K. Fischer-Verlag**

Im Mannsgraben 33
63571 Gelnhausen

Tel.: 06051 474740
Fax: 06051 474741

info@j-k-fischer-verlag.de

Gegner von Verschwörungstheorien haben in Diskussionen mitunter leichtes Spiel, denn es liegt in der Natur des Begriffes, dass Verschwörungen „geheim" und deshalb nur schwer zu beweisen sind. Anders bei den Rockefellers, denn David Rockefeller gestand in seiner eigenen Biographie: „Einige glauben sogar, wir seien Teil einer geheimen Verschwörung, […] und werfen uns vor, wir konspirierten mit anderen auf der ganzen Welt, um eine neue ganzheitliche globale politische und wirtschaftliche Struktur aufzubauen – eine neue Welt, wenn Sie so wollen. Wenn das die Anklage ist, bekenne ich mich gern schuldig und ich bin stolz darauf."

Schwieriger wird es, derartige Verschwörungen auch im Detail nachzuweisen, denn die Öffentlichkeit hatte seit über hundert Jahren keine Möglichkeit mehr, die Macht dieser Familie zu beurteilen, da sie ihren Reichtum hinter einem riesigen Netzwerk aus Stiftungen, Banken, Investmentfirmen und Trusts versteckt.

Dem Autor ist es gelungen, einen genaueren Blick auf die Geld- und Machtströme dieser angeblich so großzügigen Familie zu werfen. Und er weist damit ein Muster nach, das die wahren Ziele der Familie offenlegt: All die philanthropischen Schenkungen und Taten entpuppen sich als trojanische Pferde, um eine zutiefst misanthropische Agenda umzusetzen.

Tilman Knechtel belegt minutiös, dass die Rockefellers jeden Aspekt des amerikanischen Lebens kontrollieren und damit die unsichtbaren Herrscher einer Nation sind, die bis heute glaubt, ein freies, unabhängiges Land zu sein.

Doch die Beherrschung der USA ist nicht das Langzeitziel der Rockefellers. Sie arbeiten eng mit einflussreichen europäischen Familien daran, die Gesellschaften auf der ganzen Welt in einen riesigen Superstaat zu integrieren, in dem nur das Recht einer kleinen Elite gelten soll.

Nur wer weiß, dass er beherrscht, gegängelt und belogen wird, kann sich wehren.

Nur wer erkannt hat, dass augenscheinlich gegensätzliche Strategien oder Ideologien – politisch links oder politisch rechts, pro etwas oder kontra etwas – letztlich nur Verschleierungstaktiken sind, um den Menschen Demokratie vorzugaukeln, kann etwas verändern.

Nur wer begriffen hat, auf welch hinterhältige und zutiefst menschenverachtende Weise diese Elite die Weltbevölkerung zuerst aussaugen und dann zur Schlachtbank führen will, kann sich retten.

**www.j-k-fischer-verlag.de**

## Peter Denk
## Das Mars-Geheimnis

€ 22,95

Festeinband, 270 S.

ISBN 978-3-941956-59-9

Zu bestellen bei:

### J. K. Fischer-Verlag

Im Mannsgraben 33
63571 Gelnhausen Hailer

Tel.: 0 66 68/91 98 94 0
Fax: 0 66 68/91 98 94 1

info@j-k-fischer-verlag.de

Gibt es doch Leben auf dem Mars? Gab es in der Vergangenheit sogar hoch entwickelte Zivilisationen auf dem Roten Planeten? Dieses Buch liefert neue, spektakuläre Originalfotos des Mars-Rovers Curiosity, die unser bisheriges Wissen umstürzen!

Was ist eigentlich im Weltraum los? Seit Mitte des 20. Jahrhunderts ist man offiziell zu bemannten Weltraumflügen in der Lage, und bereits 1969 landete man auf dem Mond. Fällt Ihnen nicht auch auf, dass vom Pioniergeist vergangener Jahrzehnte kaum noch etwas zu spüren ist? Wieso wurden die Apollo- und Space-Shuttle-Missionen eingestellt? Warum hat man noch nicht längst das Sonnensystem erobert? Könnte man nicht schon viel weiter in den Weltraum vordringen?
Der investigative Buchautor und Ingenieur Peter Denk liefert in seinem Buch Das Mars-Geheimnis und weitere Enthüllungen Antworten auf diese und viele weitere Fragen. Dabei stützt er sich sowohl auf öffentlich zugängliche Quellen als auch auf brisante Informationen von Insidern und Whistleblowern. Seine Ergebnisse sind erstaunlich: So sind die Astronauten beim Challenger-Unglück 1987 gar nicht verunglückt, sondern waren überhaupt nicht an Bord und leben unter neuen Identitäten als Wissenschaftler in führenden Positionen. Tatsächlich wurden die Aktivitäten im Weltraum nicht heruntergefahren, sondern im Gegenteil erheblich ausgebaut – allerdings im Geheimen! Dank des Internet und zahlreicher »Aussteiger« kann heute jedoch immer weniger geheim gehalten werden.

Nach den Aussagen vieler Fachleute gibt es schon seit Jahrzehnten geheime Weltraumprogramme, im Sonnensystem betriebene Kolonien und umfassende Kontakte – sogar politische Bündnisse – mit Außerirdischen sowie unterirdische Anlagen auf der Erde, in denen Menschen und Außerirdische gemeinsame Forschungen betreiben. Mit Hilfe weit fortgeschrittener Technologien können bereits Interstellarreisen und möglicherweise sogar Zeitreisen durchgeführt werden. Und auch die Existenz von Leben auf dem Mars ist längst bewiesen; es gab dort in der Vergangenheit sogar hochentwickelte Kulturen, deren Zeugnisse sich bis heute erhalten haben. Artefakte menschlichen oder außermenschlichen Ursprungs und Lebewesen auf dem Mars finden sich selbst auf Fotos, die auf der Webseite der NASA betrachtet werden können. Wir müssen nur die Puzzleteile zusammenfügen, und es ergibt sich ein ganz neues Bild unserer Realität.
Zu viele Menschen leben noch in der »Matrix«, in dem kontrollierten und ferngesteuerten Lügengespinst von Politik und Massenmedien – es liegt an uns selbst, diese Programmierungen zu durchbrechen und zu Wahrheit und Freiheit durchzudringen!

# www.j-k-fischer-verlag.de

## Dr. Rolf Lindner

## Gender ist krank!

€ 10,95

Festeinband, 112 S.

ISBN 978-3-941956-99-5

Zu bestellen bei:

### J. K. Fischer-Verlag

Im Mannsgraben 33
63571 Gelnhausen-Hailer

Tel.: 0 66 68/91 98 94 0
Fax: 0 66 68/91 98 94 1

info@j-k-fischer-verlag.de

Nur wenige Menschen haben Kenntnisse darüber, dass sich in ihrem Körper ein scheinbar unscheinbares Organ befindet, das jedoch einen entscheidenden Einfluss auf die Entwicklung des Gehirns ausübt. Es ist die Nebennierenrinde, die durch ihre umweltbeeinflusste Produktion von Stress- und Sexualhormonen das Verhalten, besonders das Sexualverhalten formt.
Dabei werden wesentliche Verhaltenskomponenten hauptsächlich vor der Geburt sowie in den ersten Lebensjahren geprägt, also bevor weder ein Mensch selbst noch die Gesellschaft die Möglichkeit einer direkten Einflussnahme auf diese Entwicklung haben.

Die vorliegende Lektüre versucht in bisher unbekannter Weise Erkenntnisse zusammenzutragen und populärwissenschaftlich darzustellen, die in jahrzehntelangen, ideologiefreien Forschungen gewonnen wurden. Die sogar auf der molekularbiologischen Ebene bestätigte Theorie der frühen Prägung des Verhaltens streitet gegen jene, die sich anmaßen, das Ergebnis einer Jahrmillionen dauernden Entwicklung durch Indoktrination in Schulen und mit Hilfe öffentlicher Medien wie ein paar Schuhe wechseln zu können, und gibt all jenen Argumente, die den Missbrauch menschlicher Gefühle und Unwissenheit zur Errichtung ideologisch begründeter Machtstrukturen nicht hinnehmen wollen.
Das trifft besonders auf die Prägung des Sexualverhaltens zu. Mit dessen weitgehender Fixierung vor der Geburt ist das gendertheoretische Dogma von der Existenz eines sozialen Geschlechts widerlegt.
So greift dieses Büchlein in die Diskussion über den Stellenwert von Anlage und Erziehung zugunsten der Anlage ein und wird deshalb nicht nur Freunde finden. Das ist vom Autor so gewollt.

Interview mit dem Autor:
https://frieda-online.de/gender-transgender-und-die-nebennierenrinden/

## www.j-k-fischer-verlag.de

## Tim Dabringhaus
## Das Erwachen beginnt

€ 19,95

Festeinband, ca. 300 S.

ISBN 978-3-941956-71-1

Zu bestellen bei:

### J. K. Fischer-Verlag

Im Mannsgraben 33
63571 Gelnhausen

Tel.: 06051 474740
Fax: 06051 474741

info@j-k-fischer-verlag.de

Haben Sie sich schonmal gefragt, wieso immer mehr Menschen erkranken, wobei die Medizin und der Umweltschutz immer besser werden? Haben Sie sich schonmal gefragt, wieso Wahlen nichts nützen? Haben Sie sich schonmal gefragt, wieso alles auf den Kopf gestellt wird? Wieso Männer endlich Frauen sein dürfen, und der Winter endlich Sommer? Haben Sie sich schon mal gewundert, wieso wir so viel geistigen Dünnschiss - egal ob im TV oder im Internet - ertragen müssen? Haben wir wirklich das Leben, das wir uns gewünscht haben? Oder steuern wir kollektiv auf den Abgrund zu? Oder werden wir gesteuert? Und was kommt hinter dem Abgrund? In diesem Buch wird mit frecher, herzlicher Stimme all das besprochen, was Sie immer schon wissen wollten, sich aber nie getraut haben zu fragen.

# www.j-k-fischer-verlag.de

**Thomas Röper**
**Vladimir Putin**
Seht Ihr, was Ihr angerichtet habt?

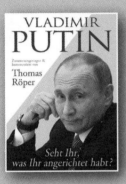

**€ 19,95**

Festeinband, 288 S.

ISBN 978-3-941956-96-4

Zu bestellen bei:

**J. K. Fischer-Verlag**

Im Mannsgraben 33
63571 Gelnhausen

Tel.: 06051 474740
Fax: 06051 474741

info@j-k-fischer-verlag.de

# www.j-k-fischer-verlag.de

In den westlichen Medien wird viel über Putin geschrieben. Aber Putin kommt praktisch nie selbst zu Wort und wenn doch, dann stark verkürzt. Man kann Putin mögen oder auch nicht, aber man sollte wissen, was Putin selbst zu den drängendsten Fragen unserer Zeit sagt, um die Entscheidung darüber treffen zu können.

Thomas Röper lebt seit 1998 überwiegend in Russland, spricht fließend Russisch und lässt den russischen Präsidenten Vladimir Putin selbst in diesem Buch in ausführlichen Zitaten zu Wort kommen.

Sehen Sie, was Putin zu den drängendsten internationalen Problemen sagt, ob zu Syrien, der Ukraine, der weltweiten Flüchtlingskrise, zu dem Verhältnis zu Europa und Deutschland oder auch zu Fragen der Pressefreiheit. Putins Aussagen einmal komplett zu lesen, anstatt nur Zusammenfassungen oder aus dem Zusammenhang gerissene Ausschnitte zu lesen, ergibt eine interessante Sicht auf die Probleme der heutigen Welt.

Das Ergebnis ist eine schonungslose Kritik an der Politik des Westens, wenn Putin die Dinge mal mit Humor und mal mit bitterem Ernst deutlich beim Namen nennt, denn – egal ob dies gut oder schlecht ist – er ist kein Diplomat und findet sehr deutliche und unmissverständliche Worte. Putin redet nicht um den heißen Brei herum und nach dieser Lektüre kann jeder für sich entscheiden, wie er zu Putins Thesen steht. Aber um diese Entscheidung treffen zu können, muss man erst einmal wissen, was Putin tatsächlich selber sagt und denkt. Und ob seine Positionen einem gefallen oder nicht, eines ist unstrittig: Seine Positionen sind seit 18 Jahren unverändert. Machen Sie sich selbst ein ungefiltertes Bild von dem, wofür Präsident Vladimir Putin steht!

# J.K.Fischer-Verlag

Habe Mut, dich deines eigenen Verstandes zu bedienen
(Immanuel Kant)

Winter / Frühling 2018-2019

**NEU!**
Versandkostenfreie Lieferung*

Die Medien entscheiden oft für Sie, was Sie von Putin hören. In diesem Buch lässt der Autor den im Westen verrufenen Präsidenten Vladimir Putin selbst mit ausführlichen Zitaten zu Wort kommen.

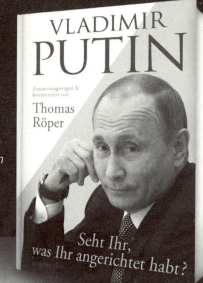

# Fakten
## kennen, dann
# Urteile fällen

Gerne senden wir Ihnen unseren kostenlosen Katalog zu.
Sie erreichen uns unter:
Tel.: 06051 / 47474 0
Fax: 06051 / 47474 1

oder Sie können den Katalog auch über unsere Homepage
www.j-k-fischer-verlag.de
bestellen.